颠覆性技术·区块链译丛

丛书主编 **惠怀海** 丛书副主编 **张 斌 曾志强 马琳茹 张小苗**

区块链系统原理

Principles of Blockchain Systems

[西]安东尼奥·费尔南德斯·安塔(Antonio Fernández Anta)
[塞浦路斯]克里斯·乔治(Chryssis Georgiou)
[美]莫里斯·赫利希(Maurice Herlihy)
[法]玛丽亚·波托-布图卡鲁(Maria Potop-Butucaru)

主编

张 斌 夏 琦 高建彬 等译
孔令讲 罗光春 虞红芳 审校

国防工业出版社

·北京·

著作权合同登记　图字:01-2022-4919号

图书在版编目(CIP)数据

区块链系统原理/(西)安东尼奥·费尔南德斯·安塔等主编;张斌等译.—北京:国防工业出版社,2024.6.
(颠覆性技术·区块链译丛/惠怀海主编).
ISBN 978-7-118-13357-8

Ⅰ.TP311.135.9

中国国家版本馆 CIP 数据核字第 2024P5U087 号

Copyright© Morgan and Claypool 2020
All rights reserved
The simplified Chinese translation rights arranged through Rightol Media(本书中文简体版权经由锐拓传媒取得 Email:copyright@ rightol.com)

※

国防工业出版社出版发行
(北京市海淀区紫竹院南路23号　邮政编码100048)
雅迪云印(天津)科技有限公司印刷
新华书店经售
＊
开本710×1000　1/16　插页1　印张15½　字数260千字
2024年6月第1版第1次印刷　印数1—2000册　定价108.00元

(本书如有印装错误,我社负责调换)

国防书店:(010)88540777　　书店传真:(010)88540776
发行业务:(010)88540717　　发行传真:(010)88540762

丛书编译委员会

主　编　惠怀海
副主编　张　斌　曾志强　马琳茹　张小苗
编　委　(按姓氏笔画排序)
　　　　　王　晋　王　颖　王明旭　甘　翼
　　　　　丛迅超　庄跃迁　刘　敏　李艳梅
　　　　　杨靖琦　何嘉洪　沈宇婷　宋　衍
　　　　　宋　彪　宋城宇　张　龙　张玉明
　　　　　周　鑫　庞　垠　赵亚博　夏　琦
　　　　　高建彬　曹双僖　彭　龙　童　刚
　　　　　魏中锐

本书翻译组

张　斌　夏　琦　高建彬　惠怀海
曾志强　马琳茹　刘　敏　魏中锐
郭引娣　张　庆　刘佳琴　李依婷
刘洋洋　姚成哲意　王炳智　龚晓璐
刘艺萱　林辰瑾

《颠覆性技术·区块链译丛》
前 言

以不息为体,以日新为道,日新者日进也。随着新一轮科技革命和产业变革的兴起和演化,以人工智能、云计算、区块链、大数据等为代表的数字技术迅猛发展,对产业实现全方位、全链条、全周期的渗透和赋能,凝聚新质生产力,催生新业态、新模式,推动人类生产、生活和生态发生深刻变化。加强数字技术创新与应用是形成新质生产力的关键,作为颠覆性技术的代表之一,区块链综合运用共识机制、智能合约、对等网络、密码学原理等,构建了一种新型分布式计算和存储范式,有效促进多方协同与相互信任,成为全球备受瞩目的创新领域。

将国外优秀区块链科技著作介绍给国内读者,是我们深入研究区块链理论原理和应用场景,并推进其传播普及的一份初心。译丛各分册中既有对区块链技术底层机理与实现的分析,也有对区块链技术在数据安全与隐私保护领域应用的梳理,更有对融合使用区块链、人工智能、物联网等技术的多个应用案例的介绍,涵盖了区块链的基本原理、技术实现、应用场景、发展趋势等多个方面。期望译丛能够成为兼具理论学术价值和实践指导意义的知识性读物,让广大读者了解区块链技术的能力和潜力,为区块链从业者和爱好者提供帮助。

秉持严谨、准确、流畅原则,在翻译这套丛书的过程中,我们努力确保技术术语的准确性,努力在忠于原文的基础上使之更符合国内读者的阅读习惯,以便更好地传达原著作者的思想、观点和技术细节。鉴于丛书翻译团队语言表达和技术理解能力水平有限,不足之处,欢迎广大读者反馈与建议。

终日乾乾,与时偕行。抓住数字技术加速发展机遇,勇立数字化发展潮头，引领区块链核心技术自主创新，是我们这代人的使命。希望读者通过阅读译丛，不断探索、不断前进，感受到区块链技术的魅力和价值，共同推动这一领域的发展和创新。让我们携手共进，以区块链技术为纽带，"链接"世界，共创未来。

丛书编译委员会
2024年3月于北京

译者序

区块链作为当今世界颇具颠覆性和创新性的技术之一，已影响到多个行业领域，是平台经济、共享经济和数字经济的底层基础，为加快形成新质生产力提供了关键驱动力。通过将分布式数据存储、对等网络、共识机制、加密算法和智能合约等技术整合集成，区块链可以实现数据分布式存储、不可篡改、集体共识等特性，无须传统网络系统中必不可少的中心化节点或可信第三方即可解决信任问题，使互不信任的多方实现可信对等的价值传递。因此，区块链技术有望重构信息产业体系，实现由信息互联网向价值互联网的转型。

区块链本质上是一种全新的去中心化基础架构与分布式计算范式，巧妙融合了密码学、编程学、系统论、网络技术等多个学科的知识，其最主要的优点在于提供了一种全新的协作方式，使人与无人系统之间建立信任成为可能。当前区块链已经在金融、物流、医疗、政务等诸多领域得到广泛应用，是新一代信息技术产业的重要组成部分。在未来，功能形态各异、性能指标不同、应用模式多元的各类区块链系统将从更深层次上发挥推动社会进步和产业变革的积极作用。

本书对区块链技术进行了深度剖析，主要包括理论框架和实践案例两个部分。理论框架前沿新颖，以区块链中涉及的密码学基础知识为开篇，串联起共识协议设计、智能合约编程、账本形式化描述等前置理论知识；实践案例生动丰富，对跨链模型、区块链经典攻击，以及激励机制等现实问题进行详细解析。

作为《颠覆性技术·区块链译丛》之一，本书将纷繁复杂的区块链系统原理以朴素而简明的语言展现在读者面前，为整套译丛提供了坚实的理论基础和普适的技术原理，带领读者开启全面深入的区块链系统探索之旅。

译　者

2024 年 3 月

前言

区块链热潮看起来就像19世纪的淘金热一样。区块链技术处于热潮之中,甚至有可能过热,它颠覆了金融、管理这类一直中心化处理的活动,使其走向去中心化。

区块链是一种分布式账本。与典型的账本相同之处是,区块链是一个透明、防篡改的记录序列。与典型的账本不同之处是,区块链在不可信的分布式环境中运行。区块链系统拥有一个不断增长的区块序列,每个区块都记录了一个或多个由系统成员验证的交易。加密技术确保区块的不可修改性,区块的内容及其顺序由系统参与者运行的分布式共识算法确定。共识算法允许互不信任的参与者能够合作。区块链在一个复杂的环境中运行,容易出错,或者出现非理性甚至恶意行为。

区块链系统的科学研究涉及多个学科,包括分布式系统和编程、密码学和隐私、博弈论和经济分析,甚至法律和监管问题。

本书从计算机科学和经济学的角度阐述了区块链系统的原理,汇集了来自分布式计算、密码学、博弈论、编程和形式化方法以及经济学的研究成果。旨在对从业者、研究人员以及寻求进入该领域的学生提供帮助。区块链的潜在应用范围十分广泛,涉及数字分布式金融(Decentralized Finance,DeFi)、医疗保健、保险、供应链管理等。

如果将分布式账本技术比作一棵树,那么树根就是密码学、分布式系统和编程、博弈论和经济学。本书共有8章,每章都针对一条特定的树根。第1章介绍区块链中使用的加密工具,第2章专门介绍共识算法的分类,第3章讨论智能合约以及与编程和形式化方法的联系,第4章提出区块链属性形式化的新进展,第5章讨论对抗性互操作跨链业务,第6章从博弈论角度介绍区块链协议中的战略互动,第7章侧重应用于比特币矿池中的博弈论,第8章综述代币和ICO的经济学文献。下面对每章进行简要介绍。

第1章：区块链的密码学工具

本章由伯恩·塔克曼和伊万·维斯康蒂撰写，不仅介绍了用于构建区块链及其应用程序的一些相关加密工具，也介绍了现有区块链中使用的工具，以及未来可能使用的工具。

第2章：区块链的共识分类

共识问题是分布式计算领域最基本的问题之一。许多加密协议的核心是安全广播，只有解决共识问题，才能进行安全广播。共识问题有着悠久而丰富的历史，随着区块链系统的出现，共识问题又焕发了新的活力。

共识问题有许多不同的形式，随着应用程序需求、计算性假设和网络模型的变化而变化。在本章中，胡安·加雷和阿格洛斯·基亚亚斯系统化了相关知识，涵盖拜占庭错误模型中的共识研究，讨论了从20世纪80年代初的原始形式到如今的基于区块链的共识协议。本章可作为研究共识问题的指南。

第3章：下一代700种智能合约语言

智能合约是一种特殊的程序，它是通过复制分布式共识协议来执行的。因此，参与共识协议的各方可以通过部署智能合约来自定义交易的逻辑，这些智能合约可以支持任意的应用程序，并以去中心化的方式执行。事实证明，智能合约对解决分布式金融问题非常有效，如数字会计、投票和资产分配模式等。

智能合约因其关键特性和一些涉及部署错误合约的事故而引起了业界的研究兴趣。回过头来看，如果更谨慎地选择抽象语言，或者为该领域量身定做编程语言，许多问题是可以避免的。

在本章中，以利亚·谢尔盖概述了智能合约编程语言的设计选择，说明它是由几个基本概念决定的：①原子性；②通信；③数字资产的管理；④资源核算。恰当地表达以上概念是区块链去中心化应用的编程语言设计中的一项基本挑战。

第4章：区块链的形式化特性

随着代币经济和加密货币的蓬勃发展，区块链在一些科学和应用领域变得十分流行。尽管区块链的许多功能得到了广泛的认可，但由于大多数专家学者依赖于对其系统的非形式化描述，导致无法明确区分加密货币、支持它的账本或它提供的服务。在许多情况下，代码本身就是唯一的规范，即"代码就是规范"。

在本章中,伊曼纽尔·安塞奥姆、安东尼奥·费尔南德斯·安塔、克瑞西斯·吉欧吉、尼古拉斯·尼古拉奥斯和玛丽亚·波托-布图卡鲁诠释了区块链中与分布式系统有关的基本原理,提供了底层数据的形式化规范和特性,并介绍了从分布式计算角度对分布式账本和区块链的特性进行形式化的尝试。本章将许可分布式账本抽象为一种抽象数据类型后进行了研究,并介绍了分布式账本所支持的操作域和值域,以及将分布式账本视为共享对象而定义了账本的一致性。另外,本章还引入了区块链抽象数据类型的概念,并提供了分布式账本适用于许可和非许可系统的较低级别抽象数据类型。

第5章:对抗性跨链业务模型

自治的、相互不信任的各方如何安全高效地合作呢?经典的分布式系统已经提出了许多方法,这些方法能将多个步骤组合成单个原子操作,从故障中恢复和同步对数据的并发访问。然而,当参与者具有自治性和潜在对抗性时,以上问题都需要重新考虑。跨链交易是一种构建复杂分布式计算的新方法,可以在对抗环境中管理资产,虽然受到经典原子交易的启发,但与之并不相同,因此可以适应交易所的去中心化和不可信的性质。在本章中,莫里斯·赫利希、芭芭拉·利斯科夫和柳巴·什里拉探讨了包含多个区块链的多方跨链交易。

第6章:区块链中的战略互动:博弈论方法综述

在本章中,布鲁诺·比亚斯、克里斯托夫·比西埃、马修·布瓦尔和凯瑟琳·卡萨马塔调研了区块链中互动行为的博弈理论研究现状,重点关注工作量证明(Proof of Work,PoW)机制。首先回顾对挖矿策略的分析,研究矿工是否会遵循最长链规则或选择分叉,以及在均衡状态下是否会发生自私挖矿或双花攻击等不良挖矿策略。其次,分析了挖矿服务的供应情况,如计算能力选择和矿池的组织,研究这些均衡结果是否高效。再次,讨论了交易费的决定因素及其对网络拥塞和用户优先级分配的影响。最后,介绍了其他共识协议(如权益证明)等。

第7章:矿池破产解中的奖励函数

在比特币系统中,挖矿是矿工可以定期获得资金的活动。在挖矿活动中,矿工需要解决用于验证比特币交易区块的数学加密难题。这种情况可以将其描述为一种合作博弈,其中每个矿池获得一个必须在矿池参与者之间分配的奖励。这里主要的问题就是如何分配。从博弈论的角度来看,这个挑战变成了如何在成员之间重新分配获得的奖励。

从文献和实践中可知,现存在几种能在矿池中分配比特币的奖励函数。在本章中,玛丽安娜·贝洛蒂和斯特凡诺·莫雷蒂通过把文献中提到的奖励函数与破产情况常见的两个解决方案(即约束性平等奖励(Constrained Equal Award,CEA)规则和约束性相等损失(Constrained Equal Loss,CEL)规则)相结合,从而扩展了该奖励函数。通过使用属性驱动的方法,他们认为文献中激励相容的奖励函数保证了矿工行为良好,而 CEL 规则更适用于防止恶意行为。

第 8 章:代币和 ICO:经济文献综述

在本章中,安德烈·卡尼迪奥、文森特·达诺斯、斯特凡尼亚·马尔卡萨和朱利安·普拉特简述了首次代币发行(Initial Coin Offering,ICO)的概念,并介绍了其市场历史数据。本章还讨论了 ICO 引发的企业融资问题,以及设置 ICO 的方法,以协调数字货币的卖家和买家的利益。最后,本章提出了一些 ICO 定价模型,并讨论了仍需解决的众多挑战。

最后一点

分布式账本和区块链涉及的主题很广泛,涵盖了多个学科,因此本书不可能涵盖所有方面。在这里,我们将重点讨论我们认为最基础的主题。随着这一领域的发展,未来我们打算用新的材料,也许还有新的主题来更新这本书的版本。希望你能认为这本书是有用并有启发性的。

安东尼奥·费尔南德斯·安塔

克里斯·乔治

莫里斯·赫利希

玛丽亚·波托 – 布图卡鲁

2021 年 8 月

摘 要

本书首次介绍了区块链系统基础原理领域的最新研究进展及相关技术重点,由来自密码学、分布式系统、形式语言和经济学等领域的多位专家共同完成,从理论角度解决了如密码学原语、共识机制、区块链形式化特性、博弈论和经济学等区块链中的热点问题。

本书汇聚了众多作者的专业知识,旨在帮助研究人员、学生和工程师了解区块链的基础理论。

关键词:区块链、密码学、共识、分布式计算、分布式账本技术、基础、形式化方法、博弈论、首次代币发行、互操作性、矿池、原则、智能合约、代币

致　谢

首先感谢为本书作出贡献的所有作者。没有他们的工作,本书是不可能顺利完成的。特别感谢如下作者:伊曼纽尔·安塞奥姆,玛丽安娜·贝洛蒂,布鲁诺·比亚斯,克里斯托夫·比西埃,马修·布瓦尔,安德烈·卡尼迪奥,凯瑟琳·卡萨马塔,文森特·达诺斯,胡安·加雷,阿格洛斯·基亚亚斯,芭芭拉·利斯科夫,斯特凡尼亚·马尔卡萨,斯特凡诺·莫雷蒂,尼古拉斯·尼古拉奥斯,朱利安·普拉特,以利亚·谢尔盖,柳巴·什里拉,伯恩·塔克曼和伊万·维斯康蒂。也感谢他们互相交叉阅读了彼此负责的章节,并提供了富有成效的反馈,从而改进了本书的内容。最后,不能不提本书出版社的主编黛安·塞拉,感谢她对本工作长期以来的支持。感谢她的坚持,感谢她一直在"推动"我们以(相对)及时的方式完成工作。

目 录

第1章 区块链的密码学工具 / 1

1.1 引言 / 2
1.2 哈希函数及其应用 / 3
    1.2.1 哈希函数 / 3
    1.2.2 默克尔树 / 5
1.3 数字签名及其变体 / 6
    1.3.1 一般的数字签名 / 6
    1.3.2 聚合签名 / 8
    1.3.3 多重签名 / 10
    1.3.4 门限签名 / 11
    1.3.5 带前向安全数字签名 / 12
1.4 可验证随机函数 / 13
1.5 承诺机制 / 14
1.6 非交互式证明 / 15
1.7 隐私增强签名 / 17
1.8 安全多方计算 / 19
参考文献 / 19
作者简介 / 27

第2章 区块链的共识分类 / 29

2.1 引言 / 30
2.2 模型和定义 / 31

2.2.1　协议执行　/ 31
　　2.2.2　共识问题　/ 36
2.3　网络假设　/ 38
　　2.3.1　通信机制　/ 38
　　2.3.2　同步层级　/ 40
2.4　初始设定　/ 41
　　2.4.1　无初始设定　/ 41
　　2.4.2　公共状态初始设定　/ 41
　　2.4.3　私有状态初始设定　/ 41
2.5　计算假设　/ 42
　　2.5.1　信息论安全性　/ 42
　　2.5.2　计算安全性　/ 43
　　2.5.3　随机预言机模型　/ 43
2.6　点对点设置中的共识协议　/ 44
2.7　对等设置中的共识协议　/ 50
2.8　账本共识　/ 55
致谢　/ 61
参考文献　/ 61
作者简介　/ 70

第3章　下一代700种智能合约语言　/ 73

3.1　引言　/ 74
　　3.1.1　关注要点　/ 76
　　3.1.2　非关注要点　/ 76
3.2　背景　/ 77
　　3.2.1　众筹合约的漏洞　/ 79
　　3.2.2　合约特性推断　/ 80
　　3.2.3　合约执行模型　/ 81
　　3.2.4　Gas 核算　/ 81
　　3.2.5　合约编程语言　/ 82

3.3　合约中的断言　/ 82

3.4　结构化通信　/ 84

3.5　合约中的资产管理　/ 86

3.6　执行成本与 Gas 核算　/ 88

　　3.6.1　编程语言控制 Gas 消耗　/ 89

　　3.6.2　Gas 消耗与编译问题　/ 90

3.7　长期研究问题　/ 91

3.8　总结　/ 92

参考文献　/ 92

作者简介　/ 99

第4章　区块链的形式化特性　/ 101

4.1　引言　/ 102

4.2　ADT 基本概念　/ 103

　　4.2.1　抽象数据类型　/ 104

　　4.2.2　ADT 的顺序规范　/ 105

　　4.2.3　ADT 的并发历史　/ 105

　　4.2.4　一致性准则　/ 106

4.3　分布式账本对象　/ 106

　　4.3.1　账本对象　/ 107

　　4.3.2　从账本对象到分布式账本对象　/ 108

　　4.3.3　分布式账本对象的实现　/ 111

　　4.3.4　经过验证的账本实现　/ 113

4.4　区块链数据类型　/ 115

　　4.4.1　区块树 ADT　/ 116

　　4.4.2　代币预言机 Θ – ADT　/ 119

　　4.4.3　Θ 预言机增强 BT – ADT　/ 122

　　4.4.4　BT – ADT 的实现　/ 124

　　4.4.5　BT – ADT 层次结构与映射　/ 129

4.5　总结与展望　/ 131

参考文献　　／132
作者简介　　／136

第5章　对抗性跨链业务模型　／139

5.1　引言　／140
5.2　系统模型　／141
　　5.2.1　模型相关术语　／141
　　5.2.2　故障模型　／142
　　5.2.3　时序模型　／142
　　5.2.4　加密模型　／143
5.3　跨链交易　／143
　　5.3.1　交易细节　／143
　　5.3.2　状态机模型　／144
　　5.3.3　交易执行阶段　／145
5.4　模型正确性　／146
5.5　执行模型　／147
5.6　时间锁定协议　／148
　　5.6.1　运行协议　／149
　　5.6.2　规范化交易　／150
　　5.6.3　异常情况　／151
　　5.6.4　协议正确性　／152
5.7　认证区块链协议　／153
　　5.7.1　运行协议　／154
　　5.7.2　异常情况　／155
　　5.7.3　协议正确性　／155
　　5.7.4　跨链证明　／155
　　5.7.5　拜占庭容错共识　／155
　　5.7.6　工作量证明共识　／156
5.8　相关工作　／157
致谢　　／159

参考文献　　／159
作者简介　　／162

第6章　区块链中的战略互动：博弈论方法综述　／165

6.1　引言　／166
6.2　挖矿策略　／167
  6.2.1　最长链规则与分叉　／167
  6.2.2　双花攻击　／169
  6.2.3　协议升级　／170
  6.2.4　扣块攻击　／171
6.3　挖矿服务供应情况　／172
  6.3.1　计算能力选择　／172
  6.3.2　矿池　／174
6.4　交易费　／177
6.5　其他共识协议　／179
6.6　总结　／180
参考文献　　／181
作者简介　　／185

第7章　矿池破产解中的奖励函数　／187

7.1　引言　／188
  7.1.1　挖矿和矿池化　／188
  7.1.2　比特币中的博弈论　／189
7.2　激励相容的奖励函数　／190
7.3　合作博弈论和破产情况　／192
  7.3.1　破产情况　／192
  7.3.2　破产博弈：博弈论分配规则　／194
  7.3.3　破产规则的特性　／196
7.4　基于破产规则的奖励机制　／198
  7.4.1　长期运行的博弈论表示　／198

7.4.2　新的奖励机制　　/ 198
　7.5　总结　　/ 200
　参考文献　　/ 201
　作者简介　　/ 202

第8章　代币与ICO：经济文献综述　　/ 203

　8.1　引言　　/ 204
　8.2　首次代币发行　　/ 205
　8.3　代币的公司融资　　/ 209
　　　8.3.1　区块链协议类代币　　/ 211
　　　8.3.2　合约类代币　　/ 213
　8.4　代币估值　　/ 215
　　　8.4.1　加密货币估值　　/ 215
　　　8.4.2　实用代币估值　　/ 216
　8.5　总结与展望　　/ 218
　参考文献　　/ 219
　作者简介　　/ 221

主编简介　　/ 223
《颠覆性技术·区块链译丛》后记　　/ 225

第 1 章

区块链的密码学工具

伯恩·塔克曼
伊万·维斯康蒂

1.1 引言

密码学在所有区块链系统中都是一个重要的组成部分:哈希函数将一个个独立的区块连接成区块链。所有共识算法都是基于某种类型的加密机制构建的,如工作量证明算法是基于哈希函数构建的。交易需要得到利益相关者的授权,这一需求通常依靠数字签名机制来满足。较新的区块链系统中还包含了更复杂的密码学工具,如在一些权益证明协议中使用了可验证随机函数,在隐秘但可公开验证的交易中使用了非交互式零知识证明协议。本章的目的是描述与最先进的区块链系统相关的加密方案类型及其在这些系统中的使用。在此向读者推荐 Katz 和 Lindell(2014) 的教材,这是一本优秀的现代密码学入门教程。

本书采用渐进时间复杂度与渐进安全性定义这一通用的做法。所有算法,包括密码机制与攻击这些密码机制的敌手都以概率图灵机的形式定义。这些概率图灵机有一个安全参数 $\kappa \in \mathbb{N}$,表示其他输入的位数,且拥有关于 κ 的多项式时间复杂度。这些图灵机称为有效图灵机或概率多项式时间图灵机(Probabilistic Polynomial Time,PPT)。如果一个函数 $f:\mathbb{N} \to [0,1]$,$k \mapsto f(k)$ 比任何一个正多项式的倒数消散得更快,则称其为在 k 上可忽略,也就是说,$\forall c \in \mathbb{N}, \exists k_0 \in \mathbb{N}, \forall k \geqslant k_0 : f(k) < k^{-c}$。一般而言,当没有敌手能在多项式时间内以不可忽略的概率成功破解某一密码机制时,则认为该密码机制是安全的。

只有在某些计算问题是难解的假设下,大多数密码机制才是安全的。基于 RSA(Rivest et al., 1978)的密码机制建立在如下假设及其变体上:对于两个大质数 $p,q \in \mathbb{N}$,只给出它们的乘积 $N = pq \in \mathbb{N}$,想要解出 p,q 是困难的。基于 Diffie 和 Hellman(1976)思想的密码机制建立在离散对数问题的假设及其变体上;即给定一个生成元为 g 的群 $G = \langle g \rangle$,一个均匀随机分布的 $x \in \{1, 2, \cdots, |g|\}$,只给出 g 与 $g^x \in G$,想要解出 x 是困难的。基于离散对数问题的密码机制长期使用一类特殊质数 $p \in \mathbb{N}$ 生成的乘法群 $G \in \mathbb{Z}_p^\times$(或其大子群),但最近基于椭圆曲线的密码机制越来越广泛地使用,主要原因是在该机制下密钥的长度更短。椭圆曲线还具有另一个吸引人的特点,可以双线性配对,即对三个椭圆曲线群 G_1, G_2, G_T 上可以定义可有效计算的映射 $e: G_1 \times G_2 \to G_T$,该

映射是双线性的。从 Boneh 和 Franklin(2001)的工作开始,双线性配对用于更高效的密码机制,用于那些难以完成的任务,使用其他基于广泛运用的假设密码机制来完成这些任务要更加困难。在上述案例中,计算假设的渐进版本基于一系列定义的计算问题,每个计算问题都对应一个安全参数。

进一步注释:

$\{0,1\}^*$ 表示所有比特串的集合,$x|y \in \{0,1\}^*$ 表示两个字符串 $x,y \in \{0,1\}^*$ 的连接。

1.2 哈希函数及其应用

哈希函数在区块链系统中是一个核心密码学原语,所有区块都是由哈希函数连接的,每个区块中都包含其父区块(前一个区块)的哈希值。一个安全的哈希函数保证任意两个父区块不可能拥有相同的哈希值。这一条件保证从创世区块到链的尾部,每一区块都正确地链接。哈希函数在一些更复杂的密码机制与协议中也发挥着关键作用,本章稍后将讨论这些方法与协议。

1.2.1 哈希函数

从直观上讲,哈希函数的功能是将任意长度的输入值映射到一个短输出值的函数,并且是抗碰撞的。碰撞是两个不同的输入值,经哈希映射后得到相同的输出。对于拥有固定功能的函数 $H:\{0,1\}^* \to \{0,1\}^l$,其中,$l \in \mathbb{N}$ 是输出的长度,寻找其碰撞的困难性并不容易定义:通过简单的计数原理,一定存在 $x,y \in \{0,1\}^*$,使 $H(x)=H(y)$,所以存在一个算法可以寻找到碰撞,即一个输出 x,y 的算法。因此,广泛运用的模型是随机地从一个给定函数簇中选取一个作为哈希函数。另外,也可以使用一个带有密钥的函数来作为哈希函数。

具体来说,一个输出长度为 l 的(带有密钥)哈希函数簇:$\mathbb{N} \to \mathbb{N}$ 是一系列 $\{H_k\}_{k \in \mathbb{N}}$,因此,对于每个安全参数 $k \in \mathbb{N}$,H_k 是一个有效可计算的函数,即 H_k:$\{0,1\}^k \times \{0,1\}^* \to \{0,1\}^{l(k)}$,之后可以通过简单的实验得到这样一个哈希函数的抗碰撞性。首先,随机选择一个哈希函数密钥 $k \in \{0,1\}^k$。如果不存在一个有效算法 A,则在输入为 K 的情况下,输出一个碰撞的概率在 k 上不可忽略,那么这个哈希函数族是抗碰撞的。

密码学定义的带有密钥的哈希函数与实践中的哈希函数有所不同。实际上,目前使用最广泛的是 SHA-2(NIST 2015a)和 SHA-3(NIST 2015b),以及与 SHA-3 竞争的候选算法。实际运用中的哈希函数是固定的函数,它们的输出长度是特定的,在这些哈希函数的设计中是否用到了随机密钥也尚不明确。为了符号的简洁性和与实践的一致性,使用 $H(x)$ 表示对比特串 x 应用哈希函数。正式的安全声明通常要求使用带密钥的版本。

随机预言机模型

在分析密码机制时,将哈希函数视为输出长度为 l 的完全随机函数 $\{0,1\}^* \to \{0,1\}^l$ 是很实用的。这一理想模型又称为随机预言机模型(Bellare and Rogaway,1993)。在构造某些协议时,使用随机预言机模型分析时协议证明是安全的,而使用任意具体的哈希函数实例化时就变为不安全的(Canetti et al.,2004),但随机预言机模型仍是分析协议安全性的有用的启发性方法。

例 1.1(区块链) 在区块链系统中,哈希函数最基础的应用是将区块连接成链。如图 1.1 所示,该区块链包含一系列区块 $B_0, B_1, \cdots$,这些区块中包含着交易。每一个区块 B_i 中也记录着其父区块 B_{i-1} 的哈希值 $H(B_{i-1})$。将区块连成链使每个拥有最后一个区块的正确副本的参与者可以验证整条链。以图 1.1 中的 B_{i+2} 为例,参与者可以验证 $B_0, \cdots, B_{i+2}$。错误的区块要么被发现,要么立即在哈希函数中产生一次碰撞。

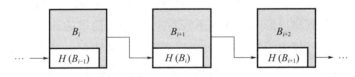

图 1.1 区块链:每个区块 B_i 拥有其父区块 B_{i-1} 的哈希值

例 1.2(加密货币的地址) 大多数广泛运用的加密货币都使用地址这一概念来识别代币交易的源与目的地。每个代币由一对公/私钥对控制,如 1.3 节所述。从比特币开始,大多数加密货币平台基于公钥的哈希值定义地址,使用一种特定的可打印编码。这种方法是可靠的,因为在哈希函数的抗碰撞性下,很难找到一个公钥,该公钥的哈希值与已有地址相同。

1.2.2 默克尔树

默克尔树或者说哈希树是一种数据结构,既可以通过单次哈希对一个值列表进行验证,又可以对列表的各个元素进行有效验证(Merkle,1980)。考虑比特串 $x_1,\cdots,x_N \in \{0,1\}^*$,为了简化,假定 $N=2^n$,其中,$n \in \mathbb{N}$,H 是一个输出长度为 l 的哈希函数。二进制哈希树(默克尔树)可按如下方法构建:树的叶子,也就是第 n 层节点,是由 $h_{n,i}=H(x_i)$,$i \in \{0,1,\cdots,N\}$ 给出第 i 层的所有节点,可以继续计算第 $i-1$ 层节点,$h_{i-1,j}=H(h_{i,2j-1}|h_{i,2j})$,$j=1,2,\cdots,2^{i-1}$。最后,可以算出根节点 $h_{0,1}=H(h_{1,1}|h_{1,2})$。一棵深度为 2 的默克尔树如图 1.2 所示。

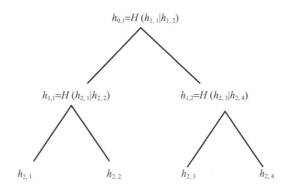

图 1.2　一棵深度为 2 的默克尔树

如果哈希函数 H 是抗碰撞的,则默克尔树的根节点实际上可以验证所有叶子节点。假设有两个不同的叶子列表指向一个相同的根节点,即两个列表在某处 k 不同。沿着 k 处的不同叶子到根节点的路径上,至少有一个层次,对于不同输入,H 给出了相同的输出,该处就是函数 H 的一个碰撞。

默克尔树的一个重要属性是可以在长度 n 内验证某个成员 x_k 的资格。定义辅助函数 $f:\mathbb{N}\to\mathbb{N}$,$i \mapsto i+i$,$i$ 是奇数,$i \mapsto i-1$,i 是偶数,x_k 的成员资格验证包括这些元素,$h_{n,f(k)},h_{n-1,f(\lceil k/2 \rceil)},h_{n-2,f(\lceil k/4 \rceil)},\cdots,h_{1,\lceil 2k/N \rceil}$。验证通过沿以下路径重新计算整棵树进行:$h(k)=H(x_k)$ 到根节点,验证中的元素可以通过应用上面提供的 $h_{i-1,j}$ 的递归公式得到。以图 1.2 为例,假设需要验证 x_2 在以 $h_{0,1}$ 为根节点的默克尔树的位置 2 上,该验证包含元素 $h_{2,1}$ 和 $h_{1,2}$,易于验证 x_2,$h_{2,1}$ 和 $h_{1,2}$ 满足 $h_{0,1}=H(H(h_{2,1}|H(x_2))|h_{1,2})$。

例 1.3(零币协议中的默克尔树) 默克尔树的根节点可以简洁地验证所有叶子节点。例如,在零币协议(Ben-Sasson et al.,2014a)中,每个叶子节点对应一个代币。消费代币的交易中包含了一个证明,证明代币被默克尔树根节点验证过。为了使该机制保护隐私,零币协议使用了承诺机制与非交互式零知识证明,这些内容会在 1.5 节和 1.6 节中讲解。

1.3 数字签名及其变体

数字签名机制允许一方签名者 S 为一给定消息 $m \in \{0,1\}^*$,创建一长度为 k 的比特串 $s \in \{0,1\}^k$,s 又称为签名,验证者 V 可以检查 m 是否真的是由 S 签名的。为此,S 有一对密钥,包括签名密钥 sk 和验证密钥 vk。sk 是保密的并用于生成签名,vk 是公开的,任何想要验证签名的人都需要 vk。数字签名由 Diffie 和 Hellman(1976)提出。早期的实例化方案由 Rivest 等(1978)、Lamport(1979)和 Merkle(1979)提出。

1.3.1 一般的数字签名

数字签名机制形式上由三种算法组成,分别用于密钥生成、签名生成和签名验证。在密钥生成算法中,输入安全参数 k,输出(sk,vk),sk 是签名密钥,vk 是验证密钥。在签名算法(可能是概率算法)中,输入签名密钥 sk 和消息 $m \in \{0,1\}^*$,输出签名 s。在(确定性)的验证算法中,输入验证密钥 vk 和声称的签名 s,输出一个布尔值,表示该签名是否有效。签名方案的正确性表示诚实生成的签名将始终被验证为有效的。

数字签名的第一个正式安全定义是由 Goldwasser 等(1988)提出的。该定义称为在自适应选择消息攻击下满足存在不可伪造性(Existential Unforgeability under Chosen-Message Attack, EUF-CMA)。具体定义如下:A 是一个可以得到签名机制的 vk 并有权限查询一个预言机的算法,该预言机对任意输入消息 $m \in \{0,1\}^*$,提供其对应签名 $s \in \{0,1\}^k$。一个伪造由消息 $\widetilde{m}$ 和签名 $\widetilde{s}$ 组成,$\widetilde{s}$ 是 $\widetilde{m}$ 的有效签名且 $\widetilde{m}$ 未经查询。如果一个签名机制对于任何有效算法 A,其成功提供一个伪造的概率都是可忽略的,则该机制称为在自适应选择消息攻击下满足存在不可伪造性。

如果存在伪造$(\tilde{m},\tilde{s})$,但在查询预言机时,输入$\tilde{m},\tilde{s}$没有作为一个$\tilde{m}$的签名返回,则称该签名机制是强不可伪造的。

目前,最广泛使用的是基于 RSA 的签名机制,尤其是 Bellare 和 Rogaway (1996)提出的概率签名方案(Probabilistic Signature Scheme,PSS),其安全性来源于大整数难解问题。在基于离散对数问题的签名机制中,数字签名算法(Digital Signature Algorithm,DSA)运用最广泛,由美国国家标准与技术研究院(National Institute of Standards and Technology,NIST)进行了标准化。在区块链这一背景下,其基于椭圆曲线的变体椭圆曲线数字签名算法(Elliptic Curve Digital Signature Algorithm,ECDSA),因为更短的密钥与签名长度而更具优势。另一种基于离散对数的变体是 Schnorr 签名(Schnorr,1989),用于爱德华兹曲线数字签名机制(Edwards – curve Digital Signature Algorithm,EcDSA)(Bernstein et al. ,2011)。Boneh 等(2001)提出了一种不同机制,因其具有扩展功能的变体而引起学者的兴趣,该机制也称为 BLS(Boneh – Lynn – Shacham)。

在这里简要地概述 BLS 方案,因为它是之后章节中描述的更复杂方案的基础。该方案可以定义在任意 Gap Diffie – Hellman 群上。在该群中,从g^x、g^y计算g^{xy}是困难的,但给定$\tilde{g}$、g^x、g^y,计算是否有$\tilde{g}=g^{xy}$,即$(g^x,g^y,\tilde{g})$是否是一个 Diffie – Hellman 三元组是易于完成的。接下来,将用在 1.1 节中介绍过的双线性配对形式描述该机制,这有助于之后章节的学习。在该形式下,相应的 co – Gap Diffie – Hellman 假设表明,对于$G_1=\langle g_1\rangle$与$G_2=\langle g_2\rangle$,从$h\in G_1$计算h^a和从$g_2^a\in G_2$计算g_2是困难的。但给定(g_2,g_2^a,h^b),计算是否满足$h^a=h^b$,即(g_2,g_2^a,h^b)是否为 co – Gap Diffie – Hellman 三元组是易于完成的。该测试可以通过计算$e(h,g_2^a)$是否等于$e(h^b,g_2)$完成,由于双线性特性,$e(h,g_2^a)=e(h^a,g_2)$。

更详细地,BLS 方案从q阶的 co – Gap Diffie – Hellman 群中取出(G_1,G_2),哈希函数$H:\{0,1\}^*\to G_1$。签名密钥是$x\in \mathbf{Z}_q$,验证密钥是$g_2^x\in G_2$。用x对消息m签名的方法是计算$s\leftarrow H(m)^x$。注意到$(g_2^x,H(m),s)$是一个 co – Gap Diffie – Hellman 三元组。双线性配对使其可以在只给出$H(m)$和g^x的情况下检查签名s,但基于 co – Gap Diffie – Hellman 假设,通过这两个值计算签名s是困难的。

例 1.4(交易中的数字签名) 数字签名是授权交易的重要工具,在此定义了一个比特币交易的简化变体以说明签名机制的运用。比特币基于一种称为未花费的交易输出(Unspent Transaction Output,UTXO)的模型,在该模型中,每笔交易拥有被花费的输入,与可用于后续交易花费的输出。输入是之前交易的输出,它们必须是未花费的,该模型因此得名。在图1.3中定义了基本(单输入单输出)的数据结构,输入通过交易哈希(OutTxHash)依赖于之前的交易,含有签名公钥(PubKey)与签名(Sig)用于验证。输出包含它的值(Value,in Bitcoin),与允许消费公钥的地址(Address)。比特币还支持由输入和输出列表组成的多输入多输出交易。

图1.3 比特币交易(简化版)的数据结构

在最简单的情况下,每个输出基本上就是比特币中的值和比特币地址,即签名机制中验证密钥的哈希值。这意味着控制与该地址相关的签名密钥的参与者能够在未来的交易中使用指定数量的比特币。在基本情况下,每个输入包含对之前交易的引用,验证密钥,ECDSA签名。验证密钥的哈希值必须与引用中的地址相同。签名必须是当前交易剩余部分的有效签名。也就是说,要创建交易,首先要生成没有签名的数据结构,对其进行签名;其次,在将交易发送到区块链之前将签名包含进去。比特币交易更加灵活,输出可以指定脚本,这些脚本描述了在什么情况下可以使用输出,即本章所描述的签名机制。

许多区块链系统,包括比特币和以太坊,使用ECDSA作为签名机制。比特币选择使用与ECDSA标准(也称为secp256r1)不同的椭圆曲线(常称为secp256k1),其他区块链平台(如以太坊)也跟从比特币的选择。

1.3.2 聚合签名

在聚合签名方案中,一组签名者可以将他们在不同消息上的签名组合成一个紧凑的表示。聚合签名的第一个构造是由Boneh等(2003)给出的BGLS (Boneh – Gentry – Lynn – Shacham),该构造基于配对,也基于在1.3.1节中定义的BLS机制。BGLS签名机制工作在如上定义的双线性配对机制下,即群

$G_1 = \langle g_1 \rangle$ 与 $G_2 = \langle g_2 \rangle$，一个目标群 G_T，映射 $e: G_1 \times G_2 \to G_T$。哈希函数 H 映射到 G_1。每个参与者 i 都拥有一个签名密钥 $sk_i = x_i \in \mathbf{Z}_q$，一个验证密钥 $vk_i = g_2^{x_i}$。每个独立的签名由 BLS 机制计算：一个消息 $m \in \{0,1\}^*$，由 $s_i \leftarrow H(m_i)^{x_i} \in G_1$ 签名。验证依靠 e，即 $e(s_i, g_2) = e(H(m_i), vk_i)$。

签名的聚合非常简单，参与者对消息 $m_1, \cdots, m_n$ 的签名 $s_1, \cdots, s_n$，聚合签名为 $s \leftarrow \prod_{i=1}^{n} s_i \in G_1$。验证时首先检查所有消息 $m_1, \cdots, m_n$ 是否不同，再检查 $e(s, g_2) = \prod_{i=1}^{n} e(H(m_i), vk_i)$ 是否成立。由下式可知该等式成立：

$$e(s, g_2) = e\left(\prod_{i=1}^{n} H(m_i)^{x_i}, g_2\right) = \prod_{i=1}^{n} e(H(m_i)^{x_i}, g_2)$$
$$= \prod_{i=1}^{n} e(H(m_i), g_2^{x_i}) \tag{1.1}$$

该方案是受限的，因为不同参与者提供的消息必须不同，这意味着它不是一个多重签名方案。原因是对于相同的消息，签名者可以根据另一个用户的验证密钥自适应地选择验证密钥，类似于对早期多重签名方案的攻击（Horster et al., 1995）。如果不同的签名者使用的组元素 $H(m_i)$ 不同，则这种攻击是不可能实现的。事实上，该方案在 co-Gap Diffie-Hellman 假设下可证明是安全的。

Bellare 等（2007）后来证明，如果放弃使用 $H(m)^x$，每个用户使用 Boneh 等（2003）推测的 $H(vk|m)^x$，则可以不用遵守上面提到的区分性条件。

1. 有序聚合签名

Lysyanskaya 等（2004）提出一种与常规的聚合签名具有相同安全性，但要求签名按照特定的预定顺序聚合的有序聚合签名机制。该限制可以进一步加强，文献中提出了一种基于确定的陷门排列方案，该方案在预言机模型中是安全的。认证的陷门排列可以基于 RSA 实现，但认证证明增加了额外的负担。Neven（2008）提出的机制同样基于 RSA，且不需要认证，但签名长度随参与者增多而变长。

2. 区块链中的聚合签名

聚合签名允许更紧凑地表示多个签名。特别是对于存储在多个副本（如区块链本身）上的数据，可以有效节省存储空间。一种可能的应用是将每个块中所有交易的签名聚合为单个签名。

1.3.3　多重签名

由 Itakura 和 Nakamura(1983)首次提出的多重签名机制,让一组签名者可以对一个公共的消息产生联合的签名。将所有签名者的签名连起来是实现多重签名机制的一种简易的方法,但签名长度会随着签名者数量增加呈线性增长。专门的多重签名机制从签名长度这方面来看更有效率。

多重签名机制的安全性比一般的数字签名更难以把握。例如,一个恶意的签名者可以根据其他参与者来选择自己的密钥,并使紧凑的多重签名在签名者看来是不确定的(Horster et al. ,1995)。目前,多重签名机制的安全性定义参见 Micali 等(2001),文献中的方案需要一个交互式的设置阶段。对于目前的区块链系统来说,这是不合适的,因为在设置完成后就没有其他参与者可以加入。

有些多重签名机制允许非交互式签名,即所有签名者可以独立对签名作出贡献,任何签名者都可以将这些贡献合并为最终的签名。在这些机制中,每个签名者会像在标准签名机制中一样作出贡献,并有一个附带的算法将贡献合并到多重签名之中。

Boldyreva 等(2003)提出了一种遵循上述方法并基于 Gap Diffie – Hellman 假设的早期机制。该方案的安全性要求签名者通过在认证机构的密钥注册期间签署认证签名请求,以此证明他们对自己的密钥的了解(Ristenpart et al. ,2007)(这在用户注册密钥的许可设置过程中更合适)。通过使用 Bellare 等(2007)所述的聚合签名方案,可以获得不需要密钥注册的多重签名方案,该方案基于 Boneh 等(2003)的工作,如 1.3.2 节所述。最后,Neven(2008)描述了一种基于 RSA 假设的数据认证方案,该方案可以减少带宽消耗,但仅对长消息有意义。

Boneh 等(2018)提出一种支持公钥聚合的签名机制:验证者不再需要所有签名者的验证密钥,只需要它们的短聚合。这可以在交易的数据结构中节省大量空间。Boneh 等(2018)提出的机制同样基于 BLS 签名机制,该机制的定义由 1.3.2 节中 Boneh 等(2003)给出。

再次使用已定义的双线性配对形式,每个参与者都使用 $sk = x$ 和 $vk = g_2^x$。哈希函数 H_1 映射到 $\mathbf{Z}_q$,$a_i \leftarrow H_1(vk_i | vk_1, \cdots, vk_n)$。密钥可以如下式聚合:

$$\mathrm{avk} = \prod_{i=1}^{n} \mathrm{vk}_i^{a_i} \tag{1.2}$$

对于给定消息 m,每个参与者计算 $s_i \leftarrow H(m)^{a_i x_i}$,聚合签名像 Boneh 等(2003)提出的方案中一样由 $s \leftarrow \prod_{i=1}^{n} s_i$ 计算。最后,验证按以下方式进行:$e(s, g_2) = e(H(m), \mathrm{avk})$。

例 1.5(多输入多输出交易中的多重签名机制) Maxwell 等(2019)讨论了多重签名在比特币中的运用,比特币中的多输入多输出(Multi-Input Multi-Outopu,MIMO)交易包含签名(在同一数据上),所有密钥都对应交易的输入。因此,多重签名可以减小在区块链中储存交易的大小,如图 1.4 所示。输入通过交易的哈希引用了两个之前交易的输出,它包含签名公钥和多重签名,以便验证。而 Boneh 等(2018)和 Maxwell 等(2019)提出的方案还允许密钥聚合,从而将所有签名公钥聚合成固定长度的单一密钥。

图 1.4 多重签名的 UTXO 交易(简化版)的数据结构门限签名

多重签名也可以运用在其他场合:单个 UTXO 的花费取决于与不同验证密钥相关的多个签名。如果需要多人签署交易,或者出于安全目的将不同的密钥存储在不同的位置,则多重签名非常有用。在这种设置中,多重签名允许交易更加紧凑,因为输入只需包含一个签名而非多个相关的签名。

Maxwell 等(2019)和 Boneh 等(2018)提出的方案还支持公钥聚合,这意味着多重签名中使用的多个验证密钥可以聚合成单个验证密钥。之后可以通过这一密钥进行验证,该特性可使许多交易的表示更紧凑(尤其是输出)。

1.3.4 门限签名

门限签名是一种特殊类型的多重签名。对于一组 n 个用户和特定阈值 $t \leq n$,当且仅当签名者协作时,才可能生成签名。虽然多重签名方案可以允许不同参与者独立地生成其密钥,但门限签名方案需要特殊的设置阶段。Desmedt 和 Frankel(1989)引入了门限密码系统,但他们的方案需要一个可信方来生成所有密钥,目前来看并不实用。

Shoup(2000)提出了第一个实用的门限签名机制,该机制基于 RSA,拥有一个非交互式的签名阶段。该协议需要一个可信设置阶段来生成密钥,Damgard 和 Koprowski(2001)的工作突破了这一限制。之后,Gennaro 等(2008)给出了该机制的一种变体,适用于动态变化的用户组。Boldyreva 等(2003)提出 BLS 签名机制 Boneh 等(2001),也可以用于门限签名。下面将介绍该机制的门限签名变体。

该机制基于秘密共享这一概念。Shamir(1979)发现一个秘密数可以在一组 n 方参与者之间共享,任何 $t+1$ 方参与者都可以重建这一秘密数,但对于阈值 $t<n$,该秘密是隐藏的。这一机制使用多项式来达成,因为任何一个 t 次多项式由任意一组(至少)$t+1$ 个点确定。为了共享秘密数,选择一个 t 次的随机多项式 f,$f(0)=s$,对于参与者 $i=1,2,\cdots,n$,每方参与者 i 接收 $f(i)$。给定这些点,任意 $t+1$ 方参与者都可以使用拉格朗日插值法计算 $f(0)$。

在这一门限签名机制中,共享密钥是 BLS 签名机制中的 $x\in\mathbf{Z}_q$。密钥的初始分配可以由 Gennaro 等(2007)提出的分布式密钥生成协议实现。为了对密钥生成产生贡献,用户 i 只需计算 $s_i\leftarrow H(m)^{x_i}$,即用他们的密钥 x_i 生成的 BLS 签名。回想一下,任意 $t+1$ 方参与者都可以使用拉格朗日插值法重建 x。使用分享密钥 $s_{i_1},\cdots,s_{i_{t+1}}$,只需要用乘法与幂运算代替加法与乘法,就可以得到签名 $s=H(m)^x$。

例 1.6(区块链中的门限签名) Gennaro 等(2016)提出在比特币交易中使用门限 DSA 来生成签名,以防止密钥泄露。最近,Lindell 和 Nof(2018)的工作使这一想法更接近实用。在许可区块链系统中,门限签名也有使用价值,该系统中所有用户都是经过注册的,其中一个自然而然的模型是一定数量的节点就一个特殊行为达成一致。

1.3.5　带前向安全数字签名

在数字签名方案中,获得诚实用户签名密钥的敌手能够以该诚实用户的名义创建任意消息。在传统的基于公钥基础设施(Public Key Infrastructure, PKI)的互联网协议中,在用户的证书被吊销或过期前,敌手可以伪装成特定用户访问消息或资源。在区块链系统中,尤其是基于权益证明的区块链系统,由于两个主要原因,这个问题更加突出:①签名密钥用于两个不同的目的,即消费代币和参与共识;②密钥的有效性不是通过外部手段建立,而是由共识本身建立的。如果一个诚实用户的密钥被敌手所知,如一个用户花费了所有代币并停止了对毫无用处的签名密钥进行保护,敌手可以使用该密钥生成与先前块的共识相关的消息,并可能创建一个分叉。这通常称为长程攻击。

Anderson(2002)、Bellare 和 Miner(1999)指出可以使用带前向安全数字签名方案,以防止对共识中"过时"部分的攻击。简而言之,带前向安全签名方案允许用户验证某个签名是在某个时间点生成的,因此攻击者不能任意回溯签名。该功能通常是通过在生成每个签名之后对签名密钥进行更新,并清除先前的密钥来实现的。Cronin 等(2003)比较了几种不同方案的实用性,在此基础之上,Drijvers 等(2020)提出了一种有效的带前向安全多重签名机制。

带前向安全数字签名机制用于基于权益证明的系统中,如 Algorand 系统(Chen et al.,2019)和构建 Cardano 区块链基础的 Ouroboros 协议,如 David 等(2018)提出的 Ouroboros Paros 协议等。其基本思想是让协议参与者在协议执行期间(如在协商一致期间),每次使用密钥后更新其签名密钥。由于删除了"旧"签名密钥,在更新操作后攻击者即使获得参与者的签名密钥,也无法生成与此次或任何先前共识轮次相关的消息。

1.4 可验证随机函数

可验证随机函数是由 Micali 等(1999)提出的密码学原语。

可验证随机函数是通过生成一对公钥和私钥来实例化的函数。输入字符串后需要私钥来计算函数输出。输入字符串 x,可验证随机函数的预期结果是一对拥有特殊性质的输出,表示为 (σ, π)。首先,对于任何没有权限访问密钥的概率多项式时间区分器,σ 与随机字符串是不可区分的,除非区分器可以得到任意其他字符串的函数值。其次,字符串 π 允许诚实的概率多项式时间验证者根据公钥和输入 x 检查 σ 是否正确。

在区块链中,可验证随机函数主要用于基于诚实多数权益的共识协议。在这类协议中,每个参与者都应根据自己的权益大小,计算自己是否有资格提出可达成共识的消息。更具体地说,考虑到区块链背景下的权益证明共识,参与者使用可验证随机函数,以检查其是否有资格向对等网络写入区块。该资格通常通过检查 σ 是否对应于一个非常小的数字(即 σ 的所有最高有效位为零)来获得。而证明 π 起着至关重要的作用,以防止参与者通过选择一

个假的 σ 来声称自己有写入资格。σ 的不可预测性是保证有资格写入区块的参与者在真正写入区块之前保持隐藏状态所必需的。通过对可验证随机函数的深入研究，获得了像 Dodis 和 Yampolskiy(2005)这样的有效构造。

在 Algorand(Chen et al.,2019)、Ouroboros Praos(David et al.,2018)和 Ouroboros Genesis(Badertscher et al.,2018)所作的工作中，可验证随机函数在权益证明协议中所起的关键作用。

Ouroboros Praos 协议中的可验证随机函数使用了两个哈希函数 H 和 H'，在随机预言机模型和 Diffie–Hellman 假设下是证明安全的。$v=g^x$ 表示公钥，x 是密钥。输入消息 m 时，随机函数的预期输出包含一个值 $y=H(m|u)$，其中 $u=H'(m)^x$，证明 y 是 m 的预期输出需要 u 和一个非交互式零知识证明（随机预言机模型），即 u 对基 $H'(m)$ 的离散对数与 v 对基 g 的离散对数相等。

1.5 承诺机制

承诺机制允许发送方对消息进行编码，使消息满足以下三个特性：①隐藏性，在发送方决定揭露前，该消息对接收方敌手是隐藏的；②绑定性，一个发送方敌手极有可能最多揭露一条消息；③正确性，诚实的发送者可以有效地编码和揭示消息，而诚实的接收者可以有效地检查所揭示消息的正确性。

承诺机制对区块链中隐私保护的作用至关重要。事实上，区块链的几个潜在应用涉及私有数据，这些数据应保持私有，同时必须通过区块链以公开可验证的方式处理。承诺机制可以解决隐私和公开验证之间的上述紧张关系，因为这些机制允许将私人信息编码后上传到区块链上。隐藏性维护信息的隐私。绑定性保证只需考虑独特的信息。当隐私不再是问题时，正确性允许在链上揭示信息，或者当信息仍然对公众保密但可以向特定方揭示时，信息在链下被揭示。

承诺机制仅在单向函数存在最小假设成立的情况下得以实现(Naur,1991)。更具体地说，在标准数论假设下存在有效的承诺机制，如基于离散对数假设的 Pedersen 承诺机制(Petersen,1991)。在该机制中，使用足够大的素数阶 q 的群 G 中的一些随机元素 g 和 h，g 和 h 由接收方或某个外部可信方选择。目标是保护 h 对基 g 的离散对数这一秘密。一个消息 m 的承诺包括从

群 Z_q 中选择的一个随机数 r，并计算 $c = g^m \cdot h^r$。为了揭示承诺，发送方只需发送一对 (m,r)，接收方可通过重新计算承诺并检查是否与 c 相等来验证。该机制是可重随机化的（即对于随机数 s, $c' = c \cdot h^s$ 仍是消息 m 的承诺），并且具有特定的同态性质，这使得它在几个应用中都非常有用：给定消息 m 和 m' 的两个承诺 c 和 c'，则 $c'' = c \cdot c'$ 是消息 $m + m'$ 的承诺。最后，Pedersen 承诺是无条件隐藏的，所以在后量子时代该方案是有效的。

Monero（Noether et al.，2016）和 Zerocash（Ben – Sasson et al.，2014a）这样的隐私保护区块链利用了承诺机制的上述潜在优点。Zerocash 协议通过利用承诺机制的属性和将在 1.6 节中介绍的零知识证明，保证了代币转移的不可链接性。更具体地说，在 Zerocash 协议中，代币的序列号提交到区块链上，代币所有者使用承诺的值来证明拥有该代币（这是允许匿名转让代币的组件之一）。此前，Adam Back（2013）曾建议使用 Pedersen 承诺构建"保密交易"，以增强比特币交易的隐私性。这就是首次将承诺用于私人交易的方式。

1.6 非交互式证明

经典的数学概念证明包括生成一个字符串，任何验证者都可以使用该字符串来检验定理的真实性。因此，经典证明是非交互式的，可以公开验证。提供证明有时会很不方便，因为它可能包括证明者不想透露的密钥或机密信息。

为了在证明定理的同时保护生成证明所需数据的隐私性，Goldwasser 等（1985）引入了交互式零知识证明的概念。在这样的证明中，一方参与者（证明者）在不透露任何附带信息的情况下，设法说服另一方参与者（验证者）某些声明是真实的。

证明和论证之间有着重要的细微差别。在证明系统中，具有无穷计算能力的敌手，也无法以不可忽略的概率说服认为证明为虚假的验证者。在论证系统中，验证者的安全性仅限于多项式时间敌手。定理通常称为实例，而让证明者说服验证者的信息通常称为见证者。另一个细微差别是，在某些应用中，真正重要的是证明者实际上知道一个见证者，可以说服一个验证者相信定理的真实性。这引出了知识证明和论证的概念（Ballare and Goldreich，1992）。尽管交互过程保护了证明者输入信息的隐私性，但会失去公开可验证性,因为只有与证明者交互的验证者才相信该定理的真实性。

1. 非交互式零知识

在许多实际应用中,一个证明者必须让许多验证者相信定理的真实性。这是公开可验证性,其目标是构建非交互式零知识(Non - Interactive Zero Knowledge,NIZK(Blum et al.,1988))证明,即一旦创建了证明,任何人都可以验证它。NIZK 需要一些可信设置(如公共引用字符串模型)或启发性安全(如随机预言机模型)。鉴于 Fiat - Shamir 变换(Fiat et al.,1986),后一种模型更为流行。Fiat - Shamir 变换有效地将一些具有弱形式零知识(即关于诚实验证者的零知识)的特定(常数轮和公开随机)证明转换为 NIZK 证明。即使对于拥有无限计算能力的证明者,只要它们仅对随机数进行多项式查询,就能保证其在随机预言机模型下的安全性。

依赖于可信参数似乎与区块链的去中心化要求相悖。最常见的可信参数实例是公共引用字符串模型,该模型以某种方式对具有特定分布的字符串进行采样,供所有参与者使用。对字符串的恶意选择会危及依赖于它的所有协议的安全性。最近,通过安全多方计算协议放宽了这一限制,本章后面将对此详细介绍。

2. SNARG 和 SNARK

SNARG(Succinct Non - interactive Argument)是一种简洁的非交互式论证系统,其中证明者计算的证明长度短,验证速度快。Micali(1994)和 Kilian(1994)基于随机预言机模型设计了第一批 SNARG 系统。最近,定义与构造转而考虑可供证明者与验证者双方使用的公共引用字符串模型。文献中有几个定义旨在形式化定义"短"和"快"。最常见的定义要求证明的长度和验证的运行时间以 $p(\lambda + |x|)$ 为界,其中 λ 是安全参数,x 是实例,p 是固定多项式(即它不依赖于 x 所属的特定语言,以表示真实定理)。一些更宽松的定义允许证明更长,但在见证者规模上接近。一些更具限制性的定义要求证明的长度仅取决于安全参数。

如果一个 SNARG 还是一个知识论证,则称其为一个 SNARK。Gentry 和 Wichs(2011)证明了 SNARK 仅在非常强的(不可证伪)假设下成立。

有些 SNARK 拥有零知识的性质,它们依赖于配对假设。在这些构造中(如 Danezis 等(2014)、Gennaro 等(2013)、Groth(2016)、Groth(2010)、Lipmaa(2012)、Lipmaa(2013)),论证由几个群元素组成,验证者只需在双线性群中进行少量的指数与配对运算。

有效的零知识 SNARK 需要一个长的公共引用字符串。相应地,存在计算效率较低但使用较短公共引用串的 SNARK(如 Ben – Sasson 等(2014b)和 Bitansky 等(2013))。

3. STARK

近期出现的可扩展的透明知识论证(Scalable and Transparent Arguments of Knowledge,STARK)(Ben – Sasson et al.,2018)相比 SNARK 改进了一些不足之处。零知识 STARK 不需要公共引用字符串,在随机预言机模型下是证明安全的,遵循了 Micali(1994)和 Kilian(1994)中避免使用可信参数的方法。STARK 的另一特点是,能够有效抵抗量子攻击。与 SNARK 相比,上述优势的代价是简洁性。实际上,STARK 不是由几个群元素组成的,其大小很容易达到几百千字节,甚至几兆字节。目前,没有区块链系统使用 STARK,但已有提议将其用于现有区块链(如以太坊)的未来版本中。

4. 区块链中的零知识 SNARK

SNARK 在一些保护隐私的加密货币系统中发挥着至关重要的作用(Ben – Sasson et al.,2014a)。例如,在 Zcash 中,必须进行零知识 SNARK 计算才能进行隐私保护的代币转账。

1.7 隐私增强签名

在环签名机制中,对某一消息的签名进行验证,可以确认它是由某一个环的成员签名的,这是一组由签名者在签名过程中选择的自发成员。环上的其他成员不需要参与签名过程,更进一步,他们可能不知道有成员进行签名。环签名拥有一定程度的匿名性,验证者只能确定签名者是环中的一员,而不知道是哪个环成员进行了签名。环签名一词由 Rivest 等(2001)提出。早期的环签名构造都假设密钥是诚实生成的,而 Bender 等(2009)提出了更严格的安全定义。他们提出了通用的构造与两种更有效的构造,这两种构造基于特定计算假设且仅适用于尺寸为 2 的环。

一些相对有效的环签名的签名长度会随着环成员的增加而变长,如 Rivest 等(2001)提出的基于 RSA 的机制,Herranz 和 Sáez(2003)提出的基于 Schnorr 签名的机制,还有 Boneh 等(2003)提出的基于 BLS 的机制。很少一部分方案可以保证签名长度与环成员数量无关,如 Dodis 等(2004)基于 RSA 的机制,Qin 等(2018)基于离散对数难解问题的机制。

具有高级安全属性的环签名机制与区块链的结合是研究热点之一。例如,门限环签名机制将门限签名与环签名的匿名性相结合。Bresson 等(2002)给出了第一种基于 RSA 的构造,在随机预言机模型下是证明安全的。Wong 等(2003)提出了一种构造,该构造由 Rivest 等(2001)提出的原始结构扩展而来。在可链接的环签名机制(Liu et al.,2004;Liu et al.,2005)中,可以确定两个环签名是否是由同一名用户创建的。Tsang 和 Wei(2005)给出了一种基于 RSA 的签名长度固定的机制。

Xu 和 Yung(2004)引入了可追责环签名,在该机制下,可以指定一名开启者,开启者可以去除环签名的匿名性。Bootle 等(2015)提出了一种基于 DDH (Decisional Diffie – Hellman)假设的构造,其中签名长度随环成员数量呈对数增长。Lai 等(2016)、Kumawat 和 Paul(2017)将其改进为签名长度固定的构造。

Fujisaki 和 Suzuki(2008)提出了可追踪环签名,在该机制下每个环成员在特定上下文中只能签名一次,这一特性用于防止双花。最原始的构造基于 DDH 假设,在随机预言机模型下证明是安全的(Fujisaki et al.,2008)。

1. 区块链中的环签名

许多加密货币都使用环签名来增强交易的隐私性,其基本思想是对交易进行环签名,这样签名就对应一系列交易的输出,从而保证了所花费的具体输出的隐蔽性。一个基本的环签名机制将导致双花出现,所以具体应用的环签名都拥有附加功能。例如,CryptoNote 协议(van Saberhagen,2013)基于 Fujisaki 和 Suzuki(2008)提出的可追踪环签名。Monero 加密货币使用 Liu 等(2004)中的机制。

2. 区块链中的群签名

Chaim 和 van Heist(1991)提出了群签名,群签名可以看作由一组固定成员组成的环签名:指定的群管理员可以将参与者添加到群中或从群中移除,每个成员都可以代表群进行签名。管理员也可以去除群的匿名性。群签名在区块链网络中的适用性不如环签名,因为群签名需要管理员来集中管理。

1.8 安全多方计算

安全多方计算(Multi-party Computation,MPC)(Yao,1982;Goldreich et al.,1987)是一种安全定义,模拟了现实情况下密码协议的安全性,旨在实现理想的安全功能。在理想情况下,每个参与者想要对其输入进行运算时,可以通过一个可信第三方(Trusted Third Party,TTP)来安全地进行。TTP通过专用信道来收集输入,计算并将对应的输出返回给参与者。

在真实情况中,密码协议代替了TTP,使用密码协议来保证参与者输入输出的隐私与计算正确性。

通过证明任何现实情况下的敌手行为都可以在理想情况下复现,MPC致力于验证现实情况下的密码协议与理想情况下的计算在本质上拥有相同的安全性。因为后者通过检查证明是安全的,所以现实情况下的密码协议也是安全的。

MPC在区块链中的运用与前述的zk-SNARK所需的(长)公共引用字符串密切相关。实际上,如果公共引用字符串是恶意生成的,那么zk-SNARK的安全性很容易被完全攻破。因此,基于将信任分散在整个区块链中的思想,不应该依赖于可信参与者来生成公共引用字符串。已有提议使用MPC"仪式"来生成公共引用字符串,即让许多志愿者参与计算。只要有至少一方正确地完成了所有步骤,就可以保证生成的公共引用字符串是安全的。

2018年,一个使用了Bowe等(2017)中MPC协议的"仪式"为Groth(2016)的基于双线性配对的zk-SNARK机制生成了部分公共引用字符串。该"仪式"被命名为"Tau的力量"(Power of Tau),只要有至少一名参与者破坏了"仪式"的随机性,由此产生的参数就被认为是可信的。

参考文献

每个参考文献后面的数字是引用该文献的页码,其余章节同。

R. Anderson. Two remarks on public key cryptology. Technical Report UCAM-CL-TR-549, University of Cambridge, December 2002. 12

A. Back. Bitcoins with homomorphic value (validatable but encrypted). https://bitcointalk.org/

index. php? topic = 305791. 0,2013. (Accessed 20 Dec. 2019.) 14

C. Badertscher, P. Gazi, A. Kiayias, A. Russell, and V. Zikas. Ouroboros Genesis: Composable proof-of-stake blockchains with dynamic availability. In D. Lie, M. Mannan, M. Backes, and X. Wang, editors, *Proceedings of the 2018 ACM SIGSAC Conference on Computer and Communications Security, CCS 2018, Toronto, Ontario, Canada, October 15 - 19, 2018*, pages 913 - 930. ACM, 2018. 13

M. Bellare and O. Goldreich. On defining proofs of knowledge. In E. F. Brickell, editor, *Advances in Cryptology——CRYPTO'92, 12th Annual International Cryptology Conference, Santa Barbara, California, USA, August 16 - 20, 1992, Proceedings, volume 740 of Lecture Notes in Computer Science(LNCS)*, pages 390 - 420. Springer, 1992. 15

M. Bellare and S. K. Miner. A forward-secure digital signature scheme. In M. Wiener, editor, *Advances in Cryptology——CRYPTO, volume 1666 of LNCS*, pages 431 - 448. Springer, 1999. 12

M. Bellare, C. Namprempre, and G. Neven. Unrestricted aggregate signatures. In L. Arge, C. Cachin, T. Jurdziński, and A. Tarlecki, editors, *Automata, Languages and Programming*, volume 4596 *of LNCS*, pages 411 - 422. Springer, 2007. 8, 9

M. Bellare and P. Rogaway. Random oracles are practical: A paradigm for designing efficient protocols. In *Proceedings of the 1st ACM Conference on Computer and Communications Security*, pages 62 - 73. ACM, 1993. 3

M. Bellare and P. Rogaway. The exact security of digital signatures——how to sign with RSA and RABIN. In U. Maurer, editor, *Advances in Cryptology——EUROCRYPT*, volume 1070 of *LNCS*, pages 399 - 416. Springer, 1996. 6

E. Ben-Sasson, I. Bentov, Y. Horesh, and M. Riabzev. Scalable, transparent, and post-quantum secure computational integrity. *IACR Cryptology ePrint Archive*, 2018:46, 2018. 16

E. Ben-Sasson, A. Chiesa, C. Garman, M. Green, I. Miers, E. Tromer, and M. Virza. Zerocash: Decentralized anonymous payments from Bitcoin. In *IEEE Symposium on Security and Privacy, Berkeley, California, USA, May 18 - 21, 2014*, pages 459 - 474. IEEE Computer Society, 2014a. 5, 14, 16

E. Ben-Sasson, A. Chiesa, E. Tromer, and M. Virza. Scalable zero knowledge via cycles of elliptic curves. In J. A. Garay and R. Gennaro, editors, *CRYPTO (2) 2014, Santa Barbara, California, USA, August 17 - 21, 2014*, volume 8617 of LNCS, pages 276 - 294. Springer, 2014b. 16

A. Bender, J. Katz, and R. Morselli. Ring signatures: Stronger definitions, and constructions without random oracles. *Journal of Cryptology* 22(1):114 - 138, 2009. 17

D. J. Bernstein, N. Duif, T. Lange, P. Schwabe, and B.-Y. Yang. High-speed high-security signatures. In B. Preneel and T. Takagi, editors, *Cryptographic Hardware and Embedded Systems——CHES*, volume 6917 of *LNCS*, pages 124 – 142. Springer, 2011. 6

N. Bitansky, R. Canetti, A. Chiesa, and E. Tromer. Recursive composition and bootstrapping for SNARKs and proof – carrying data. In D. Boneh, T. Roughgarden, and J. Feigenbaum, editors, *Proceedings of the 45th Annual ACM Symposium on Theory of Computing*, STOC 2013, Palo Alto, California, USA, June 1 – 4, 2013, pages 241 – 250. ACM Press, 2013. 16

M. Blum, P. Feldman, and S. Micali. Non – interactive zero – knowledge and its applications. In *Proceedings of the 20th Annual ACM Symposium on Theory of Computing*, STOC'88, New York, New York, USA, 1988, pages 103 – 112. ACM, 1988. 15

A. Boldyreva. Threshold signatures, multisignatures and blind signatures based on the Gap – Diffie – Hellman – group signature scheme. In Y. G. Desmedt, editor, *Public Key Cryptography——PKC*, volume 2567 of LNCS, pages 31 – 46. Springer, 2003. 9, 11

D. Boneh, M. Drijvers, and G. Neven. Compact multi – signatures for smaller blockchains. In T. Peyrin and S. Galbraith, editors, *Advances in Cryptology——ASIACRYPT*, volume 11273 of *LNCS*, pages 435 – 464. Springer, 2018. 9, 10

D. Boneh and M. Franklin. Identity – based encryption from the Weil pairing. In J. Kilian, editor, *Advances in Cryptology——CRYPTO*, volume 2139 of *LNCS*, pages 213 – 229. Springer, 2001. 2

D. Boneh, C. Gentry, B. Lynn, and H. Shacham. Aggregate and verifiably encrypted signatures from bilinear maps. In E. Biham, editor, *Advances in Cryptology——EUROCRYPT*, volume 2656 of LNCS, pages 416 – 432. Springer, 2003. 7, 8, 9, 10, 17

D. Boneh, B. Lynn, and H. Shacham. Short signatures from the Weil pairing. In C. Boyd, editor, *Advances in Cryptology——ASIACRYPT*, volume 2248 of LNCS, pages 514 – 532. Springer, 2001. 6, 11

J. Bootle, A. Cerulli, P. Chaidos, E. Ghadafi, J. Groth, and C. Petite. Short accountable ring signatures based on DDH. In G. Pernul, P. Y. A. Ryan, and E. Weippl, editors, *Computer Security——ESORICS*, volume 9326 of *LNCS*, pages 243 – 365. Springer, 2015. 17

S. Bowe, A. Gabizon, and I. Miers. Scalable multi – party computation for zk – SNARK parameters in the random beacon model. *IACR Cryptology ePrint Archive* 2017:1050, 2017. 18

E. Bresson, J. Stern, and M. Szydlo. Threshold ring signatures and applications to ad – hoc groups. In M. Yung, editor, *Advances in Cryptology——CRYPTO*, volume 2442 of *LNCS*, pages 465 – 480. Springer, 2002. 17

R. Canetti, O. Goldreich, and S. Halevi. The random oracle methodology, revisited. *Journal of the ACM* 51(4):557 – 594, July 2004. 3

D. Chaim and E. van Heist. Group signatures. In D. W. Davies, editor, *Advances in Cryptology——CRYPTO*, volume 547 of *LNCS*, pages 257 – 265. Springer, 1991. 18

J. Chen and S. Micali. ALGORAND: A secure and efficient distributed ledger. *Theoretical Computer Science*, https://dblp.org/rec/journals/tcs/ChenM19.html?view=bibtex, 2019. 12, 13

E. Cronin, S. Jamin, T. Malkin, and P. McDaniel. On the performance, feasibility, and use of forward – secure signatures. In *Proceedings of the 10th ACM Conference on Computer and Communications Security*, *CCS*, pages 131 – 144. ACM, 2003. 12

I. Damgård and M. Koprowski. Practical threshold RSA signatures without a trusted dealer. In B. Pfitzmann, editor, *Advances in Cryptology——EUROCRYPT*, volume 2045 of *LNCS*, pages 152 – 165. Springer, 2001. 11

G. Danezis, C. Fournet, J. Groth, and M. Kohlweiss. Square span programs with applications to succinct NIZK arguments. In P. Sarkar and T. Iwata, editors, *Advances in Cryptology——ASIACRYPT 2014——20th International Conference on the Theory and Application of Cryptology and Information Security*, *Kaoshiung*, *Taiwan*, *R. O. C.*, *December 7 – 11*, *2014. Proceedings*, *Part I*, volume 8873 of *LNCS*, pages 532 – 550. Springer, 2014. 16

B. David, P. Gaži, A. Kiayias, and A. Russell. Ouroboros Praos: An adaptively – secure, semi – synchronous proof – of – stake blockchain. In J. B. Nielsen and V. Rijmen, editors, *Advances in Cryptology——EUROCRYPT 2018——37th Annual International Conference on the Theory and Applications of Cryptographic Techniques*, *Tel Aviv*, *Israel*, *April 29 – May 3*, *2018*, *Proceedings*, *Part II*, pages 66 – 98. Springer, 2018. 12, 13

Y. G. Desmedt and Y. Frankel. Threshold cryptosystems. In G. Brassard, editor, *Advances in Cryptology——CRYPTO*, volume 435 of *LNCS*, pages 307 – 315. Springer, 1989. 11

W. Diffie and M. Hellman. New directions in cryptography. *IEEE Transactions on Information Theory* 22(6):644 – 654, November 1976. 1, 5

Y. Dodis, A. Kiayias, A. Nicolosi, and V. Shoup. Anonymous identification in ad hoc groups. In C. Cachin and J. Camenisch, editors, *Advances in Cryptology——EUROCRYPT*, volume 3027 of *LNCS*, pages 609 – 626. Springer, 2004. 17

Y. Dodis and A. Yampolskiy. A verifiable random function with short proofs and keys. In S. Vaudenay, editor, *Public Key Cryptography——PKC 2005*, *8th International Workshop on Theory and Practice in Public Key Cryptography*, *Les Diablerets*, *Switzerland*, *January 23 – 26*, *2005*, *Proceedings*, volume 3386 of LNCS, pages 416 – 431. Springer, 2005. 13

M. Drijvers, S. Gorbunov, G. Neven, and H. Wee. Pixel: Multi – signatures for consensus. In *USENIX Security*. https://dblp.org/rec/conf/uss/Drijvers0NW20.html?view=bibtex, 2020. 12

A. Fiat and A. Shamir. How to prove yourself: Practical solutions to identification and signature problems. In A. M. Odlyzko, editor, *Advances in Cryptology——CRYPTO'86*, *Santa Barbara*, *California*, *USA*, *1986*, *Proceedings*, volume 263 of *LNCS*, pages 186 – 194. Springer, 1986. 15

E. Fujisaki and K. Suzuki. Traceable ring signature. *IEICE Transactions*, 91 – A(1): 83 – 93, 2008. 17, 18

R. Gennaro, C. Gentry, B. Parno, and M. Raykova. Quadratic span programs and succinct NIZKs without PCPs. In T. Johansson and P. Q. Nguyen, editors, *Advances in Cryptology——EUROCRYPT 2013*, *32nd Annual International Conference on the Theory and Applications of Cryptographic Techniques*, *Athens*, *Greece*, *May 26 – 30*, *2013. Proceedings*, volume 7881 of *LNCS*, pages 626 – 645. Springer, 2013. 16

R. Gennaro, S. Goldfeder, and A. Narayanan. Threshold – optimal DSA/ECDSA signatures and an application to Bitcoin wallet security. In M. Manulis, A. – R. Sadeghi, and S. Schneider, editors, *Applied Cryptography and Network Security——14th International Conference*, volume 9696 of *LNCS*, pages 156 – 174. Springer, 2016. 11

R. Gennaro, S. Halevi, H. Krawczyk, and T. Rabin. Threshold RSA for dynamic and ad – hoc groups. In N. Smart, editor, *Advances in Cryptology——EUROCRYPT*, volume 4965 of *LNCS*, pages 88 – 107. Springer, 2008. 11

R. Gennaro, S. Jarecki, H. Krawczyk, and T. Rabin. Secure distributed key generation for discrete – log based cryptosystems. *Journal of Cryptology* 20(1): 51 – 83, 2007. 11

C. Gentry and D. Wichs. Separating succinct non – interactive arguments from all falsifiable assumptions. In L. Fortnow and S. P. Vadhan, editors, *Proceedings of the 43rd ACM Symposium on Theory of Computing*, *STOC 2011*, *San Jose*, *California*, *USA*, *June 6 – 8*, *2011*, pages 99 – 108. ACM, 2011. 16

O. Goldreich, S. Micali, and A. Wigderson. How to play any mental game or A completeness theorem for protocols with honest majority. In A. V. Aho, editor, *Proceedings of the 19th Annual ACM Symposium on Theory of Computing*, *New York*, *New York*, *USA*, *1987*, pages 218 – 229. ACM, 1987. 18

S. Goldwasser, S. Micali, and C. Rackoff. The knowledge complexity of interactive proof – systems (extended abstract). In R. Sedgewick, editor, *Proceedings of the 17th Annual ACM Symposium on Theory of Computing*, *Providence*, *Rhode Island*, *USA*, *May 6 – 8*, *1985*, pages 291 – 304. ACM, 1985. 15

S. Goldwasser, S. Micali, and R. Rivest. A digital signature scheme secure against adaptive chosen – message attacks. *SIAM Journal of Computing* 17(2): 281 – 308, April 1988. 5

J. Groth. Short pairing – based non – interactive zero – knowledge arguments. In M. Abe, editor, *Advances in Cryptology——ASIACRYPT 2010——16th International Conference on the Theory and Application of Cryptology and Information Security*, Singapore, December 5 – 9, 2010. Proceedings, volume 6477 of *LNCS*, pages 321 – 340. Springer, 2010. 16

J. Groth. On the size of pairing – based non – interactive arguments. In M. Fischlin and J. – S. Coron, editors, *Advances in Cryptology——EUROCRYPT 2016——35th Annual International-al Conference on the Theory and Applications of Cryptographic Techniques*, Vienna, Austria, May 8 – 12, 2016, Proceedings, Part II, volume 9666 of *LNCS*, pages 305 – 326. Springer, 2016. 16, 18

J. Herranz and G. Sáez. Forking lemmas for ring signature schemes. In T. Johansson and S. Maitra, editors, *Progress in Cryptology——INDOCRYPT*, volume 2904 of *LNCS*, pages 266 – 279. Springer, 2003. 17

P. Horster, M. Michels, and H. Petersen. Meta – multisignature schemes based on the discrete logarithm problem. In J. H. P. Eloff and S. H. von Solms, editors, *Information Security——theNext Decade*, pages128 – 142. Springer, 1995. 8, 9

K. Itakura and K. Nakamura. A public – key cryptosystem suitable for digital multisignatures. Technical Report 71, NEC, 1983. 9

J. Katz and Y. Lindell. *Introduction to Modern Cryptography, Second Edition.* Chapman & Hall, 2014. 1

J. Kilian. On the complexity of bounded – interaction and noninteractive zero – knowledge proofs. In *Proceedings of the 35th Annual Symposium on Foundations of Computer Science*, Santa Fe, NewMexico, USA, November 20 – 22, 1994, pages 466 – 477. IEEE Computer Society, 1994. 15, 16

S. Kumawat and S. Paul. A new constant – size accountable ring signature scheme without random oracles. In X. Chen, D. Lin, and M. Yung, editors, *Information Security and Cryptology—13th International Conference*, volume 10726 of *LNCS*, pages 157 – 179. Springer, 2017. 17

W. F. R. Lai, T. Zhang, S. S. M. Chow, and D. Schröder. Efficient sanitizable signatures without random oracles. In I. Askoxylakis, S. Ioannidis, S. Katsikas, and C. Meadows, editors, *Computer Security——ESORICS*, volume 9878 of *LNCS*, pages 363 – 380. Springer, 2016. 17

L. Lamport. Constructing digital signatures from a one – way function. Technical Report CSL – 98, SRI International, October 1979. 5

Y. Lindell and A. Nof. Fast secure multiparty ECDSA with practical distributed key generation and applications to cryptocurrency custody. In *Proceedings of the ACM Conference on Computer and Communications Security*, pages 1837-1854, 2018. 11

H. Lipmaa. Progression-free sets and sublinear pairing-based non-interactive zero-knowledge arguments. In R. Cramer, editor, *Theory of Cryptography——9th Theory of Cryptography Conference, TCC 2012, Taormina, Sicily, Italy, March 19-21, 2012. Proceedings*, volume 7194 of *LNCS*, pages 169-189. Springer, 2012. 16

H. Lipmaa. Succinct non-interactive zero knowledge arguments from span programs and linear errorcorrecting codes. In K. Sako and P. Sarkar, editors, *Advances in Cryptology——ASIACRYPT 2013—19th International Conference on the Theory and Application of Cryptology and Information Security, Bengaluru, India, December 1-5, 2013, Proceedings, Part I*, volume 8269 of *LNCS*, pages 41-60. Springer, 2013. 16

J. K. Liu, V. K. Wei, and D. S. Wong. Linkable spontaneous anonymous group signature for ad hoc groups. In H. Wang, J. Pieprzyk, and V. Varadharajan, editors, *Information Security and Privacy: 9th Australasian Conference*, volume 3108 of *LNCS*, pages 325-335. Springer, 2004. 17, 18

J. K. Liu and D. S. Wong. Linkable ring signatures: Security models and new schemes. In O. Gervasi, M. L. Gavrilova, V. Kumar, A. Laganà, H. P. Lee, Y. Mun, D. Taniar, and C. J. K. Tan, editors, *Computational Science and Its Applications*, volume 3481 of *LNCS*, pages 614-623. Springer, 2005. 17

A. Lysyanskaya, S. Micali, L. Reyzin, and H. Shacham. Sequential aggregate signatures from trapdoor permutations. In C. Cachin and J. Camenisch, editors, *Advances in Cryptology——EUROCRYPT*, volume 3027 of *LNCS*, pages 74-90. Springer, 2004. 8

G. Maxwell, A. Poelstra, Y. Seurin, and P. Wuille. Simple Schnorr multi-signatures with applications to Bitcoin. *Designs, Codes and Cryptography*, pages 1-26, February 2019. 10

R. C. Merkle. Secrecy, authentication, and public key systems. Technical Report 1979-1, Stanford University, June 1979. 5

R. C. Merkle. Protocols for public-key cryptosystems. *In IEEE Symposium on Security and Privacy*, pages 122-134. IEEE, 1980. 4

S. Micali. CS proofs (extended abstracts). In *Proceedings of the 35th Annual Symposium on Foundations of Computer Science, Santa Fe, New Mexico, USA, November 20-22, 1994*, pages 436-453. IEEE Computer Society, 1994. 15, 16

S. Micali, K. Ohta, and L. Reyzin. Accountable-subgroup multisignatures. In *Proceedings of the 8th ACM Conference on Communications Security*, pages 245-254. ACM, 2001. 9

S. Micali, M. O. Rabin, and S. P. Vadhan. Verifiable random functions. In *40th Annual Symposium on Foundations of Computer Science, FOCS' 99, New York, NY, USA, October 17-18, 1999*, pages 120 – 130. IEEE Computer Society, 1999. 12

M. Naor. Bit commitment using pseudorandomness. *J. Cryptology* 4(2): 151 – 158, 1991. 14

G. Neven. Efficient sequential aggregate signed data. In N. Smart, editor, *Advances in Cryptology——EUROCRYPT*, volume 4965 of *LNCS*, pages 52 – 69. Springer, 2008. 8, 9

NIST. Digital signature standard (DSS). FIPS PUB 186 – 4, July 2013. 6

NIST. Secure hash standard (SHS). FIPS PUB 180 – 4, August 2015a. 3

NIST. SHA – 3 standard: Permutation – based hash and extendable – output functions. FIPS PUB 202, August 2015b. 3

S. Noether and A. Mackenzie. Ring confidential transactions. *Ledger* 1: 1 – 18, 2016. 14

T. P. Pedersen. Non – interactive and information – theoretic secure verifiable secret sharing. In J. Feigenbaum, editor, *Advances in Cryptology——CRYPTO' 91, 11th Annual International Cryptology Conference, SantaBarbara, California, USA, August 11 – 15, 1991, Proceedings*, volume 576 of *LNCS*, pages 129 – 140. Springer, 1991. 14

M. – J. Qin, Y. – L. Zhao, and Z. – J. Ma. Practical constant – size ring signature. *Journal of Computer Science and Technology* 33(3): 533 – 541, May 2018. 17

T. Ristenpart and S. Yilek. The power of proofs – of – possession: Securing multiparty signatures against rogue – key attacks. In M. Naor, editor, *Advances in Cryptology——EUROCRYPT*, volume 4515 of *LNCS*, pages 228 – 245. Springer, 2007. 9

R. Rivest, A. Shamir, and L. Adleman. A method for obtaining digital signatures and public – key cryptosystems. *Journal of the ACM* 21(2): 120 – 126, February 1978. 1, 5

R. Rivest, A. Shamir, and Y. Tauman. How to leak a secret. In C. Boyd, editor, *Advances in Cryptology——ASIACRYPT*, volume 2248 of *LNCS*, pages 552 – 565. Springer, 2001. 17

C. P. Schnorr. Efficient identification and signatures for smart cards. In G. Brassard, editor, *Advances in Cryptology——CRYPTO*, volume 435 of *LNCS*, pages 239 – 252. Springer, 1989. 6

A. Shamir. How to share a secret. *Communications of the ACM* 22(11): 612 – 613, November 1979. 11

V. Shoup. Practical threshold signatures. In B. Preneel, editor, *Advances in Cryptology——EUROCRYPT*, volume 1807 of *LNCS*, pages 207 – 220. Springer, 2000. 11

P. P. Tsang and V. K. Wei. Short linkable ring signatures for e – voting, e – cash and attestation. In R. H. Deng, F. Bao, H. Pang, and J. Zhou, editors, *Information Security Practice and Experience*, volume 3439 of *LNCS*, pages 48 – 60. Springer, 2005. 17

N. van Saberhagen. Cryptonote v 2.0. https://cryptonote.org/whitepaper.pdf, October 2013. 18

D. S. Wong, K. Fung, J. K. Liu, and V. K. Wei. On the RS – code construction of ring signature schemes and a threshold setting of RST. In S. Qing, D. Gollmann, and J. Zhou, editors, *Information and Communications Security*, volume 2836 of *LNCS*, pages 34 – 46. Springer, 2003. 17

S. Xu and M. Yung. Accountable ring signatures: A smart card approach. In J. – J. Quisquater, P. Paradinas, Y. Deswarte, and A. A. E. Kalam, editors, *Smart Card Research and Advanced Applications VI*, volume 153 of *IFIPAICT*, pages 271 – 286. Springer, 2004. 17

A. C. – C. Yao. Protocols for secure computations (extended abstract). In *Proceedings of the 23rd Annual Symposium on Foundations of Computer Science, Chicago, Illinois, USA, 3 – 5 November 1982*, pages160 – 164. IEEE Computer Society, 1982. 18

作者简介

伯恩·塔克曼是瑞士苏黎世DFINITY基金会的高级研究员。他主要研究加密协议的可证明安全性,工作重点是区块链技术及其应用。

伊万·维斯康蒂是意大利萨莱诺大学计算机工程系(Department of Computer Engineering,DIEM)的计算机科学教授。他的研究主要集中于保护隐私的加密协议的研究,以及使用区块链技术确保数字系统的完整性和机密性。

第 2 章

区块链的共识分类

胡安·加雷
阿格洛斯·基亚亚斯

2.1 引言

共识问题,是指如何在考虑容错情况下使各个参与者分布式地达成一致。从 Lamport 等(1982)和 Pease 等(1980)的开创性工作开始,学界就对共识问题进行了广泛的研究。在传统语境中,共识问题的对象是通过点对点连接通信的主体,这些主体还可能使用数字签名,以确保基于某种协议交换的信息的完整性(关于近期分布式系统领域对各种共识的讨论,请参考 Cachin 等(2011))。考虑"拜占庭容错"(Byzantine Fault Tolerance, BFT)是共识问题研究的一大特征。"拜占庭容错"是指系统可以承受参与者可能做出的任意甚至有害的行为。

Nakamoto 在 Nakamoto(2008a)和 Nakamoto(2009)中提出了比特币的概念,旨在构建一个去中心化的支付系统,其中的交易不需要一个能为交易结果背书的可信中央权威。因此,比特币的基础构件之一就是能对历史交易达成一致的共识机制。由于比特币协议的参与者之间存在利益冲突,该系统必须实现拜占庭容错才能维持运转。这引出了比特币在共识问题上的主要贡献——提出一个基于分布式计算解决共识问题的新型方案,在此之前,类似的方法并未得到足够多的关注。

由此需重新审视区块链领域的共识问题,梳理把握现行态势,理解共识协议设计的新方向、新工具。

本章主要的内容之一就是从建模的视角探讨共识问题,提供便于理解的概念定义,介绍已有的传统解决方案和新型区块链解决方案。通过对协议和不可能理论的分类,全面勾勒共识问题的框架,分清哪些部分已知,哪些问题仍待解决。同时,关注比特币特有的共识问题,也称"账本共识"或"Nakamoto 共识",这也是分布式系统领域长期研究的状态机复制问题的实例。

本章提供了对已知共识问题的相关版本的准确定义,并基于网络模型、初始设定和计算假设,对现存知识进行系统化,探讨在何种情况下,耗费多少运行时间和通信开销,能够解决共识问题。

本章的研究方法以问题为中心,探讨的研究成果都是抽象且基本的,并以上述"资源"为可行性分析的依据。所以,尽管经典共识问题是分布式系统界一个非常活跃的研究领域,本章也只会顺便提及该领域最近的成果,例如实用拜占庭容错机制。正因如此,本章系统化地补充了这个主题下的各种研究结果和参考文献,例如 Bano 等(2017)、Cachin 等(2011)和 Stifter 等(2018)。

本章总览如下:

本章首先在 2.2 节阐述一个多方协议执行的模型,以及如何判断协议的属性是否得到满足,同时给出了(各种)共识问题的定义。其次,说明研究共识问题基于的资源和假设,包括:2.3 节的网络假设(通信机制和同步层级)、2.4 节的初始设定(无初始设定、公共态初始设定和私有态初始设定)和 2.5 节的计算假设(单向函数、工作量证明、随机预言机等)。再次,根据行为不端者、可信初始设定、运行时间和在 2.6 节中的传统方式(点对点通信)与 2.7 节中的比特币方式(对等网络)下通信成本的不同,综述了一定数量的参与者可能达成共识(讨论协议结构)和不可能达成共识的情况。最后,2.8 节提出了账本共识。在定义问题之后,通过类似于(标准)共识情况的视角来对现有结果进行评估,包括对账本共识的调整(考虑到不可能理论,即当多数参与者不诚实时,不可能达成标准共识)。

2.2 模型和定义

2.2.1 协议执行

描述协议及其执行流程,需要使用形式化的计算模型。这里以 Canetti(2001)和 Goldreich(2001)提出的基于交互式图灵机(Interactive Turing Machine,ITM)的模型为例。ITM 是一种附加了输入输出通信组件、身份标识组件和"子程序"组件的图灵机。当生成一个 ITM 的实例(Interactive Turing Machine Instance,ITI)时,身份标识初始化为一个特定的值,该值在实例的执行过程中保持不变。一个 ITI 可以通过把消息写入输出端和其他 ITI 通信。

假设有一个建模为 ITM 的协议 Π。理论上,该协议的执行应随机设置参与者集合和配置。在分布式加密协议中,通常用一个特定的程序作为敌手来生成这个配置,因此在可能存在显式规定限制的条件下,该协议的属性对于敌手生成的任何配置都应成立。这种建模方法的优点是不需要量化与协议有关的所有细节,并可以直接用一个形容这些"环境"的单一普遍的计量代替。

假设有一个指定为 ITM 的协议 Π 和一个也建模为 ITM 的敌手 $\mathcal{A}$，考虑在 $\mathcal{A}$ 存在的条件下该协议所有可能的执行方式。这里通过指定一对 ITM $(\mathcal{Z}, C)$ 来实现，$\mathcal{Z}$ 和 C 分别称为环境和控制程序。环境 $\mathcal{Z}$ 能够获得一些输入，这些输入可能是平凡的（例如安全变量 1^K），并允许用 Π 和 $\mathcal{A}$ "生成"新的 ITI。不过按照惯例，$\mathcal{A}$ 的实例只能有一个。$\mathcal{Z}$ 生成新实例的方式是向自己的输出端写入一条消息，这条消息会被 C 读取。控制程序负责批准 $\mathcal{Z}$ 生成新实例的请求。随后，创建的实例的所有通信将由 C 路由，即 C 获取这些实例的输出消息，并决定消息能否转发到接收方的输入端，这可以用于模拟点对点通道。不过，这里选择更通用的方案。具体来说，控制功能 C 在定义上只允许把正在运行的 ITI 的输出消息发送给敌手 $\mathcal{A}$（敌手存在后续的指令，能把消息进一步递交给其他参与者）。因为对于在协议执行时互相通信的实例来说，不能假设通信使用的网络是安全的（下文阐释了如何约束网络中的敌手影响）。除了输出经由 $\mathcal{A}$ 的消息，ITI 还可以按 C 中硬编码的规定生成额外的 ITI。这使协议 Π 的实例能够使用子程序组件辅助执行。这些子程序可用作子协议或"理想功能"的实例，能访问多个运行中的实例。

考虑到这些特征，上述方案为推理协议执行提供了一个全面的框架。如果在多项式时间限定下，计算假设只适用于多项式时间限定的程序，那么就要采取一些措施来保证 $(\mathcal{Z}, C)$ 系统的总执行时间也保持在多项式时间内。这是因为即使所有的 ITI 都限定在多项式时间内，总的执行时间也可能超过这个限制。了解更多关于强制总多项式时间界限的细节，请参考 Canetti（2001）。

1. 功能

下面需要指定运行协议实例可用的"资源"——例如，访问可靠的点对点通道或"广播"通道①。为了使用最通用的方法来指定这些资源，Canetti（2001）将其描述为"理想功能"。简单地说，理想功能是另一个 ITM，它可以与协议执行中并发运行的实例交互。理想功能的一个关键特征是它们可以由运行协议 Π 的 ITI 生成。在这种情况下，协议 Π 是根据功能 $\mathcal{F}$ 定义的。理想功能可能与敌手 $\mathcal{A}$ 以及运行该协议的其他 ITI 进行交互。在此设置中使用理想功能概念的一个主要优点是，能实例化运行协议的参与者可

---

① "广播"是指协议参与者将收到的消息发送给其他参与者，详见 2.3.1 节。——译者

用的各种通信资源。例如,可以生成一个安全通道功能,在 Π 的两个实例之间传输消息,这样只会将消息的长度泄露给敌手。另一个例子是,消息传递功能可以确保在进入下一轮通信之前激活所有参与者(参见下面同步与异步执行部分)。

实现可靠消息传输(Reliable Message Transmission, RMT)的理想功能如图 2.1 所示,假设为同步操作。考虑到并非所有参与者都需要在每轮通信中发送消息,该功能必须跟踪各参与者的激活情况,只有当所有参与者都有机会采取行动时,才能推进到下一"轮",但激活并不一定意味着执行任何协议任务。

功能 $\mathcal{F}_{RMT}$

该功能与敌手 $\mathcal{S}$ 和参与者集合 $\mathcal{P} = P_1, \cdots, P_n$ 交互,对所有有 $i=1, 2, \cdots, n$,初始化布尔标识 flag (P_i) 为假,字符串 inbox (P_i) 为空。

- 若从 P_i 接收到 (Send, sid, P_i, P_j, m),储存 (Send, sid, P_i, P_j, m),并把 (Send, sid, P_i, P_j, m, mid) 发送到 $\mathcal{S}$,其中 mid 是唯一识别码。

- 若从 P_i 接收到 (Actiuate, sid, P_i),将 flag (P_i) 置为真。若 $\wedge_{i=1}^{n}$ flag (P_i) 成立,对所有的 $i=1, 2, \cdots, n$,将 flag (P_i) 置为假,且对于任何记录为未发送的 (Send, sid, P_i, P_j, m, mid) 标记为已发送,并将 (Send, sid, P_i, P_j, m, mid) 复制到 inbox (P_j) 中。

- 若从 $\mathcal{S}$ 接收到 (Deliver, sid, mid),假设 (Send, sid, P_i, P_j, m, mid) 记录为未发送,则标记为已发送,并将 (Send, sid, P_i, P_j, m,) 复制到 inbox (P_j) 中。

- 若从 P_i 接收到 (Fetch, sid, P_i),则返回 inbox (P_i) 给 P_i,并将 inbox (P_i) 设为空。

图 2.1 同步机制下可靠消息传输的理想功能

实现"广播"操作的理想功能如图 2.2 所示,假设还是同步网络操作[①]。在 $\mathcal{F}_{\text{Diffuse}}$ 设置中运行协议的一个显著特征是,会话标识可能只提供参与者集合 $\mathcal{P} = \{P_1, \cdots, P_n\}$ 的简称,其中只有一个子集可能被激活。将哈希函数形式化为随机预言机的功能如图 2.3 所示。

---

① 参考 2.3.2 节中关于如何放松同步要求的部分。——译者

功能 $\mathcal{F}_{\text{Diffuse}}$

该功能与敌手 $\mathcal{S}$ 和参与者集合 U 交互。初始化一个子集 $A \subseteq U$ 为空集；对于所有的 i，$P_i \in U$，初始化布尔标识 flag (P_i) 为假，字符串 inbox (P_i) 为空。

- 若从 P 接收到 (Send, sid, P_i, m)，将 flag (P_i) 置为真，储存 (Send, sid, P_i, m)，并把 (Send, sid, P_i, m, mid) 发送给 $\mathcal{S}$，其中 mid 是唯一识别码。
- 若从 P 接收到 (Activate, sid, P_i)，令 $A = A \cup P_i$，将 flag (P_i) 置为真。若 $\Lambda_{i \in A}$ flag (P_i) 成立，则对所有的 $i = 1, 2, \cdots, n$，将 flag (P_i) 置为假，对任何 $P_j, j \in A$，且对任何记录为未发送给 P_j 的 (Send, sid, P_i, m, mid) 标记为已发送给 P_j，并将 (Send, sid, P_i, P_j, m, mid) 复制到 inbox (P_j) 中。
- 若从 $\mathcal{S}$ 接收到 (Deliver, sid, mic, P_i', P_j)，其中 $j \in A$，假设 (Send, sid, P_i, m, mid) 记录为未发送给 P_j，则标记为已发送给 P_j，并将 (Send, sid, P_i', P_j, m) 复制到 inbox (P_j) 中。
- 若从 P 接收到 (Fetch, sid, P_j)，返回 inbox (P_i) 给 P_i，并将 inbox (P_i) 设为空。

图 2.2 同步机制下对等广播的理想功能

功能 $\mathcal{F}_{\text{RO}}$

该功能与敌手 $\mathcal{S}$ 和参与者集合 $\mathcal{P} = \{P_1, \cdots, P_n\}$ 交互。

- 若从 P_i (resp, $\mathcal{S}$) 接收到 (Eval, sid, x)，且 $(x, \rho) \in T$，将 ρ 发送给 P_i (resp, $\mathcal{S}$)。若 T 中没有 x 的项，则选择 $\rho \leftarrow \{0, 1\}^k$，将 (x, ρ) 加入 T 中并发送 ρ 给 P_i。

图 2.3 理想随机预言机 (Random Oracle, RO) 功能

2. 多方协议的执行

当 $\mathcal{Z}$ 生成协议实例时，将使用程序代码可用的标识对其进行初始化，也可能使用并发运行的其他实例的标识（这由环境程序 $\mathcal{Z}$ 自行决定）。标识本身可能对程序实例有用，因为实例可能使用它们来寻址。用标记 $\text{VIEW}_{\Pi, \mathcal{A}, \mathcal{Z}}$ 来表示敌手 $\mathcal{A}$ 和环境 $\mathcal{Z}$ 存在时的协议执行。协议执行的是一个字符串，由系统 ($\mathcal{Z}$, $\mathcal{C}$) 执行的每步的所有消息和所有 ITI 状态连接组成。各参与者的输入由环境 $\mathcal{Z}$ 提供，环境 $\mathcal{Z}$ 也接收参与者的输出。没有从环境中获得输入的参与者保持静默。这里用 INPUT( ) 表示每个参与者的输入端。

通过采用 Canetti (2001) 对 ITM 系统的计算建模，无须对敌手在每次激活中可能传输的消息数量施加严格的上限。在这里的设置中，诚实的参与者有足够的时间来处理所有信息，这些信息由任何能作为资源的通信功能来传递。由此可见，敌手无法利用拒绝服务攻击，这超出了研究共识问题的范围。

3. 协议的属性

这里主要是关注协议 Π 的属性。通过量化所有敌手 $\mathcal{A}$ 和环境 $\mathcal{Z}$，这些属性将定义为随机变量 $\text{VIEW}_{\Pi, \mathcal{A}, \mathcal{Z}}$ 上的谓词。

定义 2.1 给定一个谓词 Q,若 $Q(\text{VIEW}_{\Pi,\mathcal{A},\mathcal{Z}})$ 对于所有的 $\mathcal{A}$ 和 $\mathcal{Z}$ 成立,则称协议 Π 满足属性 Q。

在某些情况下,协议可能只满足在所有可能执行中有小概率出错的属性。概率空间由所有参与者的私有币和其使用的功能决定。在这种情况下,协议满足具有一定错误概率的属性,这种概率在安全参数中通常可以忽略不计。这里只考虑在多项式时间内可计算的属性。因为需要为协议实现单会话、独立的执行设置,所以属性将是单会话属性。

4. 异步执行和同步执行

上述模型适用于各种类型的同步机制。这是通过将网络通信抽象为一种功能,并指定敌手可能如何干扰消息传递来实现的。该功能可以跟踪各参与者的激活情况,并据此确保他们在协议执行过程中都有机会行动。

5. 静态环境和动态环境

就协议参与者而言,这里的模型适用于静态和动态环境。具体来说,它适用于这样的协议:协议中有固定数量的参与者,且所有参与者都应事先知道这些参与者的数量,或者协议中所有参与者的数量事先都未知,甚至在执行过程中都可能是未知的。为了允许 ITI 相互通信,将始终假设参与者的总集合是已知的。然而,在协议执行过程中的某一时刻,它们中只有一小部分可能是活跃的。

6. 初始设定

在许多协议中,都需要有一些预先存在的配置,如公共引用字符串(Common Reference String,CRS)或公钥基础设施。这样的初始设定也可以作为协议中的 ITI 可用的独立功能 $\mathcal{F}$。

7. 许可网络和非许可网络

在共识问题中,"许可网络"和"非许可网络"两个术语随区块链协议的出现而流行。比特币区块链协议是典型的"非许可"协议,其中对账本的读操作是不受限制的,而拥有比特币的任何人能进行用以发布交易的写操作,原则上,这一权利可以由任何运行比特币客户端并投入计算能力来获得工作量证明的人获得。另外,许可协议对可用的读写操作以及谁可以参与协议施加更严格的访问控制。从账本设置中使用的术语推断,非许可共识协议将使任何一方能够参与和提供其他各方考虑的投入。因此,传统的共识方式是许可的,因为只允许具体的参与者参加。不过区块链设置中的共识既可以是许可的,也可以是非许可的。

8. 密码学原语

这里概述一些共识协议使用的标准密码学原语。数字签名方案由三种概率多项式时间(Probabilistic Polynomial Time,PPT)算法(Gen,Sign,Verify)组成,(vk,sk)←Gen(1^κ)生成公钥/秘钥对;σ←Sign(sk,m)为消息m签名;而当且仅当σ是给定vk的m有效签名时,Verify(vk,m,σ)返回1。数字签名方案在存在上是不可伪造的,如果对于任何能够访问Sign(sk,·)预言机的PPT敌手$\mathcal{A}$,$\mathcal{A}$返回某些(m,σ)使Verify(vk,m,σ) = 1 具有度量 negl(κ),那么数字签名方案在存在上是不可伪造的,其中的概率取掷币算法,negl( )表示一个可忽略函数,而κ是安全参数。抗碰撞哈希函数簇$\{H_k\}_{k \in K}$具有$H_k: \{0,1\}^* \to \{0,1\}^\kappa$的性质,它是可有效计算的,且在给定$k$的情况下$x \neq y, H_k(x) = H_k(y)$的概率为negl($\kappa$)。另一个不太标准的原语是工作量证明,随着比特币区块链的出现,它已广泛应用在共识协议设计中,有关这个原语的更多信息,参阅2.5节。

2.2.2 共识问题

如前所述,由 Shostak、Pease 和 Lamport 等(Lamport et al.,1982;Pease et al.,1980)提出的共识问题(又称拜占庭一致性)属于容错分布式计算和加密协议领域,特别也是安全多方计算领域的基本问题之一(Ben-Or et al.,1988;Chaum et al.,1987;Goldreich et al.,1986;Yao,1982)。在共识问题中,n个参与者试图就某个固定域V的值达成一致,尽管其中多达t个参与者有恶意行为。更具体地说,每个参与者P_i以初始值$v \in V$启动共识协议,并且除了一些可忽略的概率外,协议的每次运行必须满足以下条件(根据定义2.1,下面的所有属性都可表示为Q谓词)。

(1)可终止性:所有诚实的参与者选定一个值。

(2)一致性:若两个诚实的参与者分别选定v和w,那么$v = w$。

(3)有效性:如果所有诚实的参与者都有相同的初始值v,那么所有诚实的参与者都确定v。

域V可以是任意的,但通常考虑$V = \{0,1\}$的情况,因为二进制一致性协议可以有效地转换为多值情况,参考 Turpin 和 Coan(1984)[①]。

[①] 参考2.6节,查看更多与高效转换有关的信息,特别是更长的消息只会传输$O(n)$次,而非$O(n^2)$次。

有多种衡量共识协议质量的方法:衡量弹性,即协议所能容忍的行为不当参与者的比例(t/n);衡量运行时间,即诚实参与者终止时的最差回合数;衡量通信复杂度,即一个协议运行期间通信的最坏比特/消息总数。

在共识问题中,所有的参与者都以一个初始值开始。与此密切相关的一个变体是该问题的单一来源版本(又名拜占庭将军问题(Lamport et al.,1982),或简单(可靠或安全)的"广播"),其中只有一个参与者有输入,该参与者称为发送者。在此变体中,"可终止性"和"一致性"条件保持不变,"有效性"变为:

有效性:若发送者是诚实的且有初始值v,则所有诚实参与者都选定v。

共识问题的一个更强(更自然)的版本要求输出值是诚实参与者的输入之一,这种区别只在非二元输入的情况下才重要。在这个称为强共识的版本中(Neiger,1994),有效性变为:

强有效性:若诚实参与者选定了v,那么v就是某个诚实参与者的输入。

该版本与标准版本的区别只与非二进制输入的情况有关。此外,该版本的弹性边界也取决于$|V|$(见2.6节)。

另一种增强有效性的方法是要求诚实参与者的输出符合外部谓词Q(Cachin et al.,2001)。在这个设置中,每个输入都伴随着证明π,并且应该满足$Q(v,\pi)=1$(如π可以是v上的数字签名,Q则验证它的有效性)。这种结果的保证弱于强有效性,因为这可能是根据恶意或受损的参与者建议的输入做出的决定,但它可以适用于多值设置,在多值设置中,只允许外部验证的输入作为输出。

最后,如上所述,传统上共识问题是以基于属性的方式指定的。然后,通过显示如何满足属性(如一致性、有效性和可终止性),来证明问题的协议是安全/正确的。然而,如今通过"可信参与者范式"(参考 Goldreich et al.(1986)和Goldreich(2001))来表述协议的安全性已被广泛接受。在这种范式中,协议的执行与理想的流程进行比较,在理想的流程中,输出由观察所有输入的可信参与者计算。如果与真实的敌手一起运行协议,与用适当的可信参与者"模拟"理想的流程相当,则称该协议可以安全地执行任务。这种基于模拟的方法的一个优点是,它可以同时实现理想世界所保证的所有属性,而不必列举一些所需的属性列表。基于模拟的定义对于应用复合定理(例如 Canetti(2000)和Canetti(2001))也很有用,这使得证明使用其他协议作为子例程的协议的安全性成为可能,这是共识协议和/或广播协议的典型情况。

上面的描述体现了共识问题的经典定义。与这个问题相关的且最近广泛研究的版本是状态机复制或"账本"共识,2.8 节将讨论这个版本。

下面介绍下诚实者占多数的必要性。以 Fitzi(2003)为例,无论协议执行中参与者可用的资源有多少,弹性上限都为(小于)$n/2$。具体来说,考虑一组 n 个参与者,它们在输入 0 和 1 之间按初始值平均分配,一个敌手以 1/3 的概率不破坏任何人(情况 1),以 1/3 的概率破坏输入为 0 的参与者(情况 2),以 1/3 的概率破坏输入为 1 的参与者(情况 3)。在任何情况下,敌手都遵循协议。出于一致性的考虑,情况 1 要求诚实的参与者收敛到一个共同的输出,而在其他两种情况下,诚实的参与者应该输出 0(情况 2)和 1(情况 3)。然而,在诚实的参与者来看,这三种情况完全是无法区分的,因此产生了逻辑矛盾。

2.3 网络假设

2.3.1 通信机制

本节基于一个网络层来描述共识协议,该网络层使参与者能够互相发送消息。本节主要对点对点连接与消息"广播"进行区分,其中广播表现在对等(Peer-to-Peer,P2P)通信设置中。

1. 点对点通道

在这种情况下,参与者通过可靠可信的通道相互联系,称为 RMT 资源,即可靠的消息传输(参见 2.2.1 节中的图 2.1)。当一个参与者发送消息时,它指定了接收者和消息内容,并保证接收者能够接收到该消息。接收者可以将发送方识别为消息源。在这样一个固定的连接设置中,所有参与者都知道运行协议的参与者的集合。完全连接一直是共识协议的标准通信设置(Lamport et al.,1982),尽管也考虑过稀疏连接(Dwork et al.,1988b;Upfal,1992)。

要在这个模型中度量通信成本,若消息大小合适,使用协议运行中消息的(最大)总数而非通信的比特总数会更简单。Fitzi(2003)详细描述了共识(和广播)协议的通信复杂性。

2. 对等广播

这种设置是由对等信息传递所驱动的,这种信息传递通过"流言"发生,也就是说,参与者接收到的信息会传递给它的同伴,这种基本的信息传递操作称为"广播"。消息传输不经过身份验证,也不保持消息在不同参与者间的顺序。当一个消息由诚实的参与者传播时,没有特定的接收者,且可以保证所有激活的诚实参与者将接收到相同的消息。尽管如此,消息的来源可能是"假冒"的,因此接收者可能无法可靠地识别消息的来源①,并且若发送者是恶意的,则不是每个人都能保证接收到相同的消息。与点对点通道设置相反,参与者可能既不知道运行协议参与者的身份,也不知道其确切数量。实现广播操作的理想功能如图 2.2 所示。

为了衡量对等广播的总通信成本,需要考虑底层网络图。典型的部署设置是一个稀疏的常度图,其边数为 $O(n)$。在这种设置中,每次调用原语都需要在网络中传输 $O(n)$ 条消息。

3. 通信机制间的关系

显然,基于 RMT,有一个直接但低效的协议能够模拟广播机制,即给定一个要传播的消息,使用 RMT 的协议将消息发送给运行该协议的参与者集合中的每一方。另外,若基于广播机制,则没有任何协议可以模拟 RMT。当甲方向乙方发送消息 M 时,在广播机制设置中的敌手有可能模拟一个"假的"甲方,同时向乙方发送消息 $M' \neq M$。这必然会要求乙方确定哪条消息是正确的,并且以相当的概率产生错误的消息。由此可见,广播机制是一种较弱的通信机制:在协议设置中,不能用广播机制代替 RMT。

4. 其他模型

上述模型可以通过多种方式进行扩展,以实现消息传递中的各种实际考虑因素。例如,在点对点通道中,通信图可能会在协议执行过程中随着添加或删除边而发生变化,这也可能导致临时的网络分区。Okun(2005a) 提出了另一个介于点对点通道和广播之间的中间模型,该模型有一个带有"端口感知"的广播通道,即来自同一源的消息可链接,或者没有端口感知,但每个参与者被限制在每轮只能发送一条消息(关于轮的概念,参见 2.3.2 节),且它们的总数已知。然而,另一种中间模型已经能处理参与者的部分知识和认证

---

① 参考 Chaum(1981),与匿名发送通道相比,广播通道会将发送者的身份标识泄露给敌手。

问题,例如 Alchieri 等(2008)、Beimel 和 Franklin(1999),以及后续的工作中提到的模型。

2.3.2 同步层级

协议参与者在协议执行过程中的同步能力是共识协议设计中的一个重要方面。通过将协议执行分成几轮,可以实现消息传递中的同步性,其中参与者按一定顺序激活,每个参与者都有机会发送消息,供下一轮开始时接收方接收。这反映了一个事实:在现实世界的网络中,消息通常以及时的方式传递,因此参与者可以在离散的轮中使协议同步执行。

同步模型的第一种宽松限制是允许敌手控制各参与者能否被激活,以便它在每轮中最后行动,在敌手决定如何行动和下一轮中为诚实的参与者发送消息的顺序之前,可以访问诚实参与者发送的所有消息。这是一个标准的安全多方计算的概念(Ben-Or et al.,1988;Chaum et al.,1988;Goldreich et al.,1987),通常称为"匆忙的敌手"(Canetti,2001)。这是由图 2.1 和图 2.2 中的功能实现的。

同步模型的第二种宽松限制是对消息传递施加一个协议参与者不知道的时间限制,称为"部分同步设置"(Dwork et al.,1988a)。这个设置很容易由图 2.1 和图 2.2 的功能实现:每个功能中都引入了一个参数 $\Delta \in \mathbb{N}$,它决定了消息可以"处于边缘状态"的最长时间。对于每条发送的消息,都会引入一个初始值为 0 的计数器,并统计自其传输以来已经过的轮数(此处轮的概念与"消息传递"中轮的概念不同)。当计数器计到 Δ 时,消息将被复制到活动参与者的 inbox(·)字符串中。

比部分同步更弱的设置是最终消息传递,在这种情况下,诚实的参与者之间的所有消息都保证被传递,但在协议执行过程中没有特定的时间限制要求。容错分布式计算中的这种经典模型称为异步模型(Fischer et al.,1985;Lynch,1996)。同样,根据 Coretti 等(2016)最近对该模型的形式化,很容易对图 2.1 和图 2.2 中的功能进行调整以适应最终的交付。已证明在此设置中不存在确定性共识协议(Fischer et al.,1985),而这种不可能性可以通过随机化来克服(Ben-Or,1983;Chorand Dwork,1989;Feldman et al.,1997;Rabin,1983)。

最后,参考 Canetti(2001),在"完全异步设置"中,消息可能任意地延迟传递或丢弃,达到共识几乎是不可能的。

2.4 初始设定

在协议设计中,初始设定指的是在协议开始时每个协议参与者都可以获得的信息。共识协议是根据下面列出的众多不同的初始设定来设计的。

2.4.1 无初始设定

在这种情况下,除了通信功能,参与者不使用任何初始设定的功能。通信功能可能已经向参与者提供了一些关于协议环境的信息,但该设置不同于下述其他更加完整的设置。在该设置中,考虑协议执行可能是有意义的,其中允许敌手在涉及诚实参与者的执行开始之前进行一定量的预计算。

2.4.2 公共状态初始设定

公共状态设置由概率集合 $\mathcal{D}$ 参数化。对于每个输入大小 κ,集合 $\mathcal{D}$ 指定一个概率分布,在协议执行开始时从中采样一次,以产生一个用 s 表示的字符串,其长度能表示为 κ 的多项式。假定所有协议参与者(包括敌手)都能够访问 s。在这种情况下,将根据特定的集合 $\mathcal{D}$ 设计共识协议。

公共状态设置的概念可以在一个称为"太阳黑子"的模型中得到进一步放宽(Canetti et al. ,2007),在这个模型中,集合 $\mathcal{D}$ 通过索引 a 进一步参数化。尽管此时协议的定义与上面相同,但其执行将由 a 决定。直观地说,敌手对选择公共字符串 s 的影响可以用参数 a 表示。在这种设置下,共识协议将根据集合 $\{\mathcal{D}_a\}_a$ 进行设计。

2.4.3 私有状态初始设定

与公共状态的情况类似,私有状态的设置是由集合 $\mathcal{D}$ 参数化的。对于每个输入大小 κ 和参与者数量 n,$\mathcal{D}$ 指定一个概率分布,该概率分布每采样一次,就产生一个序列 $(s_1,\cdots,s_n)$。每个 s_i 的长度都是 k 的多项式。在协议执行开始时,对集合进行一次采样,每个协议参与者将按照预定的顺序接收其中一个值 s_i。这种设置的关键特征是只有对应的参与者能访问 s_i。值得注意的是,私有状态初始设定包含公共状态初始设定。

与公共状态初始设定的情况一样,重要的是要考虑集合 $\mathcal{D}$ 由 a 参数化的宽松情况。与前面一样，$\mathcal{D}_a$ 中采样将由 a 决定。从这个意义上说，私有状态设定更常用，可以用该设定来实现 PKI 的概念。在此设置中，集合 $\mathcal{D}$ 采用数字签名算法（Gen，Sign，Verify），并为每个诚实的参与者独立采样 $(vk_i,sk_i)\leftarrow$ Gen(1^k)。对于在执行开始时假定为敌手的每个参与者，其公钥/密钥对设置为从 a 中提取的预定值。第 i 个协议参与者的私有输入 s_i 将等于（$vk_1,\cdots,$ vk_n,sk_i），从而可以访问所有参与者的公共密钥及自己的私钥。其他类型的私有设置包括"相关随机性"（Beaver，1996），其中各参与者获得的相关随机字符串（$r_1,r_2,\cdots,r_n$）从某些预定分布中提取，该分布已用于实现随机信标（Rabin，1983）。

敌手还可以根据和（$s_1,\cdots,s_n$）有关的公开信息选择 a，但是这种情况过于复杂，不做考虑。私有设置的另一种方法（包含在上面的方法中）包括在协议执行之前提供一个广播通道，这使参与者能够交换共享密钥（Pfitzmann et al.，1992）。

2.5 计算假设

用于证明共识协议属性的假设可分为两大范畴。在信息论（也称"无条件"）安全的假设中，敌手拥有无限的计算资源。而在计算安全的假设中，敌手的活动被限制在多项式时间内。

2.5.1 信息论安全性

在信息论安全的假设中，敌手拥有无限的运行时间。由此可知，敌手在自己的回合可以花费任意时间进行操作。尽管每轮敌手都能延长其运行时间以完成所有操作，但协议的执行不会中断。在这种情况下证明共识属性时，可以进一步考虑完美的假设和统计的假设两种情况。当完美地满足一项属性时，如协议的一致性得到完全满足，则在所有可能的执行过程中，诚实的参与者们对他们的输出都能达成一致；另外，从统计的角度来说，总会存在特定的执行阶段，此时允许诚实的参与者之间有分歧。不过在所有执行过程中，这些执行阶段在安全参数（在本例中为 n）中的作用可以忽略不计。统计的假设只对概率共识协议有意义，在这种协议中，诚实参与者可能有一定概率"不走运"。

2.5.2 计算安全性

在计算安全的假设中,敌手的运行时间受到限制,在此协议下运行的其他参与者同理。这里做出如下分类。

1. 单向函数

标准的计算安全假设即为单向函数的存在。单向函数的定义如下:对于函数 $f:X \to Y$,其中 f 是多项式时间可计算的,但对于随机抽样的 x,对于任何多项式时间有界的程序 $\mathcal{A}$,$\mathcal{A}(1^{|x|}, f(x)) \in f^{-1}(f(x))$ 的概率在 $|x|$ 中是可以忽略的,则 f 是单向函数。虽然单向函数是一个基本的概念,但它是一个强大的原语,可以用于构建更复杂的加密算法,包括对称加密、目标抗碰撞哈希函数和数字签名(Naor et al.,1989)。在对共识协议进行分类时,数字签名发挥着重要的作用。

2. 工作量证明

工作量证明是一种密码学原语(Dwork and Naor,1992),它使验证者相信已经对特定的某物(例如验证者提供的明文消息或报告)投入了一定量的计算工作。许多属性在将原语应用于区块链协议方面非常重要,包括抗平抑性、可采样性、快速验证、抗篡改和抗消息攻击的强度,以及 k - wise 独立性(Garay et al.,2017b)。PoW 的一些变体已被证明隐含单向函数(Bitansky et al.,2016)。

2.5.3 随机预言机模型

在前面的小节中,所描述的安全级别是在标准计算模型中体现的,其中假设所有参与者都是交互式图灵机。在许多情况下,包括共识协议设计,在随机预言机模型中描述属性是有用的(Bellare and Rogaway,1993)。随机预言机模型可以用理想功能 $\mathcal{F}_{RO}$ 表示(2.2.1 节中的图 2.3)。在一个针对共识设置的 $\mathcal{F}_{RO}$ 模型的改编版本中,对预言机的访问受到协议执行方每轮 $q \geq 1$ 个查询的配额限制(Garay et al.,2015)。控制 t 个参与者的敌手也会受此限制。若 $t < n/2$,就"计算能力"而言,协议由大多数诚实的参与者施行。

2.6 点对点设置中的共识协议

在传统的网络模型中,每对参与者通过点对点可靠通道通信,Lamport 等(1982)首先将这个问题形式化,基于 2.5 节描述的两种设定:信息论安全假设和计算(也称密码的,或认证的)安全性假设。就如前面提到的一样,前者不对敌手的计算能力作任何假设,而后者则依赖于计算问题的难度(如大整数分解或离散对数计算),并且需要 PKI 形式下的可信设置。根据设置的不同,对问题质量衡量的一些界限也有所不同,如图 2.4(特别是左边的子树)所示,指向 Borcherding(1996)的虚线箭头意味着即使没有明确考虑这些情况,类似的推理也会导致不可能的结果。n_{max}/n_{min} 为参与公差(参见 2.7 节)。

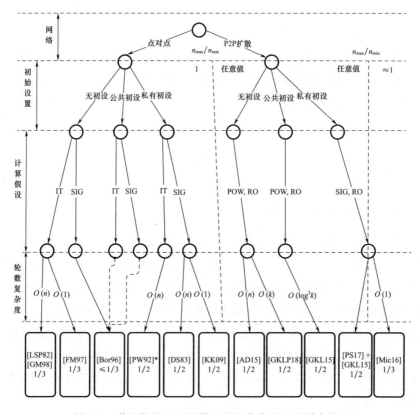

图 2.4 共识协议和不可能理论的分类引入了同步设置

1. 参与者的数量

在信息论安全设定中,$n>3t$ 是问题有解的充要条件。Lamport 等(1982)提出了广播问题的必要条件,参考 Fischer 等(1986)。作为三个参与者("将军")问题的特殊情况,参与者们必须在两个值("攻击"和"撤退")上达成一致,其中有一个人是不诚实的。在信息论安全设定中(没有额外的设置),双方不能以经过验证的方式转发消息。不难看出,一个诚实的接收者无法分辨:是发送者不诚实,所以发送了相互冲突的消息;还是另一个接收者不诚实,所以声称收到了相反的消息。这将违反问题的一致性和可验证性。Lamport 等(1982)提出的(广播)协议与此边界($n>3t$)相匹配,本质上包括在一轮中递归地回放接收的消息,同时排除消息的发送方。第一轮,只有发送者发送消息。经过 $t+1$ 轮后,参与者将获得该实例接收到的大部分值,并在退出递归步骤时返回该值。参与者的输出是第一次递归调用的返回值。尽管 $t+1$ 轮是最优的,但协议需要(n 的)指数级计算和通信。

Lamport 等(1982)也在计算安全性设定中阐述了这个问题,具体来说,存在一个可信的私有态初始设定(PKI),并且参与者可以访问数字签名方案。这个问题的版本称为经过验证的拜占庭协议。与信息论安全设定相比,在具有可信初始设置的计算环境中,广播和共识的边界不同:分别为 $n>t$ 和 $n>2t$(例如 Lamport 等(1982)、Fitzi(2003))。尽管 Lamport 等(1982)提出的协议运行 $t+1$ 轮,但与信息论安全设定一样,也需要花费指数时间。Dolev 等(1983)提出了一种有效的(多项式时间)协议,在这个协议中,在第一轮中发送者签名并发送他的消息给所有其他参与者,而在随后的几轮中,各参与者附加他们的签名并转发结果。如果任何参与者在两个不同的消息上观察到发送者的有效签名,那么该参与者将这两个签名转发给所有其他参与者,并取消发送者的资格(所有参与者都输出一些默认消息)。这个简单的协议是加密协议领域中一种常用的模块。

在计算设定中,问题的原始表述使用了 PKI 假设。在 1996 年,Borcherding 考虑了没有 PKI 的情况,他将其称为"本地认证"(Borcherding,1996),这意味着参与者没有对密钥达成共识,因为每个参与者都自行分发其公钥。Borcherding 表明,在这种情况下,就像在上面的信息论安全设定中一样,这个设置条件更强,但如果 $n\leqslant 3t$,则广播和共识是不可能的,因为不诚实的参与者不能伪造诚实参与者发送的消息。这种不可能的要点在于,敌手总是能在正确的协议输出上迷惑诚实的参与者,而如果数字签名没有预先与运行协议的参与者相关联(这只有在私有设置下才能确保),则数字签名也无法提供帮助。

关于问题的"强"版本(决策值必须是诚实参与者的输入值之一),Fitzi 和 Garay(2003)表明在下列情况下问题有解:在无条件设定下[①],当且仅当 $n > \max(3, |V|)$,其中 V 是输入/输出值的域;在有可信初始计算设定下,满足 $n > |V|$,给定弹性最优的和多项式的时间协议,该协议运行 $t+1$ 轮。

2. 运行时间

关于共识协议的运行时间,Fischer 和 Lynch(1982)为良性("崩溃")故障的情况建立了确定性协议的 $t+1$ 轮的下限,Dolev 和 Strong(1983)将其扩展到带有恶意故障的且消息受到验证的情况。如前所述,Lamport 等的原始协议已经满足了这一条件,但需要指数级的计算和通信。在计算设定中,很快就发现了多项式时间弹性和轮数最优的协议(Dolev et al. ,1983),与此相反,在信息论安全设定中,这需要相当长的时间,并由 Garay 和 Moses(1998)实现。简而言之,Garay 和 Moses(1998)的结果建立在原始协议的"分解"版本之上,该版本由 Bar – Noy 等(1992)提出并称为指数信息收集,应用一套"提前停止法"和故障检测技术,将树形数据结构修剪为多项式大小。对于强共识,$t+1$ 轮的下界也适用于这个版本,这是 Fitzi 和 Garay(2003)提出的协议实现的(也是多项式时间和弹性最优的)。

在确定性协议的 $t+1$ 轮下限中,t 是为了在给定模型中达到共识所能容忍的最大破坏数量。Dolev 等(1990)提出一个问题:当实际的破坏数量,如 $f < t$ 时,运行时间会是多少,并指出任何共识协议的下限 $\{t+1, f+2\}$,即使只发生崩溃故障,这在 f 非常小的情况下也很重要。他们称满足这一特性的共识协议为提前停止协议。然而,更快的终止是以非同时终止为代价的,因为他们还表明,如果需要同时终止,那么就需要 $t+1$ 轮(另见 Dwork 和 Moses(1990))。

Berman 等(1992b)在信息论设定中实现了在最佳参与者数量(即 $n > 3t$)下的最佳提前停止的协议。然而,由于需要指数级的通信和计算,该协议的效率很低。Abraham 和 Dolev(2015)提出了一种有效的(多项式时间)提前停

---

① Neiger(1994)展示了事实上的下限,并形式化了这个版本的问题。

止共识协议。

上述 $t+1$ 轮下限适用于确定性协议。Ben-Or(1983)和 Rabin(1983)实现了容错分布式算法的重大突破,有效地展示了如何通过使用随机化来规避上述限制。Rabin(1983)特别指出,在期望的常数轮次中,线性弹性共识协议是可能的,前提是所有参与者都可以访问一个"共同的硬币"(即共同的随机性来源)。从本质上说,如果在任何一轮中发现分歧,诚实的参与者就可以采用硬币的值,这个过程会重复多次。Feldman 和 Micali(1997)的工作是这方面研究的高峰,他们展示了如何从零开始获得具有恒定概率的共享随机硬币,产生一个概率共识协议,允许最大数量的行为不端的参与者($t<n/3$),并在预期的常数轮中运行。不过在预期的常数轮内运行,并不能保证同时终止(Dolev et al.,1990)。如果这是必需的,例如当这些协议被更高级别的协议调用,并且所有参与者都应该在同一时间/轮进行下一个任务时,那么这些共享硬币的协议应该以多重对数级的轮数运行。

Feldman 和 Micali(1997)协议在信息论安全设定下有效,这些结果后来被 Katz 和 Koo(2009)扩展到计算设定中,假定 PKI 和数字签名存在一个预期的常数轮共识协议,能够容忍 $t<n/2$ 的破坏。回想一下,在带有初始设定的计算设定中,广播协议容忍任意数量(即 $n>t$)的不诚实参与者。相反,Katz 和 Koo(2009)中的协议假设 $n>2t$,因为它基于可验证秘密共享(Verifiable Secret Sharing,VSS)。Garay 等(2007)考虑了不诚实多数(即 $n \leqslant 2t$)的情况,提出了对 $t=n/2+O(1)$ 个不诚实参与者的预期常数轮协议(更一般地说,当 $t=n/2+t$ 时运行时间的期望为 $O(k^2)$),并展示了当 $n-t=o(n)$ 时预期常数轮广播协议的不可能性。

如上所述,概率共识协议运行时间的加快是以不确定性为代价的,因为终止协议的参与者永远无法确定其他参与者也已终止协议。也就是说,不可能同时终止协议(Dolev et al.,1990)。当这些协议被更高级别的协议调用时,就会成为一个问题,因为参与者无法确定在调用这种概率终止(Probabilistic Termination,PT)共识协议,并收到输出后,需要多长时间才能安全地执行调用协议,参考 Cohen 等(2016)。

Lindell 等(2006)研究了 PT 共识协议的顺序组成,Ben-Or 和 El-Yaniv(2003)研究了此类协议的并行组成。在并行调用预期常数轮 PT 协议的情况下,问题在于并行执行的总体运行时间不一定是预期常数。然而,上面关于顺序和并行组合的结果没有使用基于模拟的安全性,因此不清楚如何(或是否)能够使用它们从更高级别的协议对共识(和/或广播)进行实例化。而Cohen等(2016)最近提出了基于正式模拟的(因此是可组合的)具有概率终止的共识协议的定义和构造。

3. 可信初始设定

前面在描述实现不同参与者数量边界的协议时,讨论了这方面的内容。在无条件设置中没有可信初设,尽管在随机协议的情况下,有对私有点对点通道和可靠性的额外要求,而"经过验证的"共识协议假定有PKI。与可信初始设定相关,如果在保证可靠广播的信息论设定中允许存在预计算阶段,那么正如Pfitzmann和Waidner(1992)使用称为"伪签名"的工具,广播和共识可以在与计算设定中相同的参与者数量边界下实现。

4. 通信成本

Dolev和Reischuk(1985)提出了消息数量的下限$\Omega(n^2)$(实际上是$\Omega(nt)$),以达到信息论和计算安全的共识。对于后者,他们表明对于恒定大小的域,任何协议所需的签名数量为$\Omega(nt)$,导致$\Omega(nt|\sigma|)$位复杂度,其中$|\sigma|$表示最大的签名大小。第一个匹配这一界限的信息论安全协议是由Berman等(1992a)、Coan和Welch(1989)提出的。关于计算安全性,Dolev和Strong(1983)提出的协议需要很多消息。通过放宽模型的条件并允许小概率的错误,King和Saia(2016)提出了一种规避不可能原理(消息复杂度$\tilde{O}(n^{1.5})$)的协议。

上述界限,King和Saia(2016)除外,反映了这样一个事实:在经典协议中,消息至少要通信$\Omega(n^2)$次,因此对于ℓ位的消息,总体通信复杂度至少为$\Omega(\ell n^2)$。Fitzi和Hirt(2006)以及Hirt和Raykov(2014)分别提出了用于共识和广播的协议,其中长消息被通信$O(n)$次,这是最优的,因为没有任何协议能够实现通信复杂度为$o(\ell n)$的ℓ位消息的共识或广播。参见Ganesh和Patra(2016)、Patra(2011)。

5. 同步之外

Dwork等(1988a)介绍了部分同步的情况,该情况考虑了一个未知边界的存在,该未知边界决定了协议参与者未知的最大消息延迟①。正如Dwork等

---

① 在Dwork等(1988a)的工作中,也考虑过把处理器时钟之间的部分同步作为一个单独的模型放松限制。目前,我们只专注于消息传输中的部分同步。

(1988a)所示,在无初始设定和公共初始设定的情况下,图2.4的点对点子树中的弹性边界保持不变,但在私有初设的情况时将下降到 $n/3$。

在最终交付设置中,如前所述,确定性共识是不可能的,但获得具有概率保证的协议仍然是可行的。此外,需注意在这种设置中,不可能考虑到所有诚实参与者的输入,因为恶意或受损的参与者可能永远不会发送他们的消息,而且不可能设置正确的超时时间,所以无法等待所有参与者。更详细地说,在没有信息论安全设定的情况下,可以对 Feldman 和 Micail(1997)中的协议进行调整,并实现 $n/4$ 弹性(Feldman,1988)(图 2.4)。通过允许协议以不可忽略的概率终止,Canetti 和 Rabin(1993)展示了如何将弹性提高到 $n/3$。接着,Abraham 等(2008)改进了该弹性,以保证终止的概率为 1。Bangalore 等(2018)和 Patra 等(2014)分别提出了对上述两个结果(特别是第一个结果的通信和第二个结果的运行时间)的效率改进。

在私有初设设置中,假设用单向函数,就有可能获得具有 $n/3$ 弹性的总能终止协议,参考 Feldman(1988)。Ben-Or 等(1993)和 Canetti(1996)指出,超过 $n/3$ 的弹性是不可能实现的,并在失败-停止错误中论证了这一界限,因此在这个意义上,上述结果是最优的。

上述大多数协议都证明了各自边界的可行性。许多研究者还致力于在最终的消息传递模型中实现实用拜占庭容错(Practical Byzantine Fault Tolerance,PBFT)。为了完整起见,这里提到一些相关的结果,以 Castro 和 Liskov(2002)的工作为例,他们专注于加密设置中的容错复制事务服务和相应的安全与活性支持(见2.8节),并实现 $n/3$ 的弹性。Cachin 等(2005)研究了同一模型中的共识,假定一个随机预言机,基于此提出一种高效的掷币协议。其他关注实际效率的相关工作包括 Kursawe 和 Shoup 关于"异步"原子性广播的工作[1](Kursawe et al.,2005),遵循 Castro 和 Liskov(2002)提出的"乐观"方法,即只首先尝试一个"Bracha 广播"协议(Bracha,1984),如果有问题再使用加密方法。Miller 等(2016)降低了 Cachin 等(2001)中协议的通信复杂性,并在没有任何时间假设的情况下保证活性,这是 Castro 和 Liskov(2002)中的情况。

---

[1] 原子性意味着广播执行的顺序是任意两个诚实的参与者以相同的顺序接收两个广播请求。——译者

6. 基于属性与基于模拟的证明比较

如 2.2.2 节所述，共识协议和广播协议通常通过基于属性的方法被证明是安全且正确的。事实证明，正如 Hirt 和 Zikas(2010) 所指出的(另见 Garay 等(2011))，在协议执行过程中(参见 Canetti 等(1996))，自适应敌手可以选择动态破坏哪些参与者的情况下，大多数现有的广播和共识协议无法以基于模拟的方式证明安全性。原因在于，当敌手(已经破坏了一个参与者)从诚实的参与者处收到消息时，它可以破坏该参与者，使其将消息更改后发送给其他参与者。这与理想过程(这里的理想功能是对共识的抽象)不一致，在理想过程中，参与者已经向可信参与者/理想功能提供了他的输入。为了服从基于模拟的证明，广播协议中的发送者不是"明确地"发送其初始消息，而是发送对消息的承诺，允许理想过程中的模拟器对已知的提交值"模糊"处理，以防破坏参与者，且发生初始值改变的情况(Garay et al. ,2011;Hirt et al. ,2010)。

2.7 对等设置中的共识协议

当可用的通信资源为对等广播时，参与者达成共识会成为一个问题，对等广播相比点对点通道而言，是一种较弱的通信机制(参考图 2.4 的右子树)。这种设置随着比特币区块链协议的出现而出现，Garay 等(2015)首次对其进行了正式研究。简而言之，它构成了一种未经验证的通信模型，在这种模型中，无法建立跨轮消息源的相关性，协议参与者可能不知道参与者的确切数量。此外，由于敌手可能向网络中注入消息，诚实的参与者也不能通过消息计数推断参与者的数量。

应该注意的是，在一个前兆模型中，消息源没有相关性，尽管没有身份验证，但点对点结构仍然存在。Okun(2005a) 和 Okun(2005b) 表明，只要出现单个故障，确定性共识算法就是不可能的，但通过适当的调整 Ben‑Or(1983)、Feldman 和 Micali(1997) 的协议，概率性共识仍然是可行的[①]。然而，该协议需要指数级的轮数。

点对点环境中的共识问题，大多是在使用单向函数和工作量证明原语的计算设定中考虑的。Aspnes 等(2005)非正式地描述了第一个解决方案，其中

[①] 因此，这个设定与异步网络模型中的共识有相似的情况(Fischer et al. ,1985)。

建议 PoW 可以用作"身份分配"的工具,随后如 Dolev 和 Strong(1983)所述,可用于引导标准共识协议。然而,这一方案的可行性从未得到充分论证,直到中本聪在一封电子邮件中描述了一种解决这个问题的替代方法(Nakamoto, 2008b),他认为"拜占庭将军"问题可以通过一种区块链/PoW 的方法来解决,这种方法能容忍的行为不端参与者的数量严格低于 $n/2$。然而,正如 Garay 等(2014)、Miller 和 LaViola(2014)独立观察到的那样,中本聪的非正式建议极有可能无法满足有效性属性。

区块链方法建议将多个 PoW 用哈希链串联,并使用一种有利于让计算工作更集中的规则来达成一致,这反映在最终的哈希链中。共识问题的输入在 PoW 本身内部"纠缠在一起",最终的输出来自哈希链的处理结果。该方法在 Garay 等(2015)中首次形式化,这个研究还提供了两个在假定公共态初始设定的情况下满足所有属性的结构。

在没有公共态初始设定的情况下,也有可能获得基于 Andrychowicz 和 Dziembowski(2015)的结果而构建,他们首次将 Aspnes 等(2005)基于 PoW 进行身份分配的方法形式化。此外,如 Garay 等(2018)所示,基于区块链的方法也是可能的。使用私有态初始设定,让使用数字签名和可验证随机函数等原语(通过将公钥信息存储为初设的公共部分,而密钥信息则是初设的私有部分)变得可行,并能获得更高效的结构,如 Chen 和 Micali(2019)的共识子协议。

1. 参与者的数量

在对等设定中,不预先设定协议参与者的实际数量,这是共识最重要的特征之一。相反,实际的参与者数量成为一个运行时的执行参数,协议应该能够容忍对参与者数量的一系列不同的可能选择。这里通过提出一个可能的操作值范围 $[n_{\min}, n_{\max}]$ 来实现这一点,并假设如果实际参与者的数量在该范围内,那么属性将得到保证。将给定协议的 $n_{\max}/n_{\min}$ 比值称为参与公差。这个概念在某种程度上与容错分布式计算和安全多方计算中的模型有关(分别参见 Garay 和 Perry(1992)、Halevi 等(2011))。在这种情况下,参与者可能会存在拜占庭式错误和良性错误两种类型,如"沉睡"等情况,与原来的安排相反,在后一种类型中,参与者将停止参与协议执行。

在 Garay 等(2015)提出的约定中,每个参与者每轮都允许有固定的哈希查询配额。因此,参与方的数量与系统中存在的"计算能力"成正比,假设诚实多数的概率非常高,而由诚实的参与者产生的 PoW 的总数加起来将超过敌手。考虑到这一点,很容易想象把计算能力直接转化为一组恒等式(Aspnes et al.,2005)。主要问题是,协议执行中诚实的参与者所感知到的身份集可能是不一致的。Andrychowicz 和 Dziembowski(2015)的协议解决了这一问题,其中 PoW 用于构建"分级"的 PKI,即密钥具有等级。分级 PKI 是分级协议问题或部分一致性问题的一个实例(Feldman et al.,1997;Considine et al.,2005),在这种情况下,诚实的参与者根据某种度量标准不会有太大的分歧。随后,通过在 Dolev 和 Strong(1983)中运行协议的多个实例,可以将这种分级一致性转变为全局一致性。这可以用来提供一个具有 $n/2$ 弹性的共识协议,而无须可信初始设定。

但是,参与者没有必要通过确立身份来达成共识。在 Garay 等(2015)提出的第一个共识协议中,参与者构建了一个区块链,其中每个块都包含一个与生成该块的参与者输入相匹配的值。该协议继续进行一定轮数,以确保区块链已经增长到一定的长度。在最后一轮中,参与者从他们的本地区块链中删除一个后缀为 k 的区块,并输出剩余前缀中的大部分比特。基于 Garay 等(2015)中称为"公共前缀"的属性,证明在安全参数中具有压倒性概率的情况下,参与者以相同的输出终止。而利用"链质量"属性,证明了如果所有诚实参与者都以相同的输入开始,则恶意或受损的参与者不能推翻对应于诚实参与者输入的多数比特。该协议中可容忍的不当行为参与者的数量严格低于 $n/3$,因为底层区块链协议的链质量较低,所以这是一个次优弹性。可以预期的最大弹性是 $n/2$,这可以通过简单地采用 2.2 节中描述的诚实多数必要性来证明。

Garay 等(2015)的第二种共识协议可以达到最佳弹性,该协议用一种本身基于 PoW 的交易类型替代比特币交易,因此以两种不同的方式使用 PoW:用于维护账本和用于生成交易本身。需要特别注意该协议使用 PoW 的方式,因为敌手应该无法在每一轮面临的两个 PoW 任务之间"转移"工作。为了解决这个问题,Garay 等(2015)引入了一种基于 PoW 协议组合的特殊策略,称为"合二为一的 PoW"。在 Garay 等(2015)提出的第二种解决方案中,可容忍的不当参与者的数量严格低于 $n/2$。

值得注意的是,所有这些协议都为 PoW 提供了一个硬编码的难度级别,假设该难度级别与参与者数量 n 相关。如果 f 是一轮协议执行中至少有一个诚实参与者产生 PoW 的概率,则当 n 较小时 f 趋于 0,当 n 较大时 f 趋于 1。由此可知,PoW 难度的选择会产生一个操作范围 $[n_{\min}, n_{\max}]$,并且可以为任意常数比 $n_{\max}/n_{\min}$ 设置难度,因此协议的参与公差可以设置为任意常数。只要能够假设即使是单个参与者也有足够的计算能力,以确保发现 PoW 情况并非罕见,下限 $n_{\min}$ 就可以任意小。当这个假设不成立且 $n < n_{\min}$ 时,不能保证协议大概率满足有效性。另外,当 $n > n_{\max}$ 时,不能保证协议大概率能达成一致。

使用数字签名和可验证随机函数(Verifiable Random Function,VRF),或者只是数字签名和建模为随机预言机的哈希函数,可以在底层区块链协议上实现 Garay 等(2015)提出的第二种共识协议,该协议使用公钥基础设施而不是 PoW,并允许任意的参与公差,以获得 $n/2$ 的最佳弹性,如 Pass 和 Shi (2017)中所述。其思想如下:可以为每个参与者使用 VRF,以在每一轮中启用选举产生的交易发行者的随机子集。然后,账本将按照 Garay 等(2015)的第二种共识协议中的相同技术和计数参数,在一段时间内合并这些交易。在图 2.4 中,这是从右往左第二片子叶中的协议。

2. 运行时间

为了测量协议在假设 PoW 的 P2P 设定下所需的运行时间,还必须考虑到沉默时间(即没有任何消息传递的轮)可能也需要确保在安全参数 k 中大概率的所需属性。在源自 Andrychowicz 和 Dziembowski(2015)的共识协议中,需要 $O(n)$ 轮,其中 n 为参与者的数量。例如,可以通过使用基于区块链的方法将其提高到 $O(k)$(Garay et al.,2018)。在公共初设设置中,假设参与者的数量在操作范围内,Garay 等(2015)的协议在时间 $O(\log^2(k))$ 内运行[①]。

这值得与标准设定中随机解决问题的方法对比(参见 2.6 节),在标准设定中,达成共识被简化为(构建)共享的随机硬币,基于参与者数量,经过多重对数级轮数后达成共识。区块链设置中的概率方面源于参与者能够提供工作证明的可能性。

在私有初始设定中,可以将运行时间提高到预期的常数,如通过部署 Algorand 协议的共识子协议获得 1/3 的弹性(Chen et al.,2019)。

[①] 在最初的形式中,Garay 等(2015)的协议需要 $O(k)$ 轮;但要满足属性的话 $O(\log^2(k))$ 就足够了(除了一些可以忽略的概率)。

3. 可信初始设定

上述协议中的相关可信初始设定包括一个新的随机字符串,该字符串可以合并为区块链协议设置中"创世区块"的一部分,或者通常作为 PoW 的一部分[①]。这种公开初始设定的目的是防止敌手的预计算攻击,这种攻击将破坏诚实参与者的相对优势,而该相对优势是由诚实多数假设所推导出来的。注意,这里的协议不需要可信初始设定,如 Andrychowicz 和 Dziembowski(2015)、Garay 等(2018)利用了 PoW 计算之前的特殊随机交换阶段,保证了"新鲜度",而不需要普通的随机字符串。

与用于达成共识的其他计算假设相比,PoW 设置的基本优势值得强调。众所周知,如果没有私有态初始设定,即使假定数字签名,在有超过 $n/3$ 的破坏时也不可能达成共识(Borcherding,1996)。$n/3$ 不可能理论在这里不适用,因为从本质上讲,工作量证明机制迫使敌手进行大量的计算,从而在一定程度上避免分叉。

另一个观察结果是,假设 P2P 设定中的私有态初始设定,可以模拟点对点连接,从而运行上一节中的任何共识协议。然而,这种简化是低效的,在具有私有态初始设定的 P2P 设置中,人们仍然可以获得更高效的协议(如具有次二次通信复杂度的协议)。

4. 通信成本

对于 Andrychowicz 和 Dziembowski(2015)、Garay 等(2018)而言,上述共识协议中传输的消息总数的期望值为 $O(n^2 k)$,将广播通道的每次调用计算为耗费 $O(n)$ 条消息。对于 Garay 等(2015)的两个协议,在公共态初始设定下消息的数量为 $O(nk)$。在私有态设定中,可以使用 Chen 和 Micali(2019)的技术进一步减少这种情况。

回顾一下,与标准设置中的随机共识协议的一个重要区别是,参与者在每轮都发送消息,而在 PoW 设置中(诚实的)参与者只在他们能产生工作证明时进行通信,否则,他们将保持沉默。这也表明,可能有诚实的参与者从不传播信息[②],因此将沟通成本降低到 n^2 以下是可行的(有一定的概率保证,参

[①] 或者,协议将认为任何扩展空链的链都是有效的,并且不允许敌手进行任何预计算。

[②] 注意在最终递交设定中与标准共识的相似性(2.6 节),其中并不是所有诚实参与者的输入都可以考虑在内。

见 2.6 节)。

5. 同步之外

图 2.4 中,Garay 等(2015)的共识协议也可以在部分同步设置下进行分析,以 Garay 等(2014)的完整版本作为起点。回想一下,在这种设置中,协议的操作方式是在消息传递时间内,通过硬编码难度的参数化提供合理的 PoW 产生率。只要原始估计接近安全(网络延迟较低),协议的安全性就会达到理论上的最大弹性,但如果估计较差,则协议的安全性就会下降,当延迟变大时,协议的安全性就会完全消失,参见 Pass 等(2017)。

6. 基于属性与基于模拟的证明比较

在 P2P 设定中没有基于模拟的共识处理。然而,很容易对该问题进行抽象。唯一的本质区别是,参与执行的参与者实际数量是动态决定的,协议参与者将不会知道。

2.8 账本共识

账本共识(也称"Nakamoto 共识")问题的情境是,一个由服务器或节点组成的集合持续地工作,接收属于集合 $\mathbb{T}$ 的输入("交易"),并将它们合并到一个称为账本的公共数据结构中。这里假设所有有效的账本 $\mathbb{L}$ 的语言都有高效的成员测试,并且对于所有的 tx 总有 $\mathcal{L} \in \mathbb{L}$ 使 tx $\in \mathbb{L}$。若对于所有的 $tx_1, tx_2 \in \mathbb{T}$,存在包含 tx_1 和 tx_2 的 $\mathcal{L} \in \mathbb{L}$,则称语言 L 是平凡的。账本共识的目的是为任何想查看账本的人提供一个独特的视图。参与者 P 的账本视图表示为 $\widetilde{\mathcal{L}_P}$,而 P 的已结算的账本部分表示为 $\mathcal{L}_P$。注意 $\mathcal{L}_P \preceq \widetilde{\mathcal{L}_P}$ 恒成立,其中 $\preceq$ 表示标准前缀操作。共识协议必须满足的属性如下:

(1)一致性(或持久性)。该属性要求:若客户在第 r_1 轮查询一个诚实节点的账本,并获得响应 $\widetilde{\mathcal{L}_1}$,那么当一个客户在第 $r_2(r_2 \geq r_1)$ 轮查询一个诚实节点的账本时,其获得的响应 $\widetilde{\mathcal{L}_2}$ 应满足 $\mathcal{L}_1 \preceq \widetilde{\mathcal{L}_2}$。

(2)活性。若交易 tx 在第 r 轮为所有诚实节点的输入,并且对每个诚实参与者 P 来说,与 $\widetilde{\mathcal{L}_P}$ 有关的 tx 是有效的,那么在第 $r+u$ 轮时,对任意参与者 P 来说,$\mathcal{L}_P$ 包含 tx。

在经典分布式系统研究中,这个问题经常称为状态机复制问题(Schneider,1990)。一致性确保参与者对交易的日志有相同的看法,而活性确保交易的快速合并。进一步引入第三个属性,它在 Schneider(1990)中称为"顺序",表示如下:

(3)可串行性。对于交易 tx, tx',若交易 tx 在第 r 轮为所有诚实节点的输入,并且对每个诚实参与者 P 来说,与 $\widetilde{\mathcal{L}_P}$ 有关的 tx 是有效的且 $\text{tx}' \notin \widetilde{\mathcal{L}_P}$,那么对于任意的 $r' > r$,任何参与者的账本 $\mathcal{L}_P$ 不能包含 tx', tx 这个顺序。

给定一个共识协议,为了解决账本共识问题,很容易将其应用到顺序组合中。这种简化确实成立,但有些地方需要特别注意。下面考虑没有初设的情况。同步网络模型的构造如下:首先,假设有一个在 u 轮之后满足一致性、(强)有效性和可终止性的共识协议。该协议让所有节点收集交易,然后以交易集作为输入运行共识协议。当协议在 u 轮后终止时,节点赋予输出一个索引(称为账本的第 i 条记录),并运行到下一个共识实例。显而易见,这使一致性得到满足,而强有效性和可终止性使带参数 u 的活性得到满足。值得注意的是,"简单的"有效性本身是不够的,因为对于任何给定的交易集,账本协议都应该运行,因此两个诚实的节点可能不会在一组输入上达成一致。在本例中,有效性可能让诚实的参与者对一个恶意的值达成一致,该值可能是空字符串。这会导致账本清空,违反活性的要求。然而,不使用强有效性的全部功能也可以处理这个问题。例如,若一种协议的每个参与者都有一个输入集 X_i,联合输出集 S 满足 $X_i \subseteq S$,则活性就得到满足。注意,如 Pease 等(1980)所定义的那样,这种"联合"共识协议可以由交互一致性(Interactive Consistency)推出,最近也被明确认为是共识变体(Dold et al.,2017)。有效性的其他中间概念,如基于谓词的概念在这里也很有用(Cachin et al.,2001)。

现在考虑如何在不同的初始设定和网络假设下进行简化。首先,如果使用初始设定,请注意上述简化每 u 轮都需要可用的初设。由于这个要求可能不切实际,可以考虑如何使用单个初设来模拟初设序列。这种方法在底层协议上是非黑箱的,可能不太直观。例如,当按顺序组成一个依赖于公共初设的基于 PoW 的共识协议时,协议的安全性可能不完全依赖于第 i 轮初设的不可预测性。与基本构建块协议的顺序组成相关技术已经出现在许多账本协议中,包括 Bentov 等(2016)、Chen 和 Micali(2019)、Kiayias 等(2017)。在网络方面,在点对点设置和对等设置中,简化的方式基本上是相同的。最后,若底层共识协议无法同时终止,构建应用时要特别注意,可参考 Cohen 等(2016)。

账本共识是作为比特币区块链协议的一个目标提出的。因此,在本章的其余部分中,只考虑 P2P 设置中的问题,尽管可以采用标准 BFT 方法在点对点设置中解决问题,以 Golan – Gueta 等(2018)和 Miller 等(2016)为例。若结合私有初设和对等设置,就可以直接依靠初始设定提供的身份验证信息来模拟点对点设置。图 2.5 所示为账本共识协议的分类。

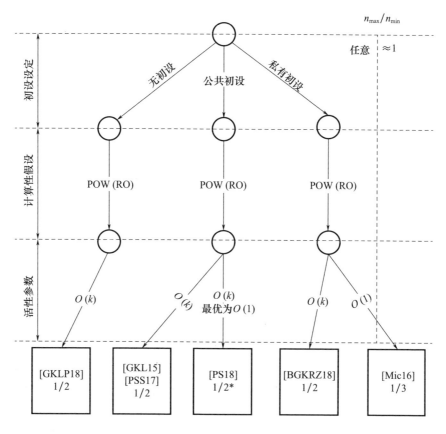

图 2.5 账本共识协议(对等设置下)的分类

1. 参与者数量

这里从 Fitzi(2003)对不诚实多数不可能理论的调整开始。结果表明,在所有相关的实践案例中,如不平凡账本的共识问题,或提供如上所定义的可串行性,都必须要求多数参与者是诚实的。

理论 2.1 假设交易集 $\mathbb{T}$ 满足 $|\mathbb{T}| \geq 2$。若敌手控制了 $n/2$ 的节点,假设:①语言 $\mathbb{L}$ 是不平凡的;②可串行性成立,则账本共识无法实现。

证明如下。为了简单起见,仅描述在属性完全满足的情况下的不可能理论。同样的论证可以很容易地扩展到属性在绝大多数情况下满足的情况。假设所有参与者分成两个集合 A_1 和 A_2,大小恰好为 $n/2$。现在再描述一个环境和敌手。环境准备两个冲突的交易 $tx_1, tx_2 \in \mathbb{T}$,也就是说,不存在有效的 $\mathcal{L}$,满足 $tx, tx' \in \mathcal{L}$,但因为是 $\mathbb{T}$ 的成员,它们都可以有效地添加到某个账本中。环境在第 1 轮提供适当的交易序列,以便 A_b 中的参与者分别接收交易 tx_b,并将执行提前至少 u 轮,其中 u 为活性参数。考虑三个敌手 $\mathcal{A}_0, \mathcal{A}_1, \mathcal{A}_2$。$\mathcal{A}_0$ 不破坏任何参与者,且允许协议正常地执行。而敌手 $\mathcal{A}_b (b \in \{1, 2\})$ 会破坏参与者集合 A_b 并模拟诚实的操作。令 $P_1 \in A_1, P_2 \in A_2$。若 $b \in \{1, 2\}$,则依据活性,执行结束后有 $tx_b \in \mathcal{L}_b$。若 $b = 0$,则依据一致性,$\mathcal{L}_1 \preccurlyeq \widetilde{\mathcal{L}_2}$ 成立。这三种条件下的执行情况完全无法区分,这与 $tx_2 \in \widetilde{\mathcal{L}_2}$ 是矛盾的,因为 $tx_2 \in \mathcal{L}_2 \preccurlyeq \widetilde{\mathcal{L}_1}$。

可串行性的参数与上述类似。在这种情况下,简单地假设交易 $tx_1, tx_2 \in \mathbb{T}$ 是不同的(它们不一定冲突)。依据活性,上述实验要求对于参与者 P_b 有 $tx_b \in \mathcal{L}_b$。而且,出于可串行性的要求,对于 P_b 来说,交易的顺序不能为 tx_{3-b}, tx_b。这与一致性存在矛盾之处。

与 P2P 共识(2.7 节)的情况一样,实际参与者的数量 n 事先未知,并可以假设落在操作参数 $n \in [n_{\min}, n_{\max}]$ 的范围内。这也与 Pass 和 Shi(2017)所考虑的"零星参与"的概念有关,即某些诚实的参与者可能会"休眠"任意时间。

在 PoW 设置中,每个参与者在单位时间内对哈希函数的查询都有固定的配额,因此,每个参与者的数量直接与可用的总计算能力或哈希能力成正比。在这种情况下,Garay 等(2015)首先表明,当恶意或受损的参与者数量严格低于 $n/2$ 时,可以实现账本共识。如 Pass 等(2017)所述,在部分同步设置中也保留了这一界限。

这些结果参考的是一个静态设置,即整个执行过程中参与者的数量没有很大的偏差。Garay 等(2017a)首次考虑了账本共识的一种设定,即运行协议的参与者数量可以随着环境动态(且相当剧烈)变化,其中总有新的参与者引入,以及已加入的参与者失效。他们的主要结果是,在 PoW 环境下可以达成账本共识,假设诚实的多数通过考虑随时间变化的参与者数量,n_i 是在时间单位 i 时活跃的参与者数量,则敌手的数量远少于 $n_i/2$。

假设一个私有设定和一个特殊设置,其中敌手掌控 t 个拜占庭式损坏的参与者和 s 个休眠参与者,在 Pass 和 Shi(2017)中表明,只要 t 严格以 $a/2$ 为界,即 $a = n - s$ 是"警醒的"参与者数量,账本共识就可以实现,也就是说,休眠者的数量可能大于 $n/2$,因此在这种情况下,也可以实现任意的参与率,而无须使用 PoW。在休眠破坏的情况下,下界可以推广到 $a/2$,参见 Pass 和 Shi(2017)。Bentov 等(2016)、David 等(2018)和 Kiayias 等(2017)也考虑了参与者的动态设置,这提供了一种相似的情况,即假定有 PKI 和诚实的"利益"多数的情况。这些工作的一个重要缺陷是,新参与者必须在诚实参与者一致同意时才能进入系统。Badertscher 等(2018)强调了这一问题,即"从起源开始引导"问题,他们通过合适的链选规则解决了该问题。在同样的工作中,提出了一个更精细的动态参与模型,称为动态可用性。该模型允许从环境的角度进行更精细的控制,比如断开参与者的连接,或者让参与者失去对时钟或哈希函数等资源的访问权。

最后,在参与容忍公差方面,Badertscher 等(2018)、Pass 和 Shi(2017)提出的协议可以实现任意的 n_{max}/n_{min},而 Algorand 协议要求 n_{max}/n_{min}(大约)为 1(Chen et al.,2019),因为预期的参与度是协议中的硬编码值。尽管这些限制,Algorand 协议仍然是一个对等协议,因为不需要事先知道参与协议的各方身份。

2. 交易处理时间

与共识协议相反,账本共识协议是一种应该在任意长时间内运行的协议。因此,这里的相关度量是系统在参与者维护的日志中插入交易所需的时间量。这与作为活性属性的一部分而引入的参数 u 有关,该参数决定了在执行模型将交易添加到日志中需要的轮数。活性只提供给由诚实的参与者产生的交易,或者以其他方式明确地提供给运行协议的诚实参与者。

在这种情况下,Garay 等(2015)在交互 $O(k)$ 轮后达成账本共识,其中 k 是安全参数。这一结果在部分同步设置中得到了复制,其中处理时间需要 $O(k\Delta)$ 轮,Δ 是施加在消息传输上的最大延迟。上述结果假设敌手的紧密边界与诚实多数一致,参见 Pass 和 Shi(2018)。若敌手设置较弱,有可能对活性进行改善,如 Algorand 协议实现了一个预期恒定的轮数(Chen et al.,2019),而 Thunderella 协议表明(Pass et al.,2018),在假设诚实的超多数(即敌手控制的参与者数量严格低于 $n/4$)和存在一个称为加速器的特定诚实者的情况下,处理时间最坏情况下可以降到 $O(1)$ 轮。

3. 可信初始设定

账本共识可以在公共状态或私有状态设置中实现。属于前者的协议有 Garay 等(2015)、Garay 等(2017a)和 Pass 等(2017),而与后者一致的协议有 Bentov 等(2016)、Chen 和 Micali(2019)、Gilad 等(2017)、Kiayias 等(2017)、Pass 和 Shi(2017)。在缺乏可信初始设定的情况下,已经证明可能直接或通过使用工作量证明建立一个公开密钥目录(Garay et al.,2018),来"从头引导"账本共识协议(Andrychowicz et al.,2015)。在公共状态初始设定和私有状态初始设定之间的一个重要问题是,在对等设置中,前者代表了与所谓的非许可设置一致的内容,而后者则代表了许可的设置。如果假定没有初始设置或有公共态初始设定,那么任何有权访问对等通道的人都可以自由参与协议。另外,私有状态初始设定,隐含了更高级别的权限:有资格运行协议的参与者需要获得初始设定功能的授权,以便它们接收与协议执行相关的私有信息,或者与已经是协议执行的一部分的参与者进行交互,以求被引入执行中。而根据定义,点对点设置是通过访问 RMT 功能来获得许可的。

4. 通信成本

考虑到账本共识是处理传入交易的持续性协议,需要谨慎定义通信成本。据悉,目前还没有关于账本共识沟通成本的正式定义。解决这个问题的第一个方法是在系统中传输的交易之上考虑一种"通信开销"。由此得出的结论是,对于所传输交易的每个比特,需要进行的最少通信是广播该比特。综上所述,若参与者在恒定的系数下传输更多的数据,则基于区块链协议的账本共识协议的通信成本仍可以看作是恒定的。

5. 同步之外

在公共状态初始设定和无初始设定中的账本共识协议的初始工作(Garay et al.,2015;Garay et al.,2017a),假定了一个"匆忙的"对手和同步操作(Garay et al.,2016;Garay et al.,2018)。这可以扩展到部分同步设置,如 Pass 等(2017)所述,也可以扩展到 Garay 等(2014)的完整版本,其限制在 2.7 节中已解释。

6. 基于属性与基于模拟的证明比较

Badertscher 等(2017)提出了首个基于模拟的账本共识定义。Badertscher 等(2018)对该定义进行了改进,并展示了如何在私有初设可用的情况下调整该定义。在可组合性方面,Badertscher 等(2017)的工作强调了基于 PoW 协议的一个(预期)缺点,即对随机预言机的访问应仅限于当前账本协议会话。

致谢

第二作者的工作受到 H2020 Project PRIVILEGE #780477 的支持。非常感谢 Christian Cachin、Arpita Patra、Björn Tackmann 和 Ivan Visconti 的有益评论和建议。

参考文献

I. Abraham and D. Dolev. Byzantine agreement with optimal early stopping,optimal resilience and polynomial complexity. In R. A. Servedio and R. Rubinfeld,editors,*Proceedings of the 47th Annual ACM Symposium on Theory of Computing*,*STOC 2015*,*Portland*,*OR*,*USA*,*June 14 – 17*,*2015*,pages 605 – 614. ACM,2015. 44

I. Abraham,D. Dolev,and J. Y. Halpern. An almost – surely terminating polynomial protocol for asynchronous Byzantine agreement with optimal resilience. In R. A. Bazzi and B. Patt – Shamir,editors,*Proceedings of the 27th Annual ACM Symposium on Principles of Distributed Computing*,*PODC 2008*,*Toronto*,*Canada*,*August 18 – 21*,*2008*,pages 405 – 414. ACM,2008. 47

E. A. P. Alchieri,A. N. Bessani,J. da Silva Fraga,and F. Greve. Byzantine consensus with unknown participants. In T. P. Baker,A. Bui,and S. Tixeuil,editors,*Principles of Distributed Systems*,*12th International Conference*,*OPODIS 2008*,*Luxor*,*Egypt*,*December 15 – 18*,*2008. Proceedings*,volume 5401 of *Lecture Notes in Computer Science*（*LNCS*）,pages 22 – 40. Springer,2008. 38

M. Andrychowicz and S. Dziembowski. PoW – based distributed cryptography with no trusted set-up. In *Advances in Cryptology—CRYPTO 2015—35th Annual Cryptology Conference*,*Santa Barbara*,*CA*,*USA*,*August 16 – 20*,*2015*,*Proceedings*,*Part II*,pages 379 – 399,2015. 49,50,51,52,58

J. Aspnes,C. Jackson,and A. Krishnamurthy. Exposing computationally – challenged Byzantine impostors. Technical Report YALEU/DCS/TR – 1332,Yale University Department of Computer Science,July 2005. 48,49,50

C. Badertscher, P. Gazi, A. Kiayias, A. Russell, and V. Zikas. Ouroboros Genesis: Composable proofof-stake blockchains with dynamic availability. In D. Lie, M. Mannan, M. Backes, and X. Wang, editors, *Proceedings of the 2018 ACM SIGSAC Conference on Computer and Communications Security, CCS 2018, Toronto, ON, Canada, October 15-19, 2018*, pages 913-930. ACM, 2018. 57, 59

C. Badertscher, U. Maurer, D. Tschudi, and V. Zikas. Bitcoin as a transaction ledger: A composable treatment. In Katz and Shacham [2017], pages 324-356. 59

L. Bangalore, A. Choudhury, and A. Patra. Almost-surely terminating asynchronous Byzantine agreement revisited. In C. Newport and I. Keidar, editors, *Proceedings of the 2018 ACMSymposium on Principles of Distributed Computing, PODC 2018, Egham, United Kingdom, July 23-27, 2018*, pages 295-304. ACM, 2018. 47

S. Bano, A. Sonnino, M. Al-Bassam, S. Azouvi, P. McCorry, S. Meiklejohn, and G. Danezis. Consensus in the age of blockchains. *CoRR*, abs/1711.03936, 2017. 28

A. Bar-Noy, D. Dolev, C. Dwork, and H. R. Strong. Shifting gears: Changing algorithms on the fly to expedite Byzantine agreement. *Inf. Comput.* 97(2):205-233, 1992. 44

D. Beaver. Correlated pseudorandomness and the complexity of private computations. In Miller [1996], pages 479-488. 40

A. Beimel and M. K. Franklin. Reliable communication over partially authenticated networks. *Theor. Comput. Sci.* 220(1):185-210, 1999. 38

M. Bellare and P. Rogaway. Random oracles are practical: A paradigm for designing efficient protocols. In *CCS'93, Proceedings of the 1st ACM Conference on Computer and Communications Security, Fairfax, Virginia, USA, November 3-5, 1993*, pages 62-73, 1993. 41

M. Ben-Or. Another advantage of free choice: Completely asynchronous agreement protocols (extended abstract). In R. L. Probert, N. A. Lynch, and N. Santoro, editors, *Proceedings of the 1983 ACM Symposium on Principles of Distributed Computing, PODC 1983*, pages 27-30. ACM, 1983. 38, 45, 48

M. Ben-Or, R. Canetti, and O. Goldreich. Asynchronous secure computation. In Kosaraju et al. [1993], pages 52-61. 47

M. Ben-Or and R. El-Yaniv. Resilient-optimal interactive consistency in constant time. *Distributed Computing* 16(4):249-262, 2003. 45

M. Ben-Or, S. Goldwasser, and A. Wigderson. Completeness theorems for non-cryptographic fault tolerant distributed computation (extended abstract). In *STOC'88, Proceedings of the 28th Annual ACMSymposium on Theory of Computing*, pages 1-10, 1988. 34, 38

I. Bentov, R. Pass, and E. Shi. Snow White: Provably secure proofs of stake. *IACR Cryptology ePrint Archive*, 2016:919, 2016. 55, 57, 58

P. Berman, J. A. Garay, and K. J. Perry. Bit optimal distributed consensus. In *Computer Science Research*, pages 313–321. Springer US, Boston, MA, 1992a. 46

P. Berman, J. A. Garay, and K. J. Perry. Optimal early stopping in distributed consensus (extended abstract). In *Distributed Algorithms, 6th International Workshop, WDAG'92, Haifa, Israel, November 2–4, 1992, Proceedings*, pages 221–237. Springer Verlag, 1992b. 44

N. Bitansky, S. Goldwasser, A. Jain, O. Paneth, V. Vaikuntanathan, and B. Waters. Time-lock puzzles from randomized encodings. In M. Sudan, editor, *Proceedings of the 2016 ACM Conference on Innovations in Theoretical Computer Science, Cambridge, MA, USA, January 14–16, 2016*, pages 345–356. ACM, 2016. 41

M. Borcherding. Levels of authentication in distributed agreement. In *Distributed Algorithms, 10th International Workshop, WDAG'96, Bologna, Italy, October 9–11, 1996, Proceedings*, pages 40–55. Springer Verlag, 1996. 42, 43, 52

G. Bracha. An asynchronous-resilient consensus protocol. In T. Kameda, J. Misra, J. G. Peters, and N. Santoro, editors, *Proceedings of the Third Annual ACM Symposium on Principles of Distributed Computing, Vancouver, B.C., Canada, August 27–29, 1984*, pages 154–162. ACM, 1984. 47

C. Cachin, R. Guerraoui, and L. Rodrigues. *Introduction to Reliable and Secure Distributed Programming*, 2nd edition. Springer Publishing Company, Incorporated, 2011. 27, 28

C. Cachin, K. Kursawe, F. Petzold, and V. Shoup. Secure and efficient asynchronous broadcast protocols. In *Advances in Cryptology—CRYPTO 2001, 21st Annual International Cryptology Conference, Santa Barbara, California, USA, August 19–23, 2001, Proceedings*, pages 524–541. Springer, 2001. 35, 47, 54

C. Cachin, K. Kursawe, and V. Shoup. Random oracles in Constantinople: Practical asynchronous Byzantine agreement using cryptography. *J. Cryptology* 18(3):219–246, 2005. 47

R. Canetti. *Studies in Secure Multiparty Computation and Applications*. PhD thesis, Weizmann Institute of Science, 1996. 47

R. Canetti. Security and composition of multiparty cryptographic protocols. *J. Cryptology* 13(1):143–202, 2000. 35

R. Canetti. Universally composable security: A new paradigm for cryptographic protocols. In *42nd Annual Symposium on Foundations of Computer Science, FOCS 2001, Las Vegas, Nevada, USA, October 14–17, 2001*, pages 136–145. IEEE Computer Society, 2001. 29, 30, 32, 35, 38

R. Canetti, U. Feige, O. Goldreich, and M. Naor. Adaptively secure multi-party computation. In Miller[1996], pages 639–648. 48

R. Canetti, R. Pass, and A. Shelat. Cryptography from sunspots: How to use an imperfect reference string. In Sinclair [2007], pages 249–259. 39

R. Canetti and T. Rabin. Fast asynchronous Byzantine agreement with optimal resilience. In Kosaraju et al. [1993], pages 42–51. 47

M. Castro and B. Liskov. Practical Byzantine fault tolerance and proactive recovery. *ACM Trans. Comput. Syst.* 20(4):398–461,2002. 47

D. Chaum. Untraceable electronic mail, return addresses, and digital pseudonyms. *Commun. ACM* 24(2):84–88,1981. 37

D. Chaum, C. Crépeau, and I. Damgård. Multiparty unconditionally secure protocols (abstract) (informal contribution). In *STOC'88, Proceedings of the 28th Annual ACM Symposium on Theory of Computing*, page 462,1987. 34

D. Chaum, C. Crépeau, and I. Damgård. Multiparty unconditionally secure protocols (extended abstract)°. In J. Simon, editor, *Proceedings of the 20th Annual ACM Symposium on Theory of Computing, May 2–4,1988, Chicago, Illinois, USA*, pages 11–19. ACM,1988. 38

J. Chen and S. Micali. Algorand: A secure and efficient distributed ledger. *Theor. Comput. Sci.* 777:155–183,2019. 49,52,55,57,58

B. Chor and C. Dwork. Randomization in Byzantine agreement. *Advances in Computing Research* 5:443–497,1989. 38

B. Chor, S. Goldwasser, S. Micali, and B. Awerbuch. Verifiable secret sharing and achieving simultaneity in the presence of faults (extended abstract). In *26th Annual Symposium on Foundations of Computer Science, Portland, Oregon, USA,21–23 October 1985*, pages 383–395. IEEE Computer Society,1985. 45

B. A. Coan and J. L. Welch. Modular construction of nearly optimal Byzantine agreement protocols. In P. Rudnicki, editor, *Proceedings of the 8th Annual ACM Symposium on Principles of Distributed Computing, Edmonton, Alberta, Canada, August 14–16,1989*, pages 295–305. ACM,1989. 46

R. Cohen, S. Coretti, J. A. Garay, and V. Zikas. Probabilistic termination and composability of cryptographic protocols. In M. Robshaw and J. Katz, editors, *Advances in Cryptology—CRYPTO 2016—36th Annual International Cryptology Conference, Santa Barbara, CA, USA, August 14–18,2016, Proceedings, Part III*, volume 9816 of *LNCS*, pages 240–269. Springer,2016. 45,46,55

J. Considine, M. Fitzi, M. Franklin, L. A. Levin, U. Maurer, and D. Metcalf. Byzantine agreement given partial broadcast. J. Cryptol. 18(3):191-217,July 2005. 50

S. Coretti, J. A. Garay, M. Hirt, and V. Zikas. Constant-round asynchronous multi-party computation based on one-way functions. In J. H. Cheon and T. Takagi, editors, *Advances in Cryptology—ASIACRYPT 2016—22nd International Conference on the Theory and Application of Cryptology and Information Security, Hanoi, Vietnam, December 4-8, 2016, Proceedings, Part II*, volume 10032 of LNCS, pages 998-1021, 2016. 38

B. David, P. Gazi, A. Kiayias, and A. Russell. Ouroboros Praos: An adaptively-secure, semi-synchronous proof-of-stake blockchain. In Nielsen and Rijmen [2018], pages 66-98. 57

F. Dold and C. Grothoff. Byzantine set-union consensus using efficient set reconciliation. *EURASIP Journal on Information Security* 2017(1):14, July 2017. 54

D. Dolev and R. Reischuk. Bounds on information exchange for Byzantine agreement. *J. ACM* 32 (1):191-204, 1985. 46

D. Dolev, R. Reischuk, and H. R. Strong. Early stopping in Byzantine agreement. *J. ACM* 37(4): 720-741, 1990. 44, 45

D. Dolev and H. R. Strong. Authenticated algorithms for Byzantine agreement. *SIAM J. Comput.* 12 (4):656-666, 1983. 43, 44, 46, 49, 50

C. Dwork, N. A. Lynch, and L. J. Stockmeyer. Consensus in the presence of partial synchrony. *J. ACM* 35(2):288-323, 1988a. 38, 46, 47

C. Dwork and Y. Moses. Knowledge and common knowledge in a Byzantine environment: Crash failures. *Inf. Comput.* 88(2):156-186, 1990. 44

C. Dwork and M. Naor. Pricing via processing or combatting junk mail. In *Advances in Cryptology—CRYPTO 1992, 12th Annual International Cryptology Conference*, pages 139-147, 1992. 41

C. Dwork, D. Peleg, N. Pippenger, and E. Upfal. Fault tolerance in networks of bounded degree. *SIAM J. Comput.* 17(5):975-988, 1988b. 36

P. Feldman. *Optimal algorithms for Byzantine agreement*. PhD thesis, Massachusetts Institute of Technology, 1988. 47

P. Feldman and S. Micali. An optimal probabilistic protocol for synchronous Byzantine agreement. *SIAM J. Comput.* 26(4):873-933, 1997. 38, 45, 47, 48, 50

M. J. Fischer and N. A. Lynch. A lower bound for the time to assure interactive consistency. *Inf. Process. Lett.* 14(4):183-186, 1982. 44

M. J. Fischer, N. A. Lynch, and M. Merritt. Easy impossibility proofs for distributed consensus problems. *Distributed Computing* (1):26-39, 1986. 43

M. J. Fischer, N. A. Lynch, and M. Paterson. Impossibility of distributed consensus with one faulty process. *J. ACM* 32(2):374 – 382,1985. 38,48

M. Fitzi. Generalized communication and security models in Byzantine agreement. PhD thesis, ETH Zurich, Zürich, Switzerland, 2003. 36,43,56

M. Fitzi and J. A. Garay. Efficient player – optimal protocols for strong and differential consensus. In *Proceedings of the 22nd Annual ACM Symposium on Principles of Distributed Computing, PODC 2003, Boston, Massachusetts, USA, July 13 – 16, 2003*, pages 211 – 220. ACM,2003. 44

M. Fitzi and M. Hirt. Optimally efficientmulti – valued Byzantine agreement. In E. Ruppert andD. Malkhi, editors, *Proceedings of the 25th Annual ACM Symposium on Principles of Distributed Computing, PODC 2006, Denver, CO, USA, July 23 – 26, 2006*, pages 163 – 168. ACM,2006. 46

C. Ganesh and A. Patra. Broadcast extensions with optimal communication and round complexity. In G. Giakkoupis, editor, *Proceedings of the 2016 ACM Symposium on Principles of Distributed Computing, PODC 2016, Chicago, IL, USA, July 25 – 28, 2016*, pages 371 – 380. ACM,2016. 46

J. A. Garay, J. Katz, C. Koo, and R. Ostrovsky. Round complexity of authenticated broadcast with a dishonest majority. In Sinclair [2007], pages 658 – 668. 45

J. A. Garay, J. Katz, R. Kumaresan, and H. Zhou. Adaptively secure broadcast, revisited. In C. Gavoille and P. Fraigniaud, editors, *Proceedings of the 30th Annual ACM Symposium on Principles of Distributed Computing, PODC 2011, San Jose, CA, USA, June 6 – 8, 2011*, pages 179 – 186. ACM,2011. 48

J. A. Garay, A. Kiayias, and N. Leonardos. The Bitcoin backbone protocol: Analysis and applications. *IACR Cryptology ePrint Archive* 2014:765,2014. 49,53,59

J. A. Garay, A. Kiayias, and N. Leonardos. The Bitcoin backbone protocol: Analysis and applications. In E. Oswald and M. Fischlin, editors, *Advances in Cryptology—EUROCRYPT 2015—34th Annual International Conference on the Theory and Applications of Cryptographic Techniques, Sofia, Bulgaria, April 26 – 30, 2015*, Proceedings, *Part II, volume 9057 of LNCS*, pages 281 – 310. Springer,2015. 41,48,49,50,51,52,53,56,58,59

J. A. Garay, A. Kiayias, and N. Leonardos. The Bitcoin backbone protocol with chains of variable difficulty. In Katz and Shacham [2017], pages 291 – 323,2017a. 57,58,59

J. A. Garay, A. Kiayias, N. Leonardos, and G. Panagiotakos. Bootstrapping the blockchain—directly. *IACR Cryptology ePrint Archive* 2016:991,2016. 59

J. A. Garay, A. Kiayias, N. Leonardos, and G. Panagiotakos. Bootstrapping the blockchain, with applications to consensus and fast PKI setup. In M. Abdalla and R. Dahab, editors, *Public-Key Cryptography—PKC 2018—21st IACR International Conference on Practice and Theory of Public-Key Cryptography, Rio de Janeiro, Brazil, March 25-29, 2018, Proceedings, Part II*, volume 10770 of *LNCS*, pages 465-495. Springer, 2018. 49, 51, 52, 58, 59

J. A. Garay, A. Kiayias, and G. Panagiotakos. Proofs of work for blockchain protocols. *IACR Cryptology ePrint Archive* 2017:775, 2017b. 41

J. A. Garay and Y. Moses. Fully polynomial Byzantine agreement for n > 3t processors in t + 1 rounds. *SIAM J. Comput.* 27(1):247-290, 1998. 44

J. A. Garay and K. J. Perry. A continuum of failure models for distributed computing. In *Distributed Algorithms, 6th International Workshop, WDAG'92, Haifa, Israel, November 2-4, 1992, Proceedings*, pages 153-165. Springer Verlag, 1992. 49

Y. Gilad, R. Hemo, S. Micali, G. Vlachos, and N. Zeldovich. Algorand: Scaling Byzantine agreements for cryptocurrencies. In *Proceedings of the 26th Symposium on Operating Systems Principles, Shanghai, China, October 28-31, 2017*, pages 51-68. ACM, 2017. 58

G. Golan-Gueta, I. Abraham, S. Grossman, D. Malkhi, B. Pinkas, M. K. Reiter, D. Seredinschi, O. Tamir, and A. Tomescu. SBFT: A scalable decentralized trust infrastructure for blockchains. *CoRR*, abs/1804.01626, 2018. 55

O. Goldreich. *The Foundations of Cryptography—Volume 1, Basic Techniques*. Cambridge University Press, 2001. 29, 35

O. Goldreich, S. Micali, and A. Wigderson. Proofs that yield nothing but their validity and a methodology of cryptographic protocol design (extended abstract). In *FOCS'86, 27th Annual Symposium on Foundations of Computer Science*, pages 174-187, 1986. 34, 35

O. Goldreich, S. Micali, and A. Wigderson. How to play any mental game or A completeness theorem for protocols with honest majority. In A. V. Aho, editor, *Proceedings of the 19th Annual ACM Symposium on Theory of Computing, 1987, New York, New York, USA*, pages 218-229. ACM, 1987. 38

S. Halevi, Y. Lindell, and B. Pinkas. Secure computation on the web: Computing without simultaneous interaction. In P. Rogaway, editor, *Advances in Cryptology—CRYPTO 2011—31st Annual Cryptology Conference, Santa Barbara, CA, USA, August 14-18, 2011, Proceedings*, volume 6841 of *LNCS*, pages 132-150. Springer, 2011. 49

M. Hirt and P. Raykov. Multi-valued Byzantine broadcast: The $t < n$ case. In P. Sarkar and T. Iwata, editors, *Advances in Cryptology—ASIACRYPT 2014—20th International Conference on* the Theory and Application of Cryptology and Information Security, Kaoshiung, Taiwan, R. O. C. ,December 7 – 11,2014, Proceedings, Part II, volume 8874 of *LNCS*, pages 448 – 465. Springer,2014. 46

M. Hirt and V. Zikas. Adaptively secure broadcast. In *Advances in Cryptology—EUROCRYPT 2010*, 29th Annual International Conference on the Theory and Applications of Cryptographic Techniques, French Riviera, May 30 – June 3,2010, Proceedings, pages 466 – 485. 2010. 48

J. Katz and C. – Y. Koo. On expected constant – round protocols for Byzantine agreement. *Journal of Computer and System Sciences* 75(2):91 – 112,2009. 45

J. Katz and H. Shacham, editors. *Advances in Cryptology—CRYPTO 2017—37th Annual International Cryptology Conference*, Santa Barbara, CA, USA, August 20 – 24,2017, Proceedings, Part I, volume 10401 of *LNCS*. Springer,2017. 60,64,65

A. Kiayias, A. Russell, B. David, and R. Oliynykov. Ouroboros: A provably secure proof – of – stake blockchain protocol. In Katz and Shacham [2017], pages 357 – 388. 55,57,58

V. King and J. Saia. Byzantine agreement in expected polynomial time. J. ACM 63(2):13:1 – 13:21,2016. 46

S. R. Kosaraju, D. S. Johnson, and A. Aggarwal, editors. *Proceedings of the 25th Annual ACM Symposium on Theory of Computing*, May 16 – 18,1993, San Diego, CA, USA. ACM,1993. 60,62

K. Kursawe and V. Shoup. Optimistic asynchronous atomic broadcast. In L. Caires, G. F. Italiano, L. Monteiro, C. Palamidessi, and M. Yung, editors, *Automata, Languages and Programming*, 32nd International Colloquium, ICALP 2005, Lisbon, Portugal, July 11 – 15,2005, Proceedings, volume 3580 of *LNCS*, pages 204 – 215. Springer,2005. 47

L. Lamport, R. E. Shostak, and M. C. Pease. The Byzantine Generals Problem. *ACM Trans. Program. Lang. Syst.* 4(3):382 – 401,1982. 27,34,35,36,42,43

Y. Lindell, A. Lysyanskaya, and T. Rabin. On the composition of authenticated Byzantine agreement. *J. ACM* 53(6):881 – 917,2006. 45

N. A. Lynch. *Distributed Algorithms*. Morgan Kaufmann Publishers Inc. , San Francisco, CA, USA, 1996. 38

S. Micali. ALGORAND: The efficient and democratic ledger. *CoRR*, abs/1607. 01341,2016.

A. Miller and J. J. LaViola. Anonymous Byzantine consensus from moderately – hard puzzles: A model for Bitcoin. Tech Report CS – TR – 14 – 01, University of Central Florida, April 2014. 49

A. Miller, Y. Xia, K. Croman, E. Shi, and D. Song. The honey badger of BFT protocols. In E. R. Weippl, S. Katzenbeisser, C. Kruegel, A. C. Myers, and S. Halevi, editors, *Proceedings of the 2016 ACM SIGSAC Conference on Computer and Communications Security*, Vienna, Austria, Oc-

tober 24 – 28, 2016, pages 31 – 42. ACM, 2016. 47, 55

G. L. Miller, editor. *Proceedings of the 28th Annual ACM Symposium on the Theory of Computing, Philadelphia, Pennsylvania, USA, May 22 – 24, 1996*. ACM, 1996. 60, 61

S. Nakamoto. Bitcoin: A peer – to – peer electronic cash system. http://bitcoin.org/bitcoin.pdf, 2008a. 27

S. Nakamoto. The proof – of – work chain is a solution to the Byzantine Generals' problem. The Cryptography Mailing List, https://www.mail – archive.com/cryptography@metzdowd.com/msg09997.html, November 2008b. 49

S. Nakamoto. Bitcoin open source implementation of P2P currency. http://p2pfoundation.ning.com/forum/topics/bitcoin – open – source, February 2009. 27

M. Naor and M. Yung. Universal one – way hash functions and their cryptographic applications. In D. S. Johnson, editor, *Proceedings of the 21st Annual ACM Symposium on Theory of Computing Seattle, Washington, May 14 – 17, 1989, USA*, pages 33 – 43. ACM, 1989. 41

G. Neiger. Distributed consensus revisited. *Inf. Process. Lett.* 49(4):195 – 201, 1994. 35, 44

J. B. Nielsen and V. Rijmen, editors. *Advances in Cryptology—EUROCRYPT 2018—37th Annual International Conference on the Theory and Applications of Cryptographic Techniques, Tel Aviv, Israel, April 29 – May 3, 2018 Proceedings, Part II*, volume 10821 of *LNCS*. Springer, 2018. 62, 66

M. Okun. Agreement among unacquainted Byzantine generals. In P. Fraigniaud, editor, *DISC*, volume 3724 of *LNCS*, pages 499 – 500. Springer, 2005a. 37, 48

M. Okun. Distributed computing among unacquainted processors in the presence of Byzantine failures. PhD thesis, Hebrew University of Jerusalem, 2005b. 48

R. Pass, L. Seeman, and A. Shelat. Analysis of the blockchain protocol in asynchronous networks. In *Advances in Cryptology—EUROCRYPT 2017—36th Annual International Conference on the Theory and Applications of Cryptographic Techniques, Paris, France, April 30 – May 4, 2017, Proceedings, Part II*, pages 643 – 673. Springer, 2017. 53, 57, 58, 59

R. Pass and E. Shi. The sleepy model of consensus. In T. Takagi and T. Peyrin, editors, *Advances in Cryptology—ASIACRYPT 2017—23rd International Conference on the Theory and Applications of Cryptology and Information Security, Hong Kong, China, December 3 – 7, 2017, Proceedings, Part II*, volume 10625 of *LNCS*, pages 380 – 409. Springer, 2017. 51, 56, 57, 58

R. Pass and E. Shi. Thunderella: Blockchains with optimistic instant confirmation. In Nielsen and Rijmen [2018], pages 3 – 33. 58

A. Patra. Error – free multi – valued broadcast and Byzantine agreement with optimal communication complexity. In A. F. Anta, G. Lipari, and M. Roy, editors, *Principles of Distributed Sys-*

tems—15th International Conference, OPODIS 2011, Toulouse, France, December 13 – 16, 2011, Proceedings, volume 7109 of LNCS, pages 34 – 49. Springer, 2011. 46

A. Patra, A. Choudhury, and C. P. Rangan. Asynchronous Byzantine agreement with optimal resilience. *Distributed Computing* 27(2):111 – 146, 2014. 47

M. C. Pease, R. E. Shostak, and L. Lamport. Reaching agreement in the presence of faults. *J. ACM* 27(2):228 – 234, 1980. 27, 34, 54

B. Pfitzmann and M. Waidner. Unconditional Byzantine agreement for any number of faulty processors. In *STACS 92, 9th Annual Symposium on Theoretical Aspects of Computer Science Proceedings*, volume 577, pages 339 – 350. Springer, 1992. 40, 46

M. O. Rabin. Randomized Byzantine Generals. In *FOCS 24th Symposium on Foundations of Computer Science (1983), Tucson, AZ, USA, November 7 – 9, 1983*, pages 403 – 409. IEEE Computer Society, 1983. 38, 40, 45

F. B. Schneider. Implementing fault – tolerant services using the state machine approach: A tutorial. *ACM Comput. Surv.* 22(4):299 – 319, Dec. 1990. 28, 54

A. Sinclair, editor. *48th Annual IEEE Symposium on Foundations of Computer Science (FOCS 2007), Providence, RI, USA, October 20 – 23, 2007, Proceedings*. IEEE Computer Society, 2007. 62, 64

N. Stifter, A. Judmayer, P. Schindler, A. Zamyatin, and E. R. Weippl. Agreement with Satoshi—on the formalization of Nakamoto consensus. *IACR Cryptology ePrint Archive* 2018:400, 2018. 28

R. Turpin and B. A. Coan. Extending binary Byzantine agreement to multivalued Byzantine agreement. *Inf. Process. Lett.* 18(2):73 – 76, 1984. 34

E. Upfal. Tolerating linear number of faults in networks of bounded degree. In N. C. Hutchinson, editor, *Proceedings of the 11th Annual ACM Symposium on Principles of Distributed Computing, Vancouver, British Columbia, Canada, August 10 – 12, 1992*, Pages 83 – 89. ACM, 1992. 36

A. C. – C. Yao. Protocols for secure computations. *Proceedings of the 23rd Annual Symposium on Foundations of Computer Science (SFCS 1982)*, pages 160 – 164, 1982. DOI: 10.1109/SFCS.1982.38, 34

作者简介

胡安·加雷,美国得州 A&M 大学计算机科学与工程系的全职教授。于宾夕法尼亚州立大学获得计算机科学博士学位,后在以色列魏茨曼科学研究所(Weizmann Institute of Science)做博士后,曾在 IBM T. J. 沃森研究中心、贝尔实验室、AT&T 实验室研究和雅虎研究担任研究职位。研究方向包括密码学和信息安全的基础与应用方面,包括加密协议和方案、安全多方计算、区块链协议和加密货币、密码学和博弈论以及共识问题。在密码学、网络安全、分布式计算和算法领域发表了170本出版物(包括文章、专利和编辑合著的作品)。曾参与多种安全系统的设计、分析和应用;获得过一项托马斯·爱迪生专利奖、两项贝尔实验室团队奖、一项IBM杰出技术成就奖和一项IBM研究部门奖。曾任职于多个会议和国际小组的项目委员会,在2013年、2014年担任该学科的首要会议Crypto的联合主席。还是国际密码学研究协会(International Association for Cryptologie Research,IACR)的成员。

阿格洛斯·基亚亚斯,英国爱丁堡大学网络安全和隐私专业主席,区块链技术实验室主任,区块链科技公司IOHK首席科学家。研究方向为计算机安全、信息安全、应用密码学、基础密码学,主要关注区块链技术和分布式系统、电子投票、安全多方协议,以及隐私和身份管理。受地平线2020计划(欧盟)、欧洲研究委员会(欧盟)、工程和物理科学研究委员会(英国)、研究与技术秘书处(希腊)、国家科学基金会(美国)、国土安全部(美国)和国家标准与技术研究所(美国)的资助。曾获ERC的起步奖、玛丽·居里夫人奖学金、美国国家科学基金会的职业奖和富布赖特奖学金。拥有纽约城市大学的博士学位,毕业于雅典大学数学系。在密码学领域的期刊和会议记录上发表过100多篇论文。曾担任2011年RSA密码学会议、2017年金融密码学和数据安全会议的项目主席,2013年Eurocrypt的总主席,2020年真实世界加密研讨会以及2020年公钥密码学会议的项目主席。

第 3 章

下一代 700 种智能合约语言

以利亚·谢尔盖

3.1 引言

智能合约是一种表达重复计算的机制(Szabo,1994),这种机制由去中心化的共识协议驱动。智能合约常用于定义区块链上交易的自定义逻辑,即去中心化的拜占庭容错分布式账本(Bano et al.,2019;Pîrlea et al.,2018)。除了典型的计算状态,区块链还存储了从账户(公钥或地址)到该账户所拥有的代币数量的映射关系。任意智能合约的执行都是由矿工们完成的,他们计算并维护分布式账本,以换取 Gas(基于执行长度的交易费用,以内在代币计价,并由调用智能合约的账户支付)和区块奖励(由底层协议按通货膨胀发行的新代币)。与标准计算的设置不同,智能合约的一个显著特性是对账户之间代币转移的管理。简单的智能合约已经可以用于监管如比特币等早期加密货币中的虚拟货币的交换(Nakamoto,2008)。智能合约的广泛应用归功于以太坊框架(Buterin,2013;Wood,2014)。自 21 世纪 10 年代中期首次公开实施以来,支持智能合约部署的协议在数字金融、会计、投票、游戏和许多其他去中心化的领域有着广泛应用。

智能合约在设计方面颇具挑战性,这是因为其结果和执行是由它们与去中心化的对抗环境的交互决定的。也就是说,智能合约一旦部署,就可以与其他合约交换数据,这些合约有可能会利用其逻辑中的漏洞来引发不可预见的代币传输或进行拒绝服务攻击(Luu et al.,2016a)。这种弱点通常是由合约的某些行为引起的,这些行为偏离了合约开发者对语言的"直觉理解"。对部署在以太坊区块链上的智能合约的攻击——例如对去中心化自治组织(Decentralized Autonomous Organization,DAO)(del Castillo,2016)和奇偶校验钱包合约(Alois,2017)的攻击[①],这些攻击利用了某些语言特征中的漏洞。这些对于以太坊合约的攻击(Atzei et al.,2017;Kalra et al.,2018;Kolluri et al.,2019;Krupp et al.,2018;Nikolić et al.,2018;Rodler et al.,2019)使得执行安全性和形式正确性成为智能合约编程的主要问题。

第三方智能合约不可信任,这一事实对语言语义的设计还有另一个重要影响。合约执行的去中心化特点意味着大多数涉及的矿工必须就调用合约

---

① 去中心化自治组织(Ethereum Foundation,2018a)。

的交易结果达成一致。因此,在合约执行过程中,矿工们很容易受到广泛的拒绝服务攻击,这种攻击可以通过部署在某些条件下永不终止的合约或占用大量的内存来实现。作为对这一漏洞的补救措施,以太坊上的智能合约引入了 Gas 的概念,每笔交易都需要交易提议方花费一定数量的 Gas(Buterin,2013;Wood,2014),这是以太坊货币的价值。通过调用智能合约来执行计算,所需要的计算或存储资源越多,消耗的 Gas 越多。Gas 成本是动态推导出来的:每个执行步骤所耗 Gas 都从已支付的 Gas 供应中收取;如果一个交易在执行过程中"Gas 耗尽",就会中断,并丢弃所有相应的更改。因此,一个适当的原则性 Gas 核算模型对于智能合约语言语义的定义,以及对其执行安全性和动态成本的预判至关重要。最近的研究显示,无论是在语言水平还是个人合约水平,错误计算 Gas 成本都是相当常见的(Albert et al.,2019;Chen et al.,2017;Grech et al.,2018;Marescotti et al.,2018;Pérez et al.,2019),这可能导致严重的漏洞。

智能合约开发早期很难预测客户希望开发和部署的应用程序。到目前为止,大部分的智能合约由金融程序的编码构成,但正如 Wood(2014)所说的那样,以太坊为智能合约提供了一个非常有效的运行环境——以太坊虚拟机(Ethereum Virtual Machine,EVM)。EVM 提供了一种图灵完备的低级语言,包括合约之间的任意交互(任何合约的代码都可以访问其他合约),动态合约的创建,以及对以太坊区块链的整个状态进行反馈的能力。这样的特点使 EVM 非常受欢迎,并且支持高级语言的编译,这反过来又促使了以太坊应用的爆炸性增长,从完全去中心化的拍卖、募捐、众筹到多人游戏、验证计算的协议,甚至是诈骗(Dong et al.,2017;McCorry et al.,2017;McCorry et al.,2019)。高表达性和低级语言设计是一把双刃剑,虽然它们在实现自定义交易逻辑方面提供了很大的灵活性,但也降低了某些方面的安全性:用低级语言部署的以太坊合约难以在实践中实现对代码的独立审计和形式化验证。因此,缩小智能合约的最小必要功能范围是一个亟待研究的课题。

编程语言(Programming Language,PL)设计和实现的历史,也是一部通过解决相关问题和利用底层硬件架构使程序运行更快的历史。在这方面,智能合约与其他程序没有什么不同,优化其运行时间也将有利于整个协议。然而考虑到上述的安全性和表达性,智能合约的优化给设计者带来了许多不寻常的挑战。例如,目前还不清楚优化将如何与为特定执行模式定义的 Gas 成本相互作用。此外,迄今为止的智能合约运行时大多将底层共识协议看作黑盒,没有利用其架构的优势,这可能导致交易的并行执行(Luu et al. ,2016b;Kokoris – Kogias et al. ,2018;Al – Bassam et al. ,2018)。

3.1.1 关注要点

智能合约语言设计的三个维度可以用图 3.1 来概括。本节用虚线来说明以太坊的 EVM 设计选择,EVM 强调表达能力和优化友好性,但不太关注对于执行安全的形式保证。

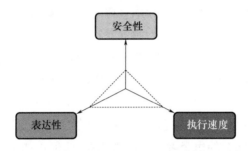

图 3.1 语言设计需考虑的因素

(虚线表示 EVM 的设计选择)

本节旨在对以下问题提供初步的答案:

(1)智能合约语言中应体现的智能合约的基本概念是什么?

(2)有哪些成熟的 PL 技术可以用于这项任务? 在适用这些技术方面有哪些挑战?

(3)在智能合约语言设计中,有哪些尚未解决的问题是人们应该考虑解决的?

本章的其余部分将详细阐述这三个维度,讨论与智能合约编程相关的各种组件,并概述编程语言抽象的多种可能性,以提高表达能力、安全性,或为程序优化提供基础。

3.1.2 非关注要点

在撰写本章时,智能合约编程领域正在以惊人的速度发展,几乎每周都有新的语言提案出现。迄今为止,这些语言中的大多数都是以稀疏记录的存储库、立场文件或博客文章的形式出现的(æternity Blockchain,2019;Alfour,

2019；Coblenz，2017；Hirai，2018；IOHK Foundation，2019a；Rchain Cooperative，2019；Reitwiessner，2017）。因此，本章的目的不是提供智能合约编程技术的详细调研，而是专注于可能或已经包含在一些提案中的概念，并提供适当的例子。

在过去的几年里，发现、分析、建模和修复以太坊智能合约中特定类别的漏洞已经成为一个热门的研究领域（可参考 Alt 和 ReitwieBner（2018）、Amani（2018）、Bansal 等（2018）、Bhargavan 等（2016）、Chang 等（2018）、Grech 等（2018）、Grishchenko 等（2018）、Grossman 等（2018）、Kalra 等（2018）、Kolluri 等（2019）、Krupp 和 Rossow（2018）、Luu 等（2016a）、Marescotti 等（2018）、Nikolić 等（2018）、Tikhomirov 等（2018）、Tsankov 等（2018））。虽然，其中一些技术对智能合约的 PL 设计有参考价值，但在大多数情况下，它们的构想都太过局限于以太坊平台和 EVM，不在本章的讨论范围之内，对这些方向感兴趣的读者可以查阅相应的参考文献（Angelo et al.，2019；Seijas et al.，2016）。

3.2 背景

本节通过解释一个简单的智能合约的行为和特性，引入关于智能合约语言设计的讨论。图 3.2 展示了一个基于 Solidity 语言实现（Ethereum Foundation，2019）的以太坊应用——众筹活动[①]。Solidity 是一种高级语言，语法类似于 JavaScript，它可以直接在 EVM 中编译运行。截至 2020 年初，这是事实上的智能合约编程语言，并且由于以太坊协议的流行，它得到了广泛的应用。

图 3.2 中的合约与 Java 或 C#等语言中的有状态对象非常相似。它有 4 个可变的字段：地址类型字段 owner 定义了部署合约的账户身份；goal 和 deadline 设定了众筹活动的主要参数，即期望筹集的货币数量和截止日期（即最后一个区块），达成之后不再接受捐款；映射类型的字段 backers（地址 = > uint256）是一个可变的哈希映射，它存储了不同捐款人的捐赠金额，由各自的账户地址区分。

[①] 本合约改编自 https://programtheblockchain.com/posts/2018/01/19/writing-a-crowdfunding-contract-a-la-kickstarter/.

```
contract Crowdfunding {
    address owner;
    uint256 deadline;
    uint256 goal;
    mapping (address=>uint256) backers;
    function Crowdfunding (uint256 numberOfDays, uint256 _goal) public {
        owner = msg.sender;

        deadline=now+ (numberOfDays*1 days);
        goal=_goal;
    }
    function donate () public payable {
        require (now< deadline); //在众筹截止日期之前
        backers [msg.sender]+ =msg.value;

    }
    function claimFunds () public {
        require (address (this) .balance>=goal);//已达到筹集资金目标
        require (now>=deadline);  //在撤销期后
        require (msg.sender= =owner);
        msg.sender.call.value (address (this) .balance) ();

    }
    functionget Refund () public {
        require (address (this).balance<goal); //活动失败：目标未达成
        require (now>=deadline); //在撤销期中
        uint256 donation=backers [msg.sender];
        backers [msg.sender]=0;
        msg.sender.call.value (donation) ();
    }
}
```

图 3.2　一个用 Solidity 写的众筹合约

合约部署时，构造函数 Crowdfunding( ) 将字段 owner、deadline 和 goal 初始化。Owner 的值是从隐式构造参数 msg 的字段 sender 中获取的，该参数表示在相应的交易中与合约交互 (在这种情况下指合约的部署) 的信息。因此，msg. sender 指的是创建该交易的账户。构造函数成功执行后，合约的结果状态和代码会在矿工节点中复制。

第三方与合约的所有后续交互都是通过调用合约的三个函数 (方法) 来完成的。第一个函数是 donate( )，功能是将捐款转移到合约上。该函数的第一行通过 require 语句检查当前区块 (称为 now) 是否严格小于截止日期。如果不满足条件，就会撤销整个交易，这意味着转移到合约中的货币数量将隐含地存储在传入消息的属性值中。由于该函数标记为可支付，这一数额将会隐含地添加到合约的余额中。为了正确核算，该函数把消息发送者的捐赠值记录到映射 backers 中。

claimFunds( )函数的目的是让合约的所有者将合约中的所有资金转移到自己的账户中。该函数首先进行了一系列检查，以确保合约的余额大于或等于设定的目标值，并且已过截止日期，以及消息的发送者确实是最初的 owner，然后合约通过一个特殊的 Solidity 构造函数 call.value(…)( )将资金转移给消息的发送者(即所有者)。另外，如果在检查时截止日期已过，但合约余额尚未达到目标值，则函数 getRefund( )会把正确的捐款数额返回给捐款人。映射 backers 的作用是检索捐款的数额，并在 getRefund( )函数的最后一行语句将其转给捐款人。

众筹合约的三种函数构成了它的接口，确定了其交互模式。值得注意的是，从本质上讲，所有的智能合约都是被动的，它们不会主动参与任何交互。智能合约是针对外部账户发送的消息而执行的，这些外部账户可能是用户或作为交互"代理人"的其他合约。

3.2.1　众筹合约的漏洞

众筹合约虽然看似简单，但其中有许多错综复杂的问题，对任何一个的误解都可能导致部署一个有缺陷的合约，进而可能导致资金损失。

例如，前文中的 donate( )函数，它的唯一目的是检查当前区块的数字是否小于设定的截止日期，如果小于，就接受来自捐款人的捐款。这个逻辑的微妙之处在于，捐款人可能已经将之前的捐款存储到了映射字段 backer 中，因此，新捐款需要添加到该映射中。这个逻辑在图 3.2 中第 16 行通过 += 运算符实现，但如果误将其写成 backers[msg.sender] = donation，尽管这个逻辑错误不会被编译器识别，但也会导致捐款人失去之前的捐款，这是不可挽回的。再考虑 getRefund( )函数的逻辑。转移回捐款人的捐款来自映射字段 backer，正是由于上面描述的逻辑错误，该映射字段将只存储捐款人的最新捐款！也就是说，之前的捐款金额将不再记录，也不会返还给捐款人。讽刺的是，上面所描述的编程错误并不会阻止所有者在活动成功的情况下兑现所筹集的资金。这是因为图 3.2 中第 24 行的代码是用合约的余额来操作的，从而失去合约先前接受捐赠所积累的全部余额。

另一个可能导致众筹合约失效的错误是，如果程序员忘记将指令 backers

[msg.sender]=0 放在第 32 行中,捐款人将能够多次获得退款,直到合约的余额耗尽。

交换第 32 行和第 33 行会导致更有趣的后果。根据 Solidity 的语义,msg.sender.call.value(donation)( ) 命令的执行会将资金和执行的控制权转移给 msg.sender 的账户,从而允许它在将控制权返回给 Crowdfunding 合约之前执行一些额外的操作。具体来说,msg.sender 的账户可能属于另一个合约,它可以再次调用函数 getRefund( ),从而提取更多的资金,就像之前未将捐款人的捐款设置为 0 的情况一样。这称为重入攻击(Gün Sirer,2016),它是以太坊合约中最有名的漏洞(del Castillo,2017),针对以太坊的重入攻击研究请参考相关文献[①](Grossman et al.,2018;Kalra et al.,2018;Tikhomirov et al.,2018)。

3.2.2 合约特性推断

智能合约的关键特性之一是安全性。虽然现有的静态分析工具大大降低了部署错误合约的风险(Kalra et al.,2018;Permenev et al.,2020;Securify,2019),但 Solidity/EVM 这样复杂的语言设计却很难做到健全。因此,可以通过构造的方法来设计一门新的编程语言,以避免程序中的某些错误,从而保证语言的健壮性。

正如在众筹例子所显示的,尽管智能合约的状态操作逻辑很简单,但并不容易得到正确的结果。程序员不仅要在部署前牢记与正常合约行为相关的所有特性,还需要了解某些语言构造的精确语义,以避免出现意外的结果。一旦部署(即通过区块链复制),智能合约就无法修补或修改,这增加了合约设计的复杂性。

确保合约在部署前遵守一些"常识"的方法之一是说明其特性,并确保代码保留这些特性。这些特性通常表述为合约不变量,即在合约生命周期内的任何时候都成立的断言。例如,下面一组特性构成了众筹合约合理且完整的规范:

特性 1:(无资金泄露)合约的资金不会减少,除非活动已经得到资金或期限已经过期。

---

① 为解决这个错误,Solidity 增加了一些限制性的转移资金的原语,即发送(send)和转移。

特性2:(保存捐赠记录)合约保存了捐款人的个人捐款累计记录,除非他们与该合约交互。

特性3:(捐款人可得到退款)如果活动失败,捐款人最终可以获得全部捐款的退款。他们仅可以得到一次退款。

最近的成果显示了如何使用机器辅助工具证明小型智能合约语言中的这些特性(Coq Development Team,2019;Sergey et al. ,2018a;Sergey et al. ,2018b)。然而,只有当整个语言的语义被良好地定义和形式化时,这些严格的正确性保证才可用。在执行过程中,这种语义应该是对合约的部署和与区块链中其他实体交互的描述。到目前为止,还没有完全正规的Solidity语义,这就是为什么现有的以太坊验证工具不得不依赖于语言运行时的临时理解(Permenev et al. ,2020)。

3.2.3 合约执行模型

尽管合约在很大程度上只是具有状态的复制对象,但对实现它们的语言范式的选择不应该仅仅基于这一事实。虽然 Solidity 简化并使用了类似 JavaScript 的语法和语义,但这使得形式化推理和高效编译远非易事。例如,大部分合约的功能实际上属于数据操作的纯功能部分,而状态操作只占一小部分。这为一些合约语言的设计提供了参考,如 Michelson(Tezos Foundation,2018)、Liquidity(OCamel PRO,2019)和 Scilla(Sergey et al. ,2019)。

决定编程抽象选择的另一个因素是底层区块链共识协议所支持的状态模型。例如,以太坊遵循账户/余额模型,其中用户和合约的状态(包括归属于他们的资金)以类似数据库的方式存储,账户地址作为唯一密钥。比特币(Nakamoto,2008)和 Cardano 区块链(Kiayias et al. ,2017)采用的另一种模型是未花费交易输出(Unspent Transaction Output,UTXO)模型(Sun,2018),其中交易形成一个有向无环图,将单个账户的状态从初节点串连到终节点。UTXO 模型已被证明是更好的函数编程模型(Chakravarty et al. ,2020)。

3.2.4 Gas 核算

在图 3.2 的 Crowdfunding 例子中,合约的所有函数都是线性代码,没有循环或递归。然而,这些特征对于实现常见的体系是必要的。例如,在捐款人的账户地址列表上执行迭代,可以在一次调用中归还所有捐款,而不是为每个捐款人单独调用 getRefund( ) 函数。

不幸的是,静态无限制的迭代以及一般的循环和递归,都将成为整个区块链协议拒绝服务攻击的来源,因为所有矿工都必须运行可能无法终止的代码。截至目前,社区已经达成共识并精确地定义了执行成本的语义,即 Gas。Gas 作为智能合约语言的固有部分,在一个开放的系统中使用。分配足够的 Gas 成本并不简单,到目前为止,这个问题尚未受到学界的更多关注。3.6 节将讨论在智能合约执行时分配 Gas 成本遇到的挑战,以及用于分析 Gas 使用模式的编程语言技术。

3.2.5 合约编程语言

编程语言中的类型是一个重要主题(Pierce,2002)。现代类型系统提供了一种组合式的语法方法,以确保对于各种执行特性都有强大的语法保证。下面将介绍基于类型的方法如何帮助合约开发者实现更强的原子性(3.3 节)、限制通信模式(3.4 节)、强制执行数字资产的正确处理(3.5 节),以及推断资源消耗的原因(3.6 节)。

3.3 合约中的断言

DAO 合约中的重入漏洞(del Castillo,2016;Gün Sirer,2016)是一个很好的例子,它违反了在设计与其他不可信任组件交互的软件过程中的一个首要原则,即保留不变量(Sergey et al. ,2017)。不变量是一种逻辑断言,它假定了合约中各组成部分之间的某些关系。例如,众筹合约的属性 P2 是一个不变量,可以表示为以下数学断言:

$$now \geq deadline \vee \sum_{b \in dom(backers)} backers(b) = balance \quad (3.1)$$

不变量是一种常用的方法,用于推理一个不断发展的对象在其生命周期中任何一点状态的有效性,并且基于不变量的推理通常用来论证可变并发数据结构的正确性(Herlihy et al. ,2008)。单个进程对于这类对象状态的每一次修改都应该以原子方式进行,也就是说,在执行过程中不能被其他进程打断。并发对象方法是这样实现的:只能在执行过程中临时改变对象的不变量,且在调用结束时必须恢复它们。图 3.3(a)显示了一个并发对象 c 与其环境之间的交互。每当执行 c.atomicMethod( ) 方法时,它就会假定某个不变量,并且在终止时恢复该不变量。那么,下次调用同一个方法时,它仍然可以使用该不变量。如图 3.2 所示,在 Crowdfunding 合约中的构造函数初始化之后,式(3.1)仍然成立,而且所有方法都保留该不变量。因此,从这个角度来说,可以把合约看作一个有效的并发对象,它维持着自己的状态不变性。

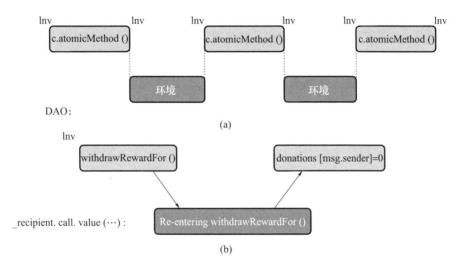

图 3.3　保留的不变式与原子对象交互(a)及
DAO 合约中违反不变式的重入行为(b)

然而,DAO 合约违反了这一原则,其可重入的执行方式如图 3.3 所示。在调用 withdrawRewardFor( ) 方法的过程中,通过 _recipient.call.value(…) 调用了另一个合约的方法,并且在将执行结果返回到 withdrawRewardFor( ) 时,没有保留不变量。这种缺乏原子性的情况使得敌手有可能利用合约的"脏"状态,通过再次调用 withdrawRewardFor( ) 方法,以可重入的方式耗尽它的资金(Sergey et al. ,2017)。

如果语言设计比 Solidity 更严格,那么上述问题是可以避免的。例如,针对智能合约设计的 Scilla 语言中(Sergey et al. ,2019),合约之间的任何非原子性的交互都是被禁止的。也就是说,一个合约调用另一个合约的唯一方法是先完成自己的执行,然后才把控制权交给对方。虽然这种设计并不能保证不变量会保留下来(因为这些不变量往往很复杂,而且取决于其定义域),但它完全避免了类似 DAO 的重入情况。

1. 原子性的不利方面

强制语言具备原子性是要付出代价的,因为它要求开发者以一种修改独立的、不依赖于与其他合约的中间交互的方式来设计合约。这个缺点并不影响大多数典型合约的应用,但却使一些特殊合约的实施变得相当烦琐。这类特殊的合约应用是预言机——通过调用回调方法向合约提供链下数据的服务(Sergey et al.,2017)。此外,合约需要自成一体,这就会导致在区块链上部署的多个应用程序之间代码的高效复用难以实现。

2. 纯函数的代码复用

当目标是强制执行原子性时,不能调用外部合约的状态操作代码,而对于纯函数,可以解除这一限制。纯计算的结果不涉及可变的状态,而是通过输入的数学函数获得。这使得纯函数可以在原子环境中安全使用,因为它们的结果不会受到其他合约执行的影响。这一观点已在一些当代智能合约语言(IOHK Foundation,2019b;O'Connor,2017;Sergey et al.,2019)中实现,这些语言可以从语法上或通过表达型系统(受 Standard ML 和 Haskell 等通用函数式编程语言的启发)来区分纯计算和状态操作计算。

3. 应用于保留不变量的类型系统

智能合约的一般一致性特性通常可以通过类型系统来捕获和强制执行。合约的不变量是通用的,因此可以类型的形式来捕获。例如,众筹合约在截止日期后的构成可以描述为一种类型状态——一种允许将状态信息纳入变量类型的方法(Aldrich et al.,2009),以表明当对象处于该状态时,哪些可以(或不可以)修改。例如,可以将类型状态 PostDeadline 定义为唯一允许合约向第三方支付的类型状态。基于类型的方法已经在 Flint(Schrans,2018;Schrans et al.,2018)和 Obsidian(Coblenz et al.,2019)语言中实现,为像 Solidity 这类基于对象的模型实现的合约提供了更强的保障。

3.4 结构化通信

合约需要强制执行原子性,这种需求也提供了一种解决合约之间交互问题的思路。

Solidity 偏向基于对象的模型,这是经验丰富的 Java 和 C#开发人员所熟悉的,其中所有的合约交互都是简单的函数调用。正如前面提到的,这种模式使得强制执行原子性变得不那么容易,并且需要额外的努力来构造合约,使其始终保持不变性。

由此,更合适的方法是通过传递消息来实现合约之间的交互协议。从理论和实践的角度来看,用于构建多交互实体应用的消息传递范式已经得到了很好的研究。描述消息传递程序最值得注意的理论框架是 π-演算(Milner,1980)、角色(Agha,1990)和输入/输出自动机(Lynchand et al.,1989)。可以在通用编程语言中找到这些概念的实现,如 Erlang(Armstrong,2007)和 Scala(Haller et al.,2011)。将智能合约作为通信状态转换系统来实现的这一想法在用于开发 Zilliqa 区块链(Zilliqa Team,2017)的 Scilla(Sergey et al.,2018a)中得到了首次尝试。Scilla 中的合约是对可变和不可变状态组件的定义(前者在部署时定义),以及一些"转换",即对某类消息做出反应的句柄。转换是原子性的,可能会导致向其他合约发送更多待处理消息。

如图 3.4(a)所示,一个转换的调用可能触发一连串的合约调用。在多合约交易的情况下,即当一个合约与其他合约交互时,通过对交易通信图的广度优先遍历[1],这些消息将按顺序执行。一个交易产生一组消息的综合输出被原子化地提交到区块链上,也就是说,除非所有的消息都成功,否则不会提交。如果一个消息完成,而下一个消息 Gas 耗尽,则整个交易就会回滚。

面向消息传递的类型系统

通过显式消息传递和原子性转换实现合约交互的想法已经在其他智能合约语言中实现:Rholang(RChain Cooperative,2019)和 Nomos(Das et al.,2019)。这两种语言都有一个富有表现力的类型系统,静态地执行某些用户提供的合约交互。例如,Nomos 的类型系统受资源感知的二进制会话类型(Das et al.,2018)的启发,确保两个合约之间跨越多个消息和转变的通信将遵循特定的协议,同时也消耗特定数量的计算资源(参见 3.6.1 节)。

---

[1] 这里选择广度优先,而不是深度优先,因为前者为消息处理提供了更好的公平性保证。

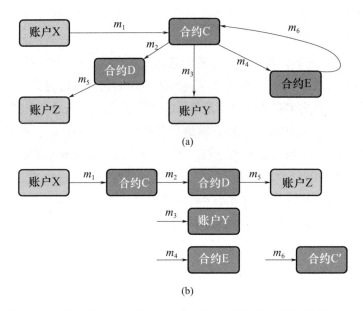

图3.4 交易中账户和合约之间的交互(a)以及协议执行的顺序化(b)

3.5 合约中的资产管理

到目前为止,开发智能合约的主要目的是管理数字资产。Solidity将货币的数据类型视为简单的无符号整数,这容易使程序员犯错误,从而导致大量资金的损失。针对这一问题已投入了大量的研究,利用工具对以太坊合约进行自动化分析。例如,这些工具可以检查一个合约是否会把资金无条件地转移给任何第三方(所谓的浪子情景)(Nikolić et al., 2018)。本节调研了用于确保合约正确处理数字货币的编程语言技术。

1. 现金流分析

Scilla智能合约语言引入了静态分析,其目的是确保代表货币的数据不会以不一致的方式与其他数据混淆(Johannsen et al., 2019)。具体来说,现金流分析试图确定合约状态的哪些部分(即其字段)代表货币的数量,以确保货币以正确的方式入账。为了做到这一点,分析采用了标准抽象解释技术(Cousot et al., 1977),因此合约中的每个字段、参数、局部变量和子表达式都被赋予一个标签,表明它是否代表货币以及如何代表货币。

对众筹合约(图3.2)进行分析的结果是,合约中的字段goal和backers标记为货币数据类型。字段goal代表了合约所有者试图筹集的资金数额,而不是合约所拥有的资金数额。然而,这个字段仍然标记为货币数据类型,因为它的值会定期与余额的值进行比较。backers字段是一个映射,它的值代表货币数额。

在与货币相关的字段处理不一致的情况下(如goal的值添加到deadline),分析将报告一个错误。这种通过静态分析处理与资产相关的字段的方法,类似于推断度量单位作为程序中类型的辅助信息的思想(Kennedy,1997)。

2. 面向数字资产管理的类型系统

资产管理的静态安全是基于类型的技术的一个很好的应用。一个突出的想法是使用线性类型(Girard,1986;Wadler,1993)——一种类型系统的形式。这种形式确保程序操作的值总是被精确地"消耗"一次。线性类型曾用于在函数式编程中控制资源的使用(Turner et al.,1995)。因此,线性类型也是描述资产数据类型的一种好方法。这样一来,数字资产的"非双重支付"这一关键特性将由类型规则强制执行,因为双重支付类似于"重复使用",而这恰恰是线性类型所要防止的。

线性类型首次用于类型币系统(Crary et al.,2015),以确保没有双重支付的比特币脚本存在(Bitcoin Wiki,2017)。类似的想法也用于Nomos语言(Das et al.,2019),其中线性类型作为静态执行通信协议的一部分,集成了会话类型,被用来定义一致性的资金转移。Flint(Schrans,2018)和Obsidian(Coblenz et al.,2019)语言都规定了一种服从线性特性的资产类型。Flint的资产概念可以防止该类型的值被复制或意外销毁,这种选择导致了Flint在处理资产方面的某些限制。例如,资产数据不能从函数中返回。Obsidian为了解决这些问题,在其类型中加入了访问权限来控制某些值的使用方式,允许任何非初始类型成为资产,并作为第一类值。

Move(Blackshear et al.,2019)是一种静态类型的基于堆栈的字节码语言,其语法层提供了一种中间表示法,该表示法足够高级,既可以编写可读的代码,又可以直接翻译成Move字节码。Move类型系统的关键特征是能够自定义资源类型,其语义受到线性逻辑(Girard,1987)的启发:一个资源永远不能被复制或隐含地丢弃,只能在程序存储位置之间移动。Move的编程模型假定了区块链地址与资产(资源)的全局映射。因此,任何人都可以通过发布代表不同实体的货币来改变他们的账户。资源的线性确保了用户在将他们的资产从一种转变为另一种时不会丢失或重复。与 Move 相比,Scilla 没有从地址到资产的全局可变映射的概念。这意味着合约开发者通常必须在本地维护他们自己的地址到资产的映射关系。处理这些本地映射通常可以使用一个类似于托管的通用合约,将该合约与程序员想要部署的特定合约一起发布(Trunov,2019)。

3.6 执行成本与 Gas 核算

引入 Gas 的资源感知智能合约的语义涉及三个基本原理。首先,在提出交易时支付 Gas 费,不允许发布者要求其他各方执行大量低价值工作而浪费他们的算力;其次,Gas 费不鼓励用户消耗过多的存储资源;最后,该语义为一个交易可以执行的计算数量设置了上限,因此可以防止无法终止的拒绝服务攻击,否则可能会使所有矿工永远循环。

EVM 为其所有的原始命令提供了详细的 Gas 成本分配规范(Wood,2014),其中很多与存储交互的成本有关。例如,EVM 的内存模型定义了三个可以存储项目的区域:①存储空间是所有合约状态变量所在的地方——每个合约都有自己的存储空间,它在外部函数调用(交易)时可以长期保持,但成本较高;②内存用于保存临时值——它在交易之间会被擦除,成本低于前者;③堆栈用于执行操作,可以自由使用,但它只能保存有限个数值。

EVM 的 Gas 操作语义引入了关于复制计算的资源消耗、正确性和安全性的合理静态推理的新挑战。

(1)以太坊中的安全建议不鼓励让智能合约的 Gas 消耗量由其存储的数据大小(即合约状态)、函数的输入大小或区块链的当前状态决定(E. Foundation,2018)。然而,最近的一项研究表明,以太坊合约中几乎有 10% 的函数具有这样的依赖性(Albert et al.,2019)。由于无法估计这些依赖关系,加上缺乏分析工具,导致设计错误,使合约运行不安全或容易被利用。例如,一个状态大小超过一定限制的合约可能设计成永远阻塞,无法在合理的 Gas 范围内执行任何操作。这些漏洞以前就被认识到了,但只是通过不健全的、基于模式的分析手段发现的(Grech et al.,2018)。

(2)虽然 EVM 规范中列举了低级操作的精确 Gas 消耗量,但大多数智能合约是用高级语言编写的,如 Solidity(Ethereum Foundation,2019)或 Vyper(Ethereum Foundation,2018b)。将高级语言翻译成低级语言,使得静态估计运行时间的 Gas 边界具有挑战性,并且需要由最先进的编译器以特定方式实现,这些编译器只能给出恒定的 Gas 边界,否则会返回无穷大。

3.6.1 编程语言控制 Gas 消耗

迄今为止,编程语言的研究已经解决了上述挑战中的第一个问题,即应用一些技术来更准确地分析 Gas 消耗。对于强制执行资源消耗等非功能特性,最好的方法之一是采用子结构类型系统,允许程序员声明程序所消耗的资源预期边界,并让类型检查器(作为编译器管道的一部分)静态地确保这些边界在运行时不被干扰(Hoffmann et al.,2014;Wang et al.,2017)。由于编写明确的资源边界可能会带来大量的注释开销,从而减慢合约的开发速度。基于类型的技术通常与静态分析相结合,以提高对资源边界推断的准确性(Hoffmann et al.,2017)。最近的方法是将会话类型(Honda et al.,1998)与基于类型的自动资源推断(Das et al.,2019)相结合,使资源消耗成为不同合约及其用户之间的交互协议的一部分。

1. 账户/余额模型的 Gas 分析

估算智能合约的交易执行成本(以 Gas 为单位)的主要目标是预测需要支付给矿工的处理交易的数字货币数量。然而,正如最近的一项研究表明,在账户/余额区块链模型中,这种成本通常是交易参数值以及某些区块链组件值的参数化,这些参数在交易广播时可能不为人所知(Sergey et al.,2019)。举一个简单的例子,想象一下一个合约的执行取决于交易将要采纳的区块序号,或者取决于另一个合约状态组件的值,而这个状态组件在交易提出和处理时会发生变化。

因此,普遍认为健全完整的智能合约 Gas 分析器的主要优点是预测准确的动态 Gas 消耗量(Marescotti et al.,2018;Wang,2019),这种分析的主要优点是有可能在合约部署之前检测到 Gas 的无效模式(Chen et al.,2017)。例如,与 Scilla 编程语言中的 Gas 分析器可能在推断多项式的边界失败时返回结果"⊤"(Sergey et al.,2019)。不过,假设分析是合理的,即使存在设计上的缺陷,因为它显示了比线性更差的 Gas 消耗,得到这样的结果也是有参考价值的。

2. UTXO 模型的 Gas 分析

与账户/余额模型相比,UTXO 模型中的 Gas 分析起来则相对简单,并且更加精确。因为 UTXO 模型可以提供准确的执行成本。这是因为在 UTXO 中,每笔交易在提出时,都应该在历史记录中找到其前一个交易,从而确定其在该时刻的输入值。这种执行模式存在一个潜在的瓶颈:如果几个依赖相同输出的交易被并发地提出,那么最多只能采用一个。相比之下,账户/余额模型允许不会产生冲突的交易并发地提出,并在同一个区块内提交。

3.6.2 Gas 消耗与编译问题

Gas 费用需要根据特定的业务模式进行说明,并为每个执行单元确定。在这方面,EVM 的设计是最没有争议的,因为它把 Gas 费的分析功能交给了最原始的指令执行。但是,这就使得编译为 EVM 的任何高级语言对于 Gas 的分析变得很复杂。结果不仅不精确,而且编译器管道中的修改和优化可能会破坏高级语言的分析逻辑,因此必须进行相应的调整。

如果区块链上部署的是高级合约语言,则 Scilla 采用的设计决策,可以使高级语言在评估合约的操作语义方面,特别是描述 Gas 费的边界方面成为可能(Sergey et al.,2019)。但这种方式可能面临意想不到的威胁:如果实现了一个高效的优化编译器,尽管可以显著降低某些命令的预期执行成本,但是 Gas 边界就会失效。

也就是说,即使 EVM 是一种低级语言,它也容易出现类似的潜在问题,因为它不再是直接解释的,而是在合约执行过程中实时编译的(E. Foundation,2019)。因此,其规范所定义的 Gas 费可能会变得不充分。正如最近的一项研究显示,目前以太坊中定义不当的 Gas 费使其可能面临某些类型的拒绝服务攻击(Pérez et al.,2019),这一猜想已在实践中得到了证明。

平衡高层和低层 Gas 消耗之间差异的最有希望的方法之一是采用类型化汇编语言(Typed Assembly Language,TAL(Morrisett et al.,1998))和类型保护编译的思想。Wang(2019)的博士论文探讨了这一方向,并取得了非常有前景的结果。该结果表明,人们可以将高级资源的边界准确地转化为低级代码的边界。基于 TAL 的资源分析和编译的主要缺点是:①要求目标语言的类型系统有足够的表达能力(通常很难设计);②需要在编译器的优化过程中保留类型信息。

3.7 长期研究问题

在结束前,本节提供了一份在智能合约的编程语言设计中可能是重要的(但尚未解决的)问题列表。

1. 账户/余额模型和 UTXO 模型的等效性

抽象语言和静态推理机制的选择在很大程度上由底层共识协议的状态模型决定,即 UTXO 或账户/余额模型。虽然前者更加适合并行处理,且提倡函数式编程风格,但它使实现任意状态变得困难,特别是在原生货币之外编码自定义货币。到目前为止,底层执行模型的选择是否会影响应用层的表达能力,以及是否可以在 UTXO 和账户/余额模型的基础上对支持同一组合约的应用程序进行编码等问题亟待研究。

2. 银行中心模型和账户中心模型的等效性

Move 管理资产的方法与 Solidity、Scilla、Obsidian 和 Flint 的方法不同,因为它将资源(即自定义货币的数量)与其所属的账户一起分配,并利用运行时的某些机制来确保没有重复。相反,其他语言的方法强制每个引入自定义代币概念的合约来控制合约用户之间代币分配。这两种模式似乎是互补的:在账户中心模型中,货币定义只提供资金分割和加入的规则,而虚拟机则负责强化线性。然而,在合约中心的模型中,所有的记账逻辑都由合约本身实现,它们扮演着独立"银行"的角色。一个有待解决的问题是,这两种模式的表达能力和安全性是否等效。如果是,则在一个模式中实现的数字合约是否可以自动地转换为另一个模式的数字合约。

3. Gas 费核算

智能合约编程的 Gas 感知特性在 PL 的设计和实施方面提出了一些有趣的未解决挑战。

一个挑战是解决高级语言和低级语言在预测 Gas 消耗与 Gas 成本定义方面的差异。虽然 3.6.2 节中提到了一些实现该目标的方法,但这些方法并不是最终的解决方案。这些方法很难发现某些矿工可能采用专门的硬件来降低交易处理的固有成本,这种优势是不公平的。因此,理想的 Gas 成本需要根据执行相同命令的多种方式进行分摊。

另一个挑战是将 Gas 分配扩展到与合约相关的交易处理的其他方面。例如，EVM 只对动态合约的执行收取 Gas，而 Scilla 还要求矿工在部署时对合约进行类型检查，并验证所有消息的类型信息，这带来了额外的内在交易处理成本，不符合智能合约语言的 Gas 核算模型，然而这和把 Gas 价格放在合约执行上是同样原因。未来可以预见，更多的验证检查将添加到挖矿程序中。这就是为什么人们非常希望有一个原则性的（非临时的）解决方案，将采矿的内在执行成本转换为外部 Gas 价格。

3.8 总结

Peter Landin（1966）在他的开创性论文"下一代 700 编程语言"中提出了以下论点："……必须使（语言）设计系统化，如此一种新的语言就是从一个精心绘制的空间中选择的一个点，而不是一个费力设计的结构。"这一论点确实适用于编写数字合约的特定编程语言。

综上所述，智能合约最本质的概念包括原子性、通信、资产管理和资源核算。这些概念是构建可靠和可信的区块链应用的基础。有理由相信，未来的智能合约编程语言都应为表达和操作这些概念提供合适的抽象形式。

参考文献

Aeternity Blockchain. Sophia, 2019. https://github.com/aeternity/protocol/blob/master/contracts/sophia.md. 72

G. A. Agha. *ACTORS—A Model of Concurrent Computation in Distributed Systems*. MIT Press Series in Artificial Intelligence. MIT Press, 1990. 81

M. Al‐Bassam, A. Sonnino, S. Bano, D. Hrycyszyn, and G. Danezis. Chainspace: A sharded smart contracts platform. In *25th Annual Network and Distributed System Security (NDSS) Symposium 2018, San Diego, California, USA, February 18–21, 2018*, pages 1–15. The Internet Society, 2018. 71

E. Albert, P. Gordillo, A. Rubio, and I. Sergey. Running on fumes—Preventing out‐of‐gas vulnerabilities in Ethereum smart contracts using static resource analysis. In *13th International Conference on Verification and Evaluation of Computer and Communication Systems (VECoS), Porto, Portugal*, volume 11847 of *Lecture Notes in Computer Science (LNCS)*, pages 63–78. Springer, 2019. 70, 84

J. Aldrich, J. Sunshine, D. Saini, and Z. Sparks. Typestate-oriented programming. In *24th Annual ACM SIGPLAN Conference on Object-Oriented Programming, Systems, Languages, and Applications (OOPSLA 2009), Orlando, Florida, USA*, pages 1015–1022. ACM, 2009. 80

G. Alfour. Introducing LIGO: A new smart contract language for Tezos, 2019. https://medium.com/tezos/introducing-ligo-a-new-smart-contract-language-for-tezos-233fa17f21c7. 72

J. Alois. Ethereum parity hack may impact ETH 500,000 or \$146 million, 2017. https://www.crowdfundinsider.com/2017/11/124200-ethereum-parity-hack-may-impact-eth-500000-146-million/. 70

L. Alt and C. Reitwießner. SMT-based verification of Solidity smart contracts. In *8th International Symposium on Leveraging Applications of Formal Methods, Verification and Validation (ISoLA 2018), Limassol, Cyprus*, volume 11247 of *LNCS*, pages 376–388. Springer, 2018. 72

S. Amani, M. Bégel, M. Bortin, and M. Staples. Towards verifying Ethereum smart contract bytecode in Isabelle/HOL. In *7th ACM SIGPLAN International Conference on Certified Programs and Proofs (CPP 2018), Los Angeles, CA, USA*, pages 66–77. ACM, 2018. 72

M. D. Angelo and G. Salzer. A survey of tools for analyzing Ethereum smart contracts. In *IEEE International Conference on Decentralized Applications and Infrastructures, DAPPCON*, pages 69–78. IEEE, 2019. 72

J. Armstrong. A history of Erlang. In *Proceedings of the 3rd ACM SIGPLAN History of Programming Languages Conference (HOPL-III)*, pages 1–26. ACM, 2007. 81

N. Atzei, M. Bartoletti, and T. Cimoli. A survey of attacks on Ethereum smart contracts (SoK). In *6th International Conference on Principles of Security and Trust (POST 2017), Uppsala, Sweden*, volume 10204 of *LNCS*, pages 164–186. Springer, 2017. 70

S. Bano, A. Sonnino, M. Al-Bassam, S. Azouvi, P. McCorry, S. Meiklejohn, and G. Danezis. SoK: Consensus in the age of blockchains. In *Proceedings of the 1st ACM Conference on Advances in Financial Technologies (AFT 2019), Zurich, Switzerland*, pages 183–198, 2019. 69

K. Bansal, E. Koskinen, and O. Tripp. Automatic generation of precise and useful commutativity conditions. In *24th International Conference on Tools and Algorithms for the Construction and Analysis of Systems (TACAS 2018), Thessaloniki, Greece*, volume 10805 of *LNCS*, pages 115–132. Springer, 2018. 72

K. Bhargavan, A. Delignat-Lavaud, C. Fournet, A. Gollamudi, G. Gonthier, N. Kobeissi, N. Kulatova, A. Rastogi, T. Sibut-Pinote, N. Swamy, and S. Zanella-Béguelin. Formal verification of smart contracts: Short paper. In *11th Workshop on Programming Languages and Analysis for Security (PLAS 2016), Vienna, Austria*, pages 91–96. ACM, 2016. 72

Bitcoin Wiki. Bitcoin Script,2017. https://en.bitcoin.it/wiki/Script. (Accessed 5 Apr. 2019.) 83

S. Blackshear, E. Cheng, D. L. Dill, V. Gao, B. Maurer, T. Nowacki, A. Pott, S. Qadeer, Rain, D. Russi, S. Sezer, T. Zakian, and R. Zhou. MOVE: A language with programmable resources, 2019. https://developers.libra.org/docs/assets/papers/libra-move-a-language-with-programmable-resources.pdf. 83

V. Buterin. A next generation smart contract & decentralized application platform,2013. https://www.ethereum.org/pdfs/EthereumWhitePaper.pdf/. 69,70

M. M. T. Chakravarty, J. Chapman, K. MacKenzie, O. Melkonian, M. P. Jones, and P. Wadler. The extended UTXO model. *Financial Cryptography and Data Security (FC 2020)*, volume 12063 of *LNCS*, pages 525–539. Springer,2020. 77

J. Chang, B. Gao, H. Xiao, J. Sun, and Z. Yang. sCompile: Critical path identification and analysis for smart contracts. *CoRR*, abs/1808.00624, 2018. 72

T. Chen, X. Li, X. Luo, and X. Zhang. Under-optimized smart contracts devour your money. In *IEEE 24th International Conference on Software Analysis, Evolution and Reengineering, SANER*, pages 442–446. IEEE Computer Society, 2017. 70,85

M. Coblenz. Obsidian: A safer blockchain programming language. In *39th International Conference on Software Engineering (ICSE 2017), Buenos Aires, Argentina*, pages 97–99. IEEE Press, 2017. 72

M. J. Coblenz, R. Oei, T. Etzel, P. Koronkevich, M. Baker, Y. Bloem, B. A. Myers, J. Sunshine, and J. Aldrich. Obsidian: Typestate and assets for safer blockchain programming. *CoRR*, abs/1909.03523, 2019. 80,83

Coq Development Team. *The Coq Proof Assistant Reference Manual—Version 8.10*, 2019. http://coq.inria.fr. 76

P. Cousot and R. Cousot. Abstract interpretation: A unified lattice model for static analysis of programs by construction or approximation of fixpoints. In *4th ACM Symposium on Principles of Programming Languages (POPL 1977), Los Angeles, CA, USA*, pages 238–252. ACM, 1977. 82

K. Crary and M. J. Sullivan. Peer-to-peer affine commitment using Bitcoin. In *36th ACM SIGPLAN Conference on Programming Language Design and Implementation (PLDI 2015), Portland, OR, USA*, pages 479–488. ACM, 2015. 83

A. Das, S. Balzer, J. Hoffmann, and F. Pfenning. Resource-aware session types for digital contracts. *CoRR*, abs/1902.06056, 2019. 82,83,85

A. Das, J. Hoffmann, and F. Pfenning. Work analysis with resource – aware session types. In *33rd Annual ACM/IEEE Symposium on Logic in Computer Science（LICS 2018）,Oxford,UK*,pages 305 – 314. ACM,2018. 82

M. del Castillo. The DAO attacked：Code issue leads to ＄60 million Ether theft,2016. https：// www. coindesk. com/dao – attacked – code – issue – leads – 60 – million – ether – theft/. （Accessed 2 Dec. 2017.） 70,76,78

C. Dong, Y. Wang, A. Aldweesh, P. McCorry, and A. van Moorsel. Betrayal, distrust, and rationality：Smart counter – collusion contracts for verifiable cloud computing. In *24th ACM SIGSAC Conference on Computer and Communications Security（CCS 2017）,Dallas,TX,USA*,pages 211 – 227. ACM,2017. 71

Ethereum Foundation. Decentralized Autonomous Organization, 2018a. https：//www. ethereum. org/dao. 70

Ethereum Foundation. Vyper,2018b. https：//vyper. readthedocs. io 84

Ethereum Foundation. Solidity documentation,2019. http：//solidity. readthedocs. io. 74,84

E. Foundation. Safety—Ethereum Wiki, 2018. https：//github. com/ethereum/wiki/wiki/Safety. 84

E. Foundation. The Ethereum EVM JIT,2019. https：//github. com/ethereum/evmjit. 86

J. Girard. Linear logic. *Theor. Comput. Sci.* 50：1 – 102,1987. 83

N. Grech, M. Kong, A. Jurisevic, L. Brent, B. Scholz, and Y. Smaragdakis. MadMax：Surviving out – of – gas conditions in Ethereum smart contracts. *Proceedings of the ACM on Programming Languages（PACMPL）,Volume 2（OOPSLA）*：116：1 – 116：27,2018. 70,72,84

I. Grishchenko, M. Maffei, and C. Schneidewind. A semantic framework for the security analysis of Ethereum smart contracts. In *7th International Conference on Principles of Security and Trust（POST 2018）*,volume 10804 of *LNCS*,pages 243 – 269. Springer,2018. 72

S. Grossman, I. Abraham, G. Golan – Gueta, Y. Michalevsky, N. Rinetzky, M. Sagiv, and Y. Zohar. Online detection of effectively callback free objects with applications to smart contracts. *Proceedings of the ACM on Programming Languages（PACMPL）*, volume 2（POPL）, pages 1 – 28,2018. https：//doi. org/10. 1145/3158136 72,76

E. Gün Sirer. Reentrancy woes in smart contracts,2016. https：//hackingdistributed. com/2016/07/13/reentrancy – woes/. （Accessed Oct. 2020.） 76,78

P. Haller and F. Sommers. *Actors in Scala—Concurrent Programming for the Multi – core Era*. Artima,2011. 81

M. Herlihy and N. Shavit. *The Art of Multiprocessor Programming* . Morgan Kaufmann,2008. 78

Y. Hirai. Bamboo,2018. https://github.com/pirapira/bamboo. 72

J. Hoffmann, A. Das, and S. Weng. Towards automatic resource bound analysis for OCaml. In *POPL*, pages 359–373. ACM,2017. 85

J. Hoffmann and Z. Shao. Type-based amortized resource analysis with integers and arrays. In *12th International Symposium on Functional and Logic Programming (FLOPS 2014), Kanazawa, Japan*, volume 8475 of *LNCS*, pages 152–168. Springer,2014. 85

K. Honda, V. T. Vasconcelos, and M. Kubo. Language primitives and type discipline for structured communication-based programming. In *7th European Symposium on Programming (ESOP 1998), held as part of the European Joint Conferences on the Theory and Practice of Software (ETAPS'98), Lisbon, Portugal*, volume 1381 of *LNCS*, pages 122–138. Springer,1998. 85

IOHK Foundation. Marlowe: A contract language for the financial world,2019a. https://testnet.iohkdev.io/marlowe/. 72

IOHK Foundation. Plutus: A functional contract platform,2019b. https://testnet.iohkdev.io/plutus/. 80

J. Johannsen and A. Kumar. Introducing the ZIL Cashflow Smart Contract Analyser,2019. Blog post available at https://blog.zilliqa.com/introducing-the-zil-cashflow-smart-contract-analyser-ded8b4d84362. 82

S. Kalra, S. Goel, M. Dhawan, and S. Sharma. Zeus: Analyzing safety of smart contracts. In *25th Annual Network and Distributed System Security Symposium (NDSS 2018), San Diego, California, USA*,2018. 70,72,76

A. Kennedy. Relational parametricity and units of measure. In *POPL*, pages 442–455. ACM Press,1997. 83

A. Kiayias, A. Russell, B. David, and R. Oliynykov. Ouroboros: A provably secure proof-of-stake blockchain protocol. In *CRYPTO, Part I*, volume 10401 of *LNCS*, pages 357–388. Springer,2017. 77

E. Kokoris-Kogias, P. Jovanovic, L. Gasser, N. Gailly, E. Syta, and B. Ford. OmniLedger: A secure, scale-out, decentralized ledger via sharding. In *2018 IEEE Symposium on Security and Privacy (SP)*, pages 583–598. IEEE Computer Society,2018. 71

A. Kolluri, I. Nikolic, I. Sergey, A. Hobor, and P. Saxena. Exploiting the laws of order in smart contracts. In *28th ACM SIGSOFT International Symposium on Software Testing and Analysis (ISSTA 2019), Beijing, China*, pages 363–373. ACM,2019. 70,72

J. Krupp and C. Rossow. teEther: Gnawing at Ethereum to automatically exploit smart contracts. In *USENIX Security Symposium*, pages 1317–1333. USENIX Association,2018. 70,72

P. J. Landin. The next 700 programming languages. *Commun. ACM* 9(3):157–166,1966. 88

L. Luu, D. Chu, H. Olickel, P. Saxena, and A. Hobor. Making smart contracts smarter. In *CCS*, pages 254–269. ACM,2016a. 69,72

L. Luu, V. Narayanan, C. Zheng, K. Baweja, S. Gilbert, and P. Saxena. A secure sharding protocol for open blockchains. In *CCS*, pages 17–30. ACM,2016b. 71

N. A. Lynch and M. R. Tuttle. An introduction to input/output automata. *CWI Quarterly* 2:219–246,1989. 81

M. Marescotti, M. Blicha, A. E. J. Hyvarinen, S. Asadi, and N. Sharygina. Computing exact worst-case gas consumption for smart contracts. In *ISoLA*, volume 11247 of *LNCS*, pages 450–465. Springer,2018. 70,72,85

P. McCorry, A. Hicks, and S. Meiklejohn. Smart contracts for bribing miners. In *Financial Cryptography and Data Security—FC 2018 International Workshops*, volume 10958 of *LNCS*, pages 3–18. Springer,2019. 71

P. McCorry, S. F. Shahandashti, and F. Hao. A smart contract for boardroom voting with maximum voter privacy. In *FC*, volume 10322 of *LNCS*, pages 357–375. Springer,2017. 71

R. Milner. *A Calculus of Communicating Systems*, volume 92 of *Lecture Notes in Computer Science*. Springer,1980. 81

J. G. Morrisett, D. Walker, K. Crary, and N. Glew. From System F to typed assembly language. In *POPL*, pages 85–97. ACM,1998. 86

S. Nakamoto. Bitcoin:A peer-to-peer electronic cash system,2008. Available at http://bitcoin.org/bitcoin.pdf. 69,77

I. Nikolić, A. Kolluri, I. Sergey, P. Saxena, and A. Hobor. Finding the greedy, prodigal, and suicidal contracts at scale. In *34th Annual Computer Security Applications Conference (ACSAC 2018)*, San Juan, PR, USA, pages 653–663. ACM,2018. 70,72,82

OCaml PRO. Liquidity,2019. https://www.liquidity-lang.org/. 77

R. O'Connor. Simplicity:A new language for blockchains,2017. https://blockstream.com/simplicity.pdf. 80

D. Pérez and B. Livshits. Broken metre:Attacking resource metering in EVM. *CoRR*, abs/1909.07220,2019. 70,86

A. Permenev, D. Dimitrov, P. Tsankov, D. Drachsler-Cohen, and M. Vechev. VerX:Safety verification of smart contracts. In *IEEE Symposium on Security and Privacy SP*,2020. 76,77

B. C. Pierce. *Types and Programming Languages*. MIT Press,2002. 78

G. Pîrlea and I. Sergey. Mechanising blockchain consensus. In *CPP*, pages 78–90.

ACM,2018. 69

RChain Cooperative. Rholang,2019. https://rholang.rchain.coop. 72,82

C. Reitwiessner. Babbage—A mechanical smart contract language,2017. Online blog post. 72

M. Rodler,W. Li,G. O. Karame,and L. Davi. Sereum:Protecting existing smart contracts against re-entrancy attacks. In *NDSS*,2019. 70

F. Schrans. *Writing Safe Smart Contracts in Flint*. Master's thesis,Imperial College London,Department of Computing,2018. 80,83

F. Schrans,S. Eisenbach,and S. Drossopoulou. Writing safe smart contracts in Flint. In *<Programming>(Companion)*,pages 218-219. ACM,2018. 80

Securify. https://securify.chainsecurity.com/. (Accessed 2 Jan. 2019.) 76

P. L. Seijas,S. J. Thompson,and D. McAdams. Scripting smart contracts for distributed ledger technology. *IACR Cryptology ePrint Archive*,2016. 72

I. Sergey and A. Hobor. A concurrent perspective on smart contracts. In *1st Workshop on Trusted Smart Contracts (WTSC 2017),Malta*,volume 10323 of *LNCS*,pages 478-493. Springer, 2017. 78,79,80

I. Sergey, A. Kumar, and A. Hobor. SCILLA: a Smart Contract Intermediate-Level LAnguage. *CoRR*,abs/1801.00687,2018a. 76,81

I. Sergey, A. Kumar, and A. Hobor. Temporal properties of smart contracts. In *ISoLA*,volume 11247 of *LNCS*,pages 323-338. Springer,2018b. 77

I. Sergey,V. Nagaraj,J. Johannsen,A. Kumar,A. Trunov,and K. C. G. Hao. Safer smart contract programming with SCILLA. *PACMPL*,3(OOPSLA):185:1-185:30,2019. 77,79,80,85,86

F. Sun. UTXO vs Account/Balance Model,2018. Online blog post,available at https://medium.com/@sunflora98/utxo-vs-account-balance-model-5e6470f4e0cf. 77

N. Szabo. Smart contracts,1994. Online manuscript. 69

Tezos Foundation. Michelson:The Language of Smart Contracts in Tezos,2018. http://tezos.gitlab.io/mainnet/whitedoc/michelson.html. 77

S. Tikhomirov,E. Voskresenskaya,I. Ivanitskiy,R. Takhaviev,E. Marchenko,and Y. Alexandrov. SmartCheck:Static analysis of Ethereum smart contracts. In *1st IEEE/ACM International Workshop on Emerging Trends in Software Engineering for Blockchain (WETSEB@ICSE 2018), Gothenburg,Sweden*,pages 9-16. ACM,2018. 72

A. Trunov. A SCILLA vs MOVE case study,2019. Blog post available at https://medium.com/@anton_trunov/a-scilla-vs-move-case-study-afa9b8df5146. 84

P. Tsankov,A. M. Dan,D. Drachsler-Cohen,A. Gervais,F. Bünzli,and M. T. Vechev. Securify:

Practical security analysis of smart contracts. In *CCS*, pages 67 – 82. ACM, 2018. 72, 76

D. N. Turner, P. Wadler, and C. Mossin. Once upon a type. In *7th International Conference on Functional Programming Languages and Computer Architecture (FPCA 1995), La Jolla, CA, USA*, pages 1 – 11. ACM, 1995. 83

P. Wadler. A taste of linear logic. In *Mathematical Foundations of Computer Science 1993, 18th International Symposium, MFCS'93*, volume 711 of *LNCS*, pages 185 – 210. Springer, 1993. 83

P. Wang. *Type System for Resource Bounds with Type – Preserving Compilation*. PhD thesis, Massachusetts Institute of Technology, 2019. 85, 86

P. Wang, D. Wang, and A. Chlipala. TiML: A functional language for practical complexity analysis with invariants. *PACMPL*, 1(OOPSLA): 79: 1 – 79: 26, 2017. 85

G. Wood. Ethereum: A secure decentralized generalized transaction ledger, 2014. Ethereum Project Yellow Paper, 2014. https://github.com/ethereum/yellowpaper. 69, 70, 84

Zilliqa Team. The Zilliqa technical whitepaper, 2017. Version 0.1. 81

作者简介

　　以利亚·谢尔盖是耶鲁－新加坡国立大学联合学院和新加坡国立大学计算机学院的副教授。他还在新加坡金融科技初创公司 Zilliqa 担任首席语言设计师。在 2018 年加入新加坡国立大学之前，他曾是伦敦大学学院的教员，IMDEA 软件研究所的博士后研究员，以及 JetBrains 的软件开发人员。2012 年，他在鲁汶大学获得博士学位。他研究了编程语言的设计和实现、软件的验证、程序的合成和修复。他获得了 2019 年 Dahl – Nygaard 青年奖和 2017 年谷歌教员研究奖。他设计并共同开发了 Scilla，这是一种用于安全智能合约的函数式编程语言，由 Zilliqa 区块链使用。他是 2019 年 ICFP 编程比赛的组织者，并将担任 ESOP'22 和 APLAS'22 的项目委员会主席。

/第4章/
区块链的形式化特性

伊曼纽尔·安塞奥姆

安东尼奥·费尔南德斯·安塔

克瑞西斯·吉欧吉

尼古拉斯·尼古拉奥斯

玛丽亚·波托-布图卡鲁

4.1 引言

毫无疑问,加密货币、公共和私人的分布式账本以及区块链将会深刻影响现代社会。然而,大多数学者并没有明确区分代币、支持代币的账本和两者提供的服务。当讨论密码学技术、用于维护账本的挖矿技术或者智能合约技术时,代币和账本将变得非常具有技术性。此外,当问及这些技术的细节时,协议、算法和服务没有正式的规范是常有的事。在许多情况下,"代码就是规范"。

从理论角度来看,当前的分布式账本和加密货币系统存在许多基本问题,这些问题往往没有准确的答案:分布式账本必须提供哪些服务?分布式账本必须满足哪些特性?底层系统上的协议和算法有哪些假设?若多个实体并发访问,账本提供了哪些一致性保证?分布式账本是否需要关联的加密货币?

最近,尽管有关于区块链和分布式账本的炒作和宣传,但还没有针对它们进行形式化抽象(Herlihy,2017)。加密货币实现的核心在于对分布式系统进行形式化验证,这就要求在设计和证明此类系统的各种特性时,需要用到分布式计算领域数十年的形式化经验。

本章将从分布式计算的角度介绍对分布式账本/区块链特性进行形式化的尝试。这是通过使用抽象数据类型(Abstract Data Type,ADT)的概念来实现的,抽象数据类型是指对特定共享对象的通用抽象。共享对象的抽象数据类型首先通过提供其顺序性规范来描述对象的语义,其次是一致性准则,该准则描述了并发访问时的行为。4.2 节介绍抽象数据类型的概念;4.3 节介绍 Fernández Anta 等(2018)的工作,包括分布式账本对象的概念和对分布式账本的主要操作与特性的抽象;4.4 节介绍 Anceaume 等(2019b)的工作,包括区块链抽象数据类型的概念。区块链抽象数据类型是对分布式账本的较低级别抽象,适用于许可和非许可系统;4.5 节对本章所提出的概念进行了讨论。

相关工作

Garay 等(2015)开创了在指定非许可区块链系统特性方面的研究,通过比特币区块链的质量和通用前缀属性来表征比特币区块链。具体来说,为了以高概率验证最终一致性前缀,定义了比特币区块链协议必须满足的不变量。Pass 和 Shi(2017)延续了上述工作。

为了在运行时对分布式账本的行为建模,Girault 等(2018)提出并实现了单调前缀一致性准则(Monotonic Prefix Consistency,MPC),并表明在易于分区的消息传递系统中无法实现比 MPC 更强的准则。同时,Girault 等(2018)提出的形式化方法认为更弱的一致性语义并不适合比特币等基于工作量证明的区块链系统。

Anceaume 等(2017)将分布式账本与分布式共享对象(寄存器)理论联系起来,提出了分布式账本寄存器(Distributed Ledger Register,DLR)的概念,其中寄存器的值具有树状拓扑结构,而不是分布式寄存器经典理论中所提到的单值。树的节点是加密连接的交易区块。DLR 属性是以适应比特币和以太坊等非许可区块链的行为而设计的。4.3 节中介绍的工作将账本对象定义为记录的有序序列,并从寄存器中抽象出来。4.4 节中提出的工作舍弃了寄存器概念,并细化了 Anceaume 等(2017)的规范,以涵盖较弱的语义如安全共享对象,和较强的语义如原子共享对象。

4.2 ADT 基本概念

抽象数据类型可以通过两个互补的部分来专指共享对象(Perrin 2017),分别是描述对象语义的顺序规范,以及并发历史记录上的一致性准则,即并发环境中允许的执行操作的集合。

抽象数据类型 T 指定了任何类型 T 的对象 O 可以采用的值或状态集合,以及可用于修改或访问 O 值的进程(客户端)的操作集合。如果对象可以由多个进程并发访问,则类型 T 的对象 O 是并发对象(Raynal,2013)。对象 O 上的每个操作都包含调用事件和响应事件,事件必须按先调用后响应的顺序执行。O 上的操作历史记录 H_O 是从一个调用事件开始的一系列调用和响应事件的集合。历史记录的呈现顺序客观反映了事件的真实执行顺序。如果 H_O 同时包含 π 的调用和与之对应的响应,则称操作 π 在 H_O 中是完备的。如果 H_O 包含的操作都是完备的,则 H_O 是完备的;反之,H_O 是局部的(Raynal,2013)。如果在 H_O 中 π_1 的响应事件出现在 π_2 的调用事件前,则称操作 π_1 在操作 π_2 之前或 π_2 在 π_1 之后完成,在 H_O 中用 $\pi_1 \rightarrow \pi_2$ 表示。如果操作没有先后顺序,则这两个操作是并发的。

如果完备的历史记录 H_0 不包含并发操作,则 H_0 是有序的历史记录,即 H_0 是相互匹配的调用事件和响应事件的交替序列,以调用事件开始,以响应事件结束。如果对局部历史记录移除该记录中的最后一个事件,其必然是调用事件,可以使该历史记录成为完备的连续历史记录,则称该局部历史记录是有序的。对象 O 的顺序规范体现了其顺序访问时的行为。同时,O 的顺序规范是仅涉及其所有可能的有序历史记录的集合(Raynal,2013)。

本节将提供对抽象数据类型、历史记录和顺序规范的形式化定义。

4.2.1 抽象数据类型

指定抽象数据类型的模型是转换器的一种形式,类似于可以接受无限但可数状态数的米利机。数据类型从集合 Z 中取值并以抽象状态编码,也可以通过输入符号集 A 的值访问对象。ADT 模型中的操作有以下作用:①使用转移函数 τ 更改对象的抽象状态;②返回输出符号集 B 中获取的值,由状态和输出函数 δ 来决定。例如,堆栈中的 pop( )操作移除堆栈顶部的元素并返回该元素。

抽象数据类型的正式定义如下:

定义 4.1(抽象数据类型 T) 抽象数据类型是 6 元组 $T = \langle A, B, Z, \xi_0, \tau, \delta \rangle$,其中:

(1) A 和 B 是可数集合,称为输入符号集和输出符号集。

(2) Z 是可数抽象状态集合,ξ_0 是初始抽象状态。

(3) $\tau: Z \times A \to Z$ 是转移函数。

(4) $\delta: Z \times A \to B$ 是输出函数。

设 α/β 表示输入/输出对,$(\alpha, \beta) \in A \times B$。由此可以如下定义抽象数据类型的操作:

定义 4.2(操作) 设 $T = \langle A, B, Z, \xi_0, \tau, \delta \rangle$ 是抽象数据类型。T 的操作是 $\Sigma = A \cup (A \times B)$ 的元素。

本节通过对运算的输入符号应用 τ 和 δ 来扩展转移函数 τ 和输出函数 δ:

$$\tau_T: \begin{cases} Z \times \Sigma \to Z \\ (\xi, \alpha) \mapsto \tau(\xi, \alpha), \alpha \in A \\ (\xi, \alpha/\beta) \mapsto \tau(\xi, \alpha), \alpha/\beta \in A \times B \end{cases} \tag{4.1}$$

$$\delta_T : \begin{cases} Z \times \Sigma \to Z \\ (\xi, \alpha) \mapsto \bot, \alpha \in A \\ (\xi, \alpha/\beta) \mapsto \delta(\xi, \alpha), \alpha/\beta \in A \times B \end{cases} \tag{4.2}$$

4.2.2　ADT 的顺序规范

抽象数据类型定义对象的顺序规范。如果考虑一个遍历其转移系统的路径，那么由路径后续标签形成的字符就是抽象数据类型的顺序规范的一部分，即历史记录是有序的。ADT 使用的语言是所有可能字符的集合。该语言定义了 ADT 的顺序规范。设 $\delta_T^{-1}(\sigma_i)$ 是可以实现给定操作 T 的状态集合：

$$\delta_T^{-1}(\sigma_i) : \begin{cases} \Sigma \to P(Z) \\ \alpha \mapsto Z, \alpha \in A \\ \alpha/\beta \mapsto \{\xi \in Z : \delta(\xi, \alpha) = \beta\}, \alpha/\beta \in A \times B \end{cases} \tag{4.3}$$

然后可以定义 T 的顺序规范如下：

定义 4.3（顺序规范 $L(T)$）　有限或无限的序列 $\sigma = (\sigma_i)_{i \in D} \in \Sigma^\infty$，其中 $D \in \{0, 1, \cdots, |\sigma|-1\}$（或 $D \in \mathbb{N}$）是抽象数据类型 T 的顺序历史记录。如果存在相同长度 $(\xi_{i+1})_{i \in D} \in Z^\infty$ 序列的状态 T，其中 ξ_0 是初始状态，使得对于任意 $i \in D$，有

（1）σ_i 的输出符号集与 ξ_i 兼容 $\xi_i : \xi_i \in \delta_T^{-1}(\sigma_i)$。

（2）操作 σ_i 的执行使得状态从 ξ_i 转变为 $\xi_{i+1} : \tau_T(\xi_i, \sigma_i) = \xi_{i+1}$。

T 的顺序规范是其所有可能的顺序历史记录 $L(T)$ 的集合。

4.2.3　ADT 的并发历史

并发历史的定义考虑了不对称事件结构，即不同进程执行事件之间的偏序关系（Perrin, 2017）。

定义 4.4（并发历史 H）　并发历史是一个 n 元组 $H = \langle \Sigma, E, \Lambda, \mapsto, <, \nearrow \rangle$，其中：

（1）$\Sigma = A \cup (A \times B)$ 是抽象数据类型的可数操作集合。

（2）E 是一组包含所有 ADT 调用操作事件和所有 ADT 响应操作事件的事件集。

（3）$\Lambda : E \to \Sigma$ 是将事件与 Σ 中的操作关联起来的函数。

(4) $\mapsto$ 是 E 中事件的进程顺序关系。当且仅当 E 中的两个事件被同一进程调用时,事件的调用顺序为 $\mapsto$ 。

(5) $<$ 是操作顺序,是 E 中事件的反自反性顺序。对于每对 $(e,e')\in E^2$,如果 e 是调用操作并且 e' 是对应的响应操作,那么 $e<e'$;如果 e' 是发生在 t' 时刻的调用操作,则 e 是发生在 t 时刻的另一响应操作,且 $t<t'$,那么 $e<e'$。

(6) $\nearrow$ 是程序顺序,是 E 上的反自反性顺序。对于每对 $(e,e')\in E^2$,其中 $e\neq e'$,如果 $e \mapsto e'$ 或 $e<e'$,那么 $e \nearrow e'$。

4.2.4 一致性准则

一致性准则描述了给定的抽象数据类型所采信的并发历史。一致性准则可以视为一个将并发规范与抽象数据类型相关联的函数。

定义 4.5(一致性准则 C) 一致性准则是一个函数 $C:\mathcal{T}\to\mathcal{P}(\mathcal{H})$,其中 $\mathcal{T}$ 是抽象数据类型的集合,$\mathcal{H}$ 是历史记录的集合,$\mathcal{P}(\mathcal{H})$ 是 $\mathcal{H}$ 的所有有限子集的集合。

设 $\mathcal{C}$ 是所有一致性准则的集合。如果并发历史中所有操作都终止且执行过程都满足一致性准则 C,那么实现 ADT 的算法 $A_T(T\in\mathcal{T})$ 满足一致性准则 C,其中 $C\in\mathcal{C}$,即抽象数据类型 T 属于历史集合 $C(T)$。

4.3 分布式账本对象

本节介绍 Fernández Anta 等(2018)首次提出的分布式账本对象(Distributed Ledger Object,DLO)形式化。4.3.1 节将账本对象描述为并发对象,账本对象维护完全有序的记录序列,并支持两个操作:①get(),它返回一个序列;②append(r),它在序列中添加记录 r。账本对象的顺序规范规定在任何给定的时间内只存在一个记录序列,即防止分叉。这使得这种形式化更适合对许可区块链建模。

4.3.2 节将账本对象的定义扩展到了分布式账本对象,这是一种以分布式方式实现的并发账本,包含客户端和服务端。这就需要为客户端和实现账本的服务端之间的接口制定一致性保证。本节规定了最终一致性、顺序一致性、因果一致性和线性(原子)一致性 4 种不同的一致性标准。

4.3.3 节实现了在具有崩溃故障的异步分布式系统中的线性一致分布式

账本。该实现使用了容错原子广播服务。Cholvi 等（2020）实现了拜占庭容忍线性一致性 DLO，Fernández Anta 等（2018）实现了具有其他较弱一致性保证的 DLO。

4.3.4 节扩展了账本对象的概念，提出经验证账本。经验证账本将账本对象中特定的语义添加到账本存储的记录中。换言之，账本能在记录被添加到序列中之前，使用特定应用程序对其进行验证检查。

4.3.1 账本对象

本节从并发账本对象的基本定义开始。

定义 4.6（账本类型） 账本 $\mathcal{L}$ 是并发对象，它存储一个完全有序的记录序列 $\mathcal{L}.\mathcal{S}$，并支持两个可用于任何进程 p 的操作：① $\mathcal{L}.\text{get}_p()$，它返回序列 $\mathcal{L}.\mathcal{S}$；② $\mathcal{L}.\text{append}_p(r)$，它将记录 r 添加到 $\mathcal{L}.\mathcal{S}$。

记录是一个三元组 $r = \langle \tau, p, v \rangle$，其中 τ 是集合 $\mathcal{T}$ 中的唯一记录标识符，$p \in \mathcal{P}$ 是创建记录 r 的进程标识符，v 是从符号集 A 中提取的记录数据。本节将使用 $r.p$ 表示创建记录 r 进程的 id。可以类似地定义 $r.\tau$ 和 $r.v$。进程 p 调用 $\mathcal{L}.\text{get}_p()$ 操作以获得存储在账本对象 $\mathcal{L}$ 中的记录序列 $\mathcal{L}.\mathcal{S}$，并且 p 调用 $\mathcal{L}.\text{append}_p(r)$ 操作以用新记录 r 扩展 $\mathcal{L}.\mathcal{S}$。初始状态下，序列 $\mathcal{L}.\mathcal{S}$ 为空。

定义 4.7（具备强前缀的顺序规范） 账本 $\mathcal{L}$ 在顺序历史 H_L 上的顺序规范定义如下：账本序列 $\mathcal{L}.\mathcal{S}$ 的初值是空序列。如果在操作 $\pi(\pi \in H_L)$ 的调用事件中，账本 $\mathcal{L}$ 的序列值为 $\mathcal{L}.\mathcal{S} = V$，则：

（1）如果 π 是 $\mathcal{L}.\text{get}_p()$ 操作，那么 π 的响应事件返回 V。

（2）如果 π 是 $\mathcal{L}.\text{append}_p(r)$ 操作，那么在 π 的响应事件中，账本 $\mathcal{L}$ 中序列的值是 $\mathcal{L}.\mathcal{S} = V \| r$，其中 $\|$ 是连接运算符。π 的响应事件返回 ACK。

账本的实现

进程按顺序执行操作和指令，通常假设一个进程一次只调用一个操作。进程 p 通过调用一个 $\mathcal{L}.\text{get}_p()$ 或 $\mathcal{L}.\text{append}_p(r)$ 操作与账本 $\mathcal{L}$ 交互，这导致一个请求被发送到账本 $\mathcal{L}$，并将一个响应从 $\mathcal{L}$ 发送到 p。响应标志着一个操作的结束，同时也包含该操作的结果。进程和账本之间的请求和多个响应的交换是明确的，这表明账本是并发的，即存在多个进程访问账本。get() 操作的结果是一系列记录，而 append() 操作的结果则是确认（ACK）。从进程 p 的角度来看,算法 4.1 中描述了这种交互。算法 4.2 假设每个块的接收操作都是互斥的,并提出了一种顺序处理请求账本的集中实现方案。图 4.1(a)抽象了进程和账本之间的交互。

算法 4.1 账本对象 $\mathcal{L}$ 的外部接口(由进程 p 执行)

1 **function** $\mathcal{L}.\text{get}(\ )$
2   **send** request(GET) **to** ledger $\mathcal{L}$
3   **wait** response(GETRES, V) **from** $\mathcal{L}$
4   **return** V
5 **function** $\mathcal{L}.\text{append}(r)$
6   **send** request(APPEND, r) **to** ledger $\mathcal{L}$
7   **wait** response(APPENDRES, res) **from** $\mathcal{L}$
8   **return** res

算法 4.2 账本 $\mathcal{L}$(集中)

1 **Init**: $S \leftarrow \emptyset$
2 **receive**(GET) **from** process p
3   **send** response(GETRES, S) **to** p
4 **end receive**
5 **receive**(APPEND, r) **from** process p
6   $S \leftarrow S \parallel r$
7   **send** response(APPENDRES, ACK) **to** p
8 **end receive**

4.3.2 从账本对象到分布式账本对象

本节将账本对象的定义扩展到分布式账本对象,并介绍在进程(客户端)和分布式账本之间的接口上可以使用的一些一致性保证的标准。在没有特别说明的情况下,这些定义是通用且不依赖于底层分布式系统特性的。这些定义没有对构成分布式系统的进程(服务器)中可能发生的故障类型做出任何假设。本节假设客户端进程最终会完成所有操作。

1. 分布式账本

分布式账本对象是以分布式方式实现的并发账本对象。账本对象由一组可能不同且地理位置分散的计算设备(服务器)实现或生成副本。本节将调用分布式账本的 get( ) 和 append( ) 操作的进程称为客户端。图 4.1(a) 表示一般抽象;图 4.1(b) 描述了由服务器实现的客户端和分布式账本之间的交互,其中 $r, r_1, r_2, \cdots$ 是记录。

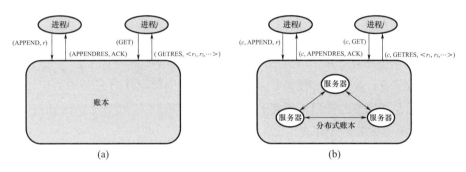

图 4.1 进程与账本之间的交互

服务器在一般情况下有出现故障的可能性。这就需要在实现分布式账本的算法中引入容错机制,如账本备份。本节假设这些机制保证客户端的每个操作调用最终都会有一个与之匹配的响应,因此这些操作是完备的。此外,客户机与服务器的交互必须考虑单个服务器的缺陷,这个问题将在下一小节讨论。

2. 分布式账本的一致性

分布和数据复制旨在确保账本的可用性和顽存性,以防服务器的子集发生故障。同时,这也提出了在不同客户端对分布式账本的不同视图之间保持一致性的挑战:当多个客户端在不同服务器上同时发送操作请求时,账本的当前值是什么？一致性语义需要能精确描述 get( ) 操作在与其他 get( ) 或 append( ) 操作同时执行时可能返回的允许值。作为示例,本节提供了操作必须满足的属性,以保证线性(原子)一致性(Herlihy et al., 1990)、顺序一致性(Lamport, 1979)和最终一致性语义(Centz et al., 2017)。以类似的方式,可以对其他一致性保证做出形式化定义,如会话一致性(Centz et al., 2017)。

线性一致性(Attiya et al., 1994; Herlihy et al., 1990)导致了一种错觉:即使同时调用操作,分布式账本也是实时顺序访问的。分布式账本是类似于算法 4.2 所实现的集中式账本。

定义 4.8 若分布式账本 $\mathcal{L}$ 是线性一致的①,则给定任意完备的历史记录 $H_\mathcal{L}$,$H_\mathcal{L}$ 中存在操作的排列 σ 满足:

(1) σ 遵循 $\mathcal{L}$ 的顺序规范。

(2) 对于每对运算 π_1,π_2,如果在 $H_\mathcal{L}$ 中 $\pi_1 \to \pi_2$,那么 σ 中的 π_1 出现在 π_2 之前。

顺序一致性(Attiya et al.,1994;Lamport,1979)比线性一致性要弱,因为前者只要求操作遵守每个进程的局部排序,而并非实时排序。

定义 4.9 若分布式账本 $\mathcal{L}$ 是顺序一致的,则给定任意完备的历史记录 $H_\mathcal{L}$,$H_\mathcal{L}$ 中存在操作的排列 σ 满足:

(1) σ 遵循 $\mathcal{L}$ 的顺序规范。

(2) 对于进程 p 调用的每一对运算 π_1、π_2,如果在 $H_\mathcal{L}$ 中 $\pi_1 \to \pi_2$,则 σ 中的 π_1 出现在 π_2 之前。

此时,因果一致性(Ahamad et al.,1995)等同于顺序一致性。两者都迫使连续的排列 σ 遵守程序顺序。此外,因果顺序使因果一致的排列 σ 遵循顺序规范。因为每个 get() 操作都返回一个序列,该序列显示所有前面的 append() 操作。

本节给出最终一致的分布式账本的定义。对于已完成的每个 append(r) 操作,如果最终所有 get() 操作都返回包含记录 r 的序列,并且位于相同位置,则分布式账本是最终一致的。

定义 4.10 若分布式账本 $\mathcal{L}$ 是最终一致的,则给定任意完备的历史记录 $H_\mathcal{L}$,$H_\mathcal{L}$ 中存在操作的排列 σ 满足:

(1) σ 遵循 $\mathcal{L}$ 的顺序规范。

(2) 存在扩展了 $H_\mathcal{L}$ 的完备历史记录 $H'_\mathcal{L}$②,同时存在扩展了 $H'_\mathcal{L}$ 的完备历史记录 $H''_\mathcal{L}$,使得 $H''_\mathcal{L} \backslash H'_\mathcal{L}$ 中的每个完整操作 $\mathcal{L}$.get() 返回一个包含 r 的序列,满足 $\forall r, \mathcal{L}.\text{append}(r) \in H_\mathcal{L}$。

在上述定义中,$H_\mathcal{L}$ 是完备的。正如 Raynal(2013)所述,通过减少确定非完备序列提取的完备序列是否一致的问题,可以将定义扩展到不完备的序列。也就是说,给定一个局部历史 $H_\mathcal{L}$,如果可以通过这种方式修改 $H_\mathcal{L}$,即非完

---

① 线性一致性和顺序一致性的正式定义改编自 Attiya 等(1994)。
② 当序列 Y 是序列 X 的前缀时,序列 X 扩展序列 Y。

备操作的每一次调用都会删除或用一个响应事件完成,并且生成的完备序列 H'_L 会检查是否满足一致性,那么 H_L 也会检查是否满足一致性。

4.3.3 分布式账本对象的实现

为了说明分布式账本定义的可行性和实用性。本节提供了具有崩溃故障的异步分布式系统中线性一致分布式账本的实现。Cholvi 等(2020)实现了拜占庭容忍线性一致 DLO。Fernández Anta 等(2018)实现了其他具有较弱一致性保证的 DLO。

1. 分布式设置和原子广播

考虑在异步消息传递分布式系统中,访问分布式账本的客户端数量是无限的。存在用分布式方式模拟账本的 n 个服务器的集合 $\mathcal{S}$。客户端和服务器都可能因崩溃而失败,但只有 $f<n$ 个服务器可能会崩溃。进程(客户端和服务器)通过异步可靠信道上的信息传递通信进行交互。

账本 L 的顺序规范要求发出两次 get( ) 的两个客户端返回两个记录序列 $L.S$ 和 $L.S'$,其中 $L.S$ 是 $L.S'$ 的前缀,反之亦然。Anceaume 等(2019b)将该特性称为强前缀,它防止了分叉,即在任何给定时间具有多个记录序列,Anceaume 等(2019b)和 Fernández Anta 等(2018)表明,在分布式环境中实现这样的特性需要共识机制。

为此,构建块需要使用基于共识的原子广播服务。因此,强前缀特性实现的正确与否取决于所使用的特定原子广播服务的建模假设。Défago 等(2004)详细描述了原子广播服务存在的两种操作:①ABroadcast(m),服务器使用该操作向所有服务器 $s \in \mathcal{S}$ 广播消息 m;②ADeliver(m),原子广播服务使用该操作向服务器传递消息 m。当 $f<n/2$ 时,由服务保证的消息总序列可能会崩溃。

2. 客户端代码

假设客户端知道服务器的缺陷,并知道故障服务器的最大数量 f。因此,本节假设客户端修改算法 4.1 中提供的接口,并用其来处理服务器的不可靠性。新的接口在算法 4.3 中给出。每个操作请求都发送到至少有 $f+1$ 个服务器的集合 L,以确保至少有一个正确的服务器接收并处理该请求,如果不知道 f 的上限,则客户端将与所有服务器进行通信。此外,这个正确的服务器会发送一个响应,以保证操作的可终止性。出于形式化的目的,客户端收到的第一个响应将被视为操作的响应事件。为了区分不同的响应,所有操作及其请求和响应都用计数器 c 唯一编号,因此重复的响应将被识别并忽略,即客户端只处理第一个响应。

算法 4.3 客户端 p 执行的分布式账本对象 $\mathcal{L}$ 的外部接口

1 $c \leftarrow 0$
2 **let** $L \subseteq S : |L| \geq f+1$
3 **function** $\mathcal{L}.\mathrm{get}(\ )$
4      $c \leftarrow c+1$
5   **send** request(c, GET) **to** the servers in $\mathcal{L}$
6   **wait** response(c, GETRES, V) **from** some $i \in \mathcal{L}$
7   **return** V
8 **function** $\mathcal{L}.\mathrm{append}(r)$
9      $c \leftarrow c+1$
10   **send** request(c, APPEND, r) **to** the servers in $\mathcal{L}$
11   **wait** response$(c, \mathrm{APPENDRES}, \mathrm{res})$ **from** some $i \in \mathcal{L}$
12   **return** res

3. 服务器代码

服务器结合了算法 4.3 中的内容,特别是客户端向多个服务器发送相同请求的情况,并确保账本的记录序列不会重复包含同一记录 r。算法 4.4 是服务器用于实现线性一致分布式账本的伪代码。该算法确保由 append(r) 操作添加的记录 r 可被其后的任意 get$(\ )$ 操作接收,即使这两个操作是在不同的客户端调用的。该算法类似于 Wang 等(2014)中用于实现任意对象的方法,以及 Attiya 和 Welch(2004)、Chaudhuri 等(1993)、Mavronicolas 等(1999)中用于实现读/写对象一致的方法。

算法 4.4 线性一致分布式账本;服务器 i 的代码

1 **Init**: $S_i \leftarrow \emptyset$; get_pending$_i \leftarrow \emptyset$; pending$_i \leftarrow \emptyset$
2 **receive**(c, GET) **from** process p
3 ABroadcast(get, p, c)
4   add(p, c) to get_pending$_i$

```
5   end receive
6   upon ADeliver(get,p,c) do
7     if (p,c) ∈ get_pending_i then
8       send response(c,GETRES,S_i) to p
9       remove(p,c) from get_pending_i
10  end upon
11  receive (c,APPEND,r) from process p
12    ABroadcast(append,r)
13    add(c,r) to pending_i
14  end receive
15  upon ADeliver(append,r) do
16    if r ∉ S_i then
17      S_i ← S_i ‖ r
18    if ∃(c,r) ∈ pending_i then
19      send response(c,APPENDRES,ACK) to r.p
20      remove (c,r) from pending_i
21  end upon
```

当服务器接收到 get() 或 append() 请求时,它将请求添加到挂起集合中,并将请求自动广播到其他服务器。当服务器发送 append() 或 get() 响应时,将回复待响应的请求进程(如果它还没有回复)。综上所述,本节将得出如下定理:

定理 4.1(Fernández Anta et al.,2018(定理 2)) 算法 4.3 和算法 4.4 的组合实现了线性一致分布式账本。

4.3.4 经过验证的账本实现

经过验证的账本 V,是一种对存储在其中的记录内容施加特定语义的账本。例如,当记录是类似比特币的金融交易时,账本的语义应防止出现双重支付等问题,或提供比特币协议(Nakamoto,2008)的其他交易验证方式。账本通过布尔函数 Valid() 进行有效性检查来保留语义,该函数将记录序列 S 作为输入,并且仅当语义被保留时才返回 true。在经验证账本中,如果有效性检查失败,则 $append_p(r)$ 操作的结果是 NACK。算法 4.5 对经验证账本 V 进行了集中实现。Valid( )函数类似于 Crain 等(2017)中用于检查有效性的函数或 Cachin 等(2001)中用于检查外部有效性的函数,但这些都用于共识算法中,以防止其确认了无效值。算法 4.5 在本地检测并丢弃无效记录。

算法 4.5　经验证账本 V(集中)

1　**Init** : $S \leftarrow \emptyset$
2　**receive**(GET) **from** process p
3　　**send** response(GETRES, S) **to** p
4　**end receive**
5　**receive**(APPEND, r) **from** process p
6　　**if** Valid($S \parallel r$) **then**
7　　　$S \leftarrow S \parallel r$
8　　　**send** response(APPENDRES, ACK) **to** p
9　　**else send** response(APPENDRES, NACK) **to** p
10　**end receive**

经验证账本的顺序规范必须考虑 append( )返回 NACK 的可能性。因此,定义 4.7 的属性(2)必须修改如下:

定义 4.11　经验证账本 V 在顺序历史记录 H_V 上的顺序规范定义如下。序列 $V.S$ 的初始值是空序列。如果在调用操作 $\pi(\pi \in H_V)$ 时,账本 V 中序列值为 $V.S = V$,则:

(1)如果 π 是 $V.\text{get}_p( )$ 操作,那么 π 的响应事件返回 V。

(2)如果 π 是返回 ACK 的 $V.\text{append}_p(r)$ 操作,那么 Valid($V \parallel r$) = true,并且在 π 的响应事件中,账本 V 中的序列值是 $V.S = V \parallel r$。

如果 π 是返回 NACK 的 $V.\text{append}_p(r)$ 操作,那么 Valid($V \parallel r$) = false,并且在 π 的响应事件中,账本 V 中序列值是 $V.S = V$。

基于这一修订后的顺序规范,可以用与 4.3.2 节类似的方式定义一个同时具备最终一致、顺序一致、因果一致和线性一致的经验证账本。

在分布式账本的基础上扩展得到的经验证账本可以保证有效性。例如,算法 4.4 在第 15 行的 append( )操作中,除了检查记录是否已经在账本中,还要检查其有效性,如算法 4.5 的第 6 行调用 Valid( )。在未发现有效记录的情况下,服务器不会将记录添加到账本中,而是将 NACK 返回给客户端。

4.4 区块链数据类型

4.3 节重点关注许可区块链,并使用完全有序的记录序列构建 DLO 抽象数据类型。本节介绍另一种抽象数据类型区块树(BlockTree,BT),它允许对非许可区块链的处理。为了解释分叉,可以把这个抽象数据类型看作是一棵记录树。

本节将区块链抽象为一系列形式化规范,这些规范可以组合起来以满足特定的一致性准则。为此,Anceaume 等(2019b)提供了抽象数据类型的组合规范和一致性准则层次,这种一致性准则层次形式化地描述了使用这些账本的分布式程序采信的历史记录。将共享对象指定为抽象数据类型的方案,相比于 Girault 等(2018)基于实现的备选方案优势在于:其可以独立于通信模型来推出系统的一致性(Perrin et al., 2016)。更准确地说,Anceaume 等(2019b)的工作中定义了区块树和预言机两种抽象数据类型。区块树为区块链数据结构建模,并提供 append( ) 和 read( ) 操作。当新插入的块有效时,append( ) 操作在区块树中插入新叶节点。区块树中块的有效性属性被抽象为一个通用的谓词,谓词的具体化依赖于应用。例如,在比特币中,有效区块是包含三个部分的哈希值 hs 的区块:一组非双重支付交易、前一个区块的哈希值和一个随机数 nonce,该哈希值 hs 的高位零值应满足规定的数量。

预言机对用于授权在区块链中插入新块的机制进行了抽象,例如工作量证明或其他协议机制。为此,预言机建模为简单的代币管理器。当进程获得一个有效块时,就会生成一个代币,当进程获得将该块插入链中的权限时,就会消耗代币,这些概念见 4.4.1 节和 4.4.2 节。

使用两种不同的抽象数据类型对区块链进行建模有几个优势。首先是可以在更精细的粒度级别处理活性属性,即分离验证过程的终止与对复制数据结构更新的终止,两者分别由预言机和区块树管理。这种分离非常有用,因为区块链有多种证明机制在本地进行,如工作量证明、所用时间证明、空间证明等,而更新复制数据结构的过程是全局计算。

此外,区块树允许扩展一致性准则理论。因此,本节为区块树提供一个新的一致性准则,以发现区块链系统中的最终收敛过程。4.4.1 节中提出的区块树一致性准则比 Girault 等(2018)引入的所谓单调前缀一致性准则更弱。单调前缀一致性准则是指任意两个读取操作都会返回两个链,使得一个链是另一个链的前缀。Anceaume 等（2019b）定义了广义的区块树一致性准则和最终前缀,这些定义允许任何两个链在有限的历史间隔内具有不同的前缀。Anceaume 等（2019b）进一步介绍了强前缀特性。区块树一致性准则在某些条件下等效于单调前缀一致性准则。Anceaume 等（2019b）定义了两个抽象的区块树:一个验证最终前缀特性,另一个验证强前缀特性。

Anceaume 等（2019b）提出的预言机有"无记忆"的浪子预言机和"有记忆"的朴素预言机两个不同的版本。浪子预言机不会统计扩展给定块所需的代币消耗量,而朴素预言机则统计每个块实际消耗的代币量。浪子预言机不限制系统中的分叉数,而朴素预言机将分叉数限制为 k。

Anceaume 等（2019b）证明了通信模型验证的必要性,并在消息传递系统中根据最终前缀来实现区块树。该文阐明了轻型可靠广播同时具有必要性、有效性和协议性。其中,有效性表示如果正确的进程发送了一条消息,那么广播必然会传递此消息;协议性表示如果某个正确的进程传递了一条消息,那么每个正确的进程最终都会传递此消息。

4.4.5 节将本章的理论映射到现有的代表性区块链。Anceaume 等（2019b）证明,比特币和以太坊属于浪子预言机,它们保证了最终一致性,而 ALGO 币（Algorand）属于朴素预言机,它以较高的概率保证了强一致性,并且常见的拜占庭币（ByzCoin）、身份认证链（PeerCensus）、红腹链（Red Belly）和超级账本（Hyperledger）也属于朴素预言机,并且保证了强一致性。

接下来,本章将介绍区块树和代币预言机及其一致性准则。所有符号、定义和结果均出自 Anceaume 等（2019b）。

4.4.1 区块树 ADT

Anceaume 等（2019b）将类区块链系统实现的数据结构形式化为有向根树 $bt = (V_{bt}, E_{bt})$,并称为区块树。区块树的每个节点都是一个区块,任意边都可以回溯到根节点,根节点称为创世区块。块的高度是指其到根的距离,b_k 表示位于高度 k 的块。区块树的根由 b_0 表示。如果区块满足谓词 P,则称其有效。例如,在比特币中,如果区块可以连接到当前区块链,并且不包含双重支付的交易,则认为其有效。设 B 是可数的非空块集,设 $B' \subseteq B$ 是可数的非空有效块集,即 $\forall b \subseteq B', P(b) = \top$。假设 $b_0 \in B'$,用 BC 表示一组可数的非空区块链,其中区块链是从 bt 的叶子节点到 b_0 的路径,区块链用 bc 表示。设 $\mathcal{F}$ 是选择函数的可数非空集合,$f \in \mathcal{F}: \mathcal{BT} \to \mathcal{BC}$,$f(\mathrm{bt})$从区块树 bt 中选择区块链 $\mathrm{bc}(b_0$ 不返回)。选择函数 f 是 ADT 的参数,它在状态机中编码,在计算过程中不会改变。某些区块链所使用的最长链或最重链就是典型的例子。

此外,本节还使用以下符号:$\{b_0\} \frown f(\mathrm{bt})$ 表示 b_0 与 bt 中的区块链的链接;$\{b_0\} \frown f(\mathrm{bt}) \frown \{b\}$ 表示 b_0 与 bt 中的区块链和块 b 的链接。

1. 区块树的顺序规范

区块树的顺序规范定义如下:

定义 4.12(区块树 ADT(BT – ADT)) 区块树抽象数据类型 6 元组 BT – ADT $= \langle A = \{\mathrm{append}(b), \mathrm{read}() : b \in \mathcal{B}\}, B = \mathcal{BC} \cup \{\mathrm{true}, \mathrm{false}\}, Z = \mathcal{BT} \times \mathcal{F}, \xi_0 = (\mathrm{bt}^0, f), \tau, \delta \rangle$,其中转移函数 $\tau: Z \times A \to Z$ 的定义如下:

(1) 如果 $b \in \mathcal{B}'$,则 $\tau((\mathrm{bt}, f), \mathrm{append}(b)) = (\{b_0\} \frown f(\mathrm{bt}) \frown \{b\}, f)$;否则为 $\tau((\mathrm{bt}, f), \mathrm{append}(b)) = (\mathrm{bt}, f)$。

(2) $\tau((\mathrm{bt}, f), \mathrm{read}()) = (\mathrm{bt}, f)$。

输出函数 $\delta: Z \times A \to B$ 的定义如下:

(1) 如果 $b \in \mathcal{B}'$,则 $\delta((\mathrm{bt}, f), \mathrm{append}(b)) = \mathrm{true}$;否则 $\delta((\mathrm{bt}, f), \mathrm{append}(b)) = \mathrm{false}$。

(2) $\delta((\mathrm{bt}, f), \mathrm{read}()) = \{b_0\} \frown f(\mathrm{bt})$。

(3) $\delta((\mathrm{bt}_0, f), \mathrm{read}()) = b_0$。

read( ) 和 append( ) 操作的语义直接依赖于选择函数 $f \in \mathcal{F}$。Anceaume 等(2019b)提出保持该函数通用的状态就可以获得不同的区块链。同样,谓词 P 保持在未指定状态。谓词 P 主要抽象了块的创建进程,进程可能失败也可能成功。4.4.2 节将进一步定义这个进程。

2. BT – ADT 的并发规范和一致性准则

BT – ADT 的并发规范是一组并发历史记录。BT – ADT 一致性准则是一个函数,它返回区块树抽象数据类型所采信的并发历史集合。Anceaume 等(2019b)定义了 BT 强一致性和 BT 最终一致性两个 BT 一致性准则。为了便于阅读,定义了以下符号:

(1) $E(a^*, r^*)$ 是一个无限集合,包含无限的 append( ) 和 read( ) 调用和响应事件。

(2) $E(a, r^*)$ 是一个无限集合,包含:①有限的 append( ) 调用和响应事件;②无限的 read( ) 调用与响应事件。

(3) $e_{inv}(o)$ 和 $e_{rsp}(o)$ 分别表示操作 o 的调用和响应事件,$e_{rsp}(r)$:bc 表示与响应事件 $e_{rsp}(r)$ 相关联的返回区块链。

(4) $score:\mathcal{BC}\rightarrow \mathbf{N}$ 表示单调递增的确定函数,它将区块链 bc 作为输入,并返回一个自然数 s 作为 bc 的 score,s 可以是高度、权重等。本节将此值称为区块链的 score,并将只含有创世区块的区块链 score 称为 s_0,即 $score(\{b_0\}) = s_0$。单调递增意味着 $score(bc \frown \{b\}) > score(bc)$。

(5) $mcps:\mathcal{BC}\times\mathcal{BC}\rightarrow \mathbf{N}$ 是一个函数,在给定两个区块链 bc 和 bc′的情况下,它返回 bc 和 bc′之间最大公共前缀的 score。

(6) bc ⊑ bc′,当且仅当 bc 是 bc′的前缀。

3. BT 强一致性

BT 强一致性是以下 4 个特性的结合。块有效性特性要求 read()操作返回区块链中的每个区块都是有效的,即满足谓词 P,并已通过 append()操作插入区块树中。局部单调读取特性要求给定相同进程中的 read()操作序列,返回的区块链 score 永远不会减少。强前缀特性要求对于每对 read()操作,返回的一个区块链是另一个返回区块链的前缀,即前缀永不分叉。持续增长树意味着区块链返回的 score 最终会增长。更准确地说,设 s 是在 $E(a^*,r^*)$ 中的 read()响应事件 r 返回的区块链 score,那么对于每个 read()操作 r,read()操作的集合是有限的,使得 $e_{rsp}(r) \nearrow e_{inv}(r')$ 不返回 score 大于 s 的区块链。BT 强一致性准则定义如下:

定义 4.13(BT 强一致性准则(SC)) 如果以下特性成立,则使用 BT-ADT 系统的并发历史 $H = \langle \Sigma, E, \Lambda, \mapsto, <, \nearrow \rangle$ 验证 BT 强一致性准则:

块有效性:$\forall e_{rsp}(r) \in E, \forall b \in e_{rsp}(r): bc, b \in B' \wedge \exists e_{inv}(append(b)) \in E$。

局部单调读取:$\forall e_{rsp}(r), e_{rsp}(r') \in E^2$,如果 $e_{rsp}(r) \mapsto e_{inv}(r')$,那么 $score(e_{rsp}(r):bc) \leq score(e_{rsp}(r'):bc')$。

强前缀:$\forall e_{rsp}(r), e_{rsp}(r') \in E^2, (e_{rsp}(r):bc \sqsubseteq e_{rsp}(r'):bc') \vee (e_{rsp}(r):bc \sqsupseteq e_{rsp}(r'):bc')$。

持续增长树:$\forall e_{rsp}(r) \in E(a^*,r^*), s = score(e_{rsp}(r):bc)$,则 $|\{e_{inv}(r') \in E | e_{rsp}(r) \nearrow e_{inv}(r'), score(e_{rsp}(r'):bc) \leq s\}| < \infty$。

4. BT 最终一致性

BT 最终一致性是块有效性、局部单调读取和 BT 强一致性准则的持续增长树与最终前缀的结合。BT 最终一致性指出了 read( )操作返回的每个区块链伴随着 s 作为 score,最终所有 read( )操作都将返回具有最大公共前缀的区块链,其中 score 至少为 s。换言之,设 H 是无数 read( )操作的历史,设 s 代表 read( )r 返回的区块链 score。read( )操作集合 r' 在 $e_{rsp}(r) \nearrow e_{inv}(r')$ 时,都会返回具有公共前缀的区块链,且 score 至少为 s。

定义 4.14(最终前缀特性(Anceaume et al. ,2019b)) 给定并发历史 $H = \langle \Sigma, E(a,r^*), \Lambda, \mapsto, <, \nearrow \rangle$,使用 BT – ADT 系统,用 s 表示所有 read( )操作 $r \in \Sigma$ 使得 $\exists e \in E(a,r^*), \Lambda(r) = e$,返回区块链的 score,即 $s = score(e_{rsp}(r) : bc)$。Anceaume 等(2019b)用 E_r 表示 r 响应后发生的 read( )操作的响应事件集合,即 $E_r = \{e \in E \mid \exists r' \in \Sigma, r' = read, e = e_{rsp}(r') \wedge e_{rsp}(r) \nearrow e_{rsp}(r')\}$。如果对于 score s 的所有 read( )操作 $r \in \Sigma, H$ 满足最终前缀特性,那么 $|\{(e_{rsp}(r_h), e_{rsp}(r_k)) \in E_r^2 \mid h \neq k, mpcs(e_{rsp}(r_h) : bc_h, e_{rsp}(r_k) : bc_k) < s\}| < \infty$。

最终前缀特性表明两个或多个并发区块链可以在有限的时间间隔内共存,但每个区块链对历史的每个片段都采用相同的分支。这段历史是由 read( )定义的,它以给定的 score 获取区块链。

基于此定义,BT 最终一致性准则定义如下:

定义 4.15(BT 最终一致性准则 ◇C) 如果 BT 最终一致性准则满足块有效性、局部单调读取、持续增长树和最终前缀特性,那么使用 BT – ADT 系统的并发历史 $H = \langle \Sigma, E, \Lambda, \mapsto, <, \nearrow \rangle$ 验证 BT 最终一致性准则。

由此可得,区块树任何时候都能在树中创建一个新枝干,这在区块链中称为分叉。此外,只有当输入块对谓词有效时,添加才能成功。这表明区块链可以承认没有 append( )操作的历史记录。

接下来,本章将介绍一种新的抽象数据类型,称为代币预言机,当它和区块树结合时对验证块和控制分叉有帮助。

4.4.2 代币预言机 Θ – ADT

本节介绍 Anceaume 等(2019b)引入的代币预言机 Θ 的形式化,以实现区块树结构中块的创建。块创建过程要求新块必须与区块树结构中已存在的有效块密切相关。本章通过假设一个进程来抽象这个依赖于实现的过程。这个进程获得将新块 b_ℓ 链接到 b_h 的权利,如果它成功地从代币预言机 Θ 获得代币tkn_h。说明提议的区块b_ℓ是有效的,并用$b_\ell^{tkn_h}$表示,构造$b_\ell^{tkn_h} \in B'$。为了让结论具有普遍性,把块建模为对象。当一个进程想要访问一个通用对象obj_h时,它调用集合$\mathcal{O} = \{obj_1, obj_2, obj_3, \cdots\}$中的对象$obj_\ell$的$getToken(obj_h, obj_\ell)$操作。如果$getToken(obj_h, obj_\ell)$操作成功,它将返回一个对象$obj_h^{tkn_h} \in \mathcal{O}'$,其中:①$tkn_h$是访问对象$obj_h$所需的代币;②每个对象$obj_k \in \mathcal{O}'$,对于谓词$P$都是有效的,即$P(obj_k) = \top$。每次向进程提供代币时都会生成代币,当预言机授予将其连接到上一个对象的权限时,代币就会消耗。每个代币最多消耗一次。为了规范代币消耗的操作,本章将代币消耗定义为$consumeToken(obj_\ell^{tkn_h})$操作,其中消耗的代币$tkn_h$是对象$obj_h$所需的代币。对象$obj_h$的最大代币数$k$由预言机管理。$consumeToken(obj_\ell^{tkn_h})$操作对状态的副作用导致对象$obj_h$的$k$减1。

本节定义了两个在代币管理方式上不同的代币预言机。第一个预言机称为浪子预言机,用Θ_P表示,其在一个对象上消耗的代币数量没有上限。第二个预言机称为朴素预言机,用Θ_F表示,其确保每个对象消耗的代币不超过k个。

预言机Θ_P与区块树抽象数据类型相结合时,只对验证块有益。而预言机Θ_F以更可控的方式管理代币,以确保在给定块上发生的分叉不超过k个。

Θ_P – ADT 和 Θ_F – ADT 定义

对于这两个预言机,当调用$getToken(obj_k, obj_h)$操作时,预言机在概率p_{α_i}下提供代币,其中α_i是表征调用进程i的"优点"参数①。预言机已知调用进程i的α_i,这对于进程本身来说是未知的。对于每个优点α_i,代币预言机的状态嵌入一个无限的磁带(tape),其中tape的每个单元包含tkn或$\bot$。由于每个tape由特定的α_i和p_{α_i}标识,因此本节假设每个tape都包含一个在$\{tkn, \bot\}$中的伪随机序列,伪随机序列值取决于α_i②。当具有优点α_i的进程调用$getToken(obj_k, obj_h)$操作时,预言机会从与α_i相关的tape中弹出第一个单元,如果该单元包含tkn,则会向该进程提供一个代币。

这两个预言机都包含无限的计数器数组,每个对象一个。每次为特定对

---

① 例如,优点参数可以反映调用进程的哈希率。
② 假设它是一个伪随机序列,与由有限或无限数量的独立随机变量$X_1, X_2, X_3, \cdots$组成的伯努利序列几乎无法区分,使得:①对于每个k, X_k的值为tkn或$\bot$;②$\forall X_k$,其中$X_k = tkn$的概率是p。

象使用代币时,此数组就会减少。当计数器达到 0 时,则无法为该对象消耗更多代币,为了保证定义普遍性,Θ_P 定义为 $k=\infty$ 的 Θ_F,而对于 Θ_F,每个计数器初始化为 $k\in\mathbf{N}$。

以下定义和符号参考 Anceaume 等(2019b):

(1) $\mathcal{O}=\{\mathrm{obj}_1,\mathrm{obj}_2,\mathrm{obj}_3,\cdots\}$,由其索引 i 唯一标识的无限类对象集合。

(2) $\mathcal{O}'\subset\mathcal{O}$,对谓词 P 有效的对象子集,即 $\forall\,\mathrm{obj}'_i\in\mathcal{O}',P(\mathrm{obj}'_i)=\top$。

(3) $\mathfrak{T}=\{\mathrm{tkn}_1,\mathrm{tkn}_2,\cdots\}$,无限代币集合。

(4) $\mathcal{A}=\{\alpha_1,\alpha_2,\cdots\}$,无限有理值集合。

(5) $\mathcal{M}$ 是映射函数 $m(\alpha_i)$ 的可数非空集合,其生成无限伪随机 tape_{α_i},使得在单元中具有字符串 tkn 的概率与特定的 $\alpha_i,m\in\mathcal{M}:\mathcal{A}\to\{\mathrm{tkn},\bot\}^*$ 相关。

(6) $K[\ ]$ 是计数器的无限数组(每个对象一个)。所有计数器都用 $k\in\mathbf{N}$ 初始化,其中 k 是预言机 ADT 的参数。

(7) $\mathrm{pop}:\{\mathrm{tkn},\bot\}^*\to\{\mathrm{tkn},\bot\}^*,\mathrm{pop}(a\cdot w)=w$。

(8) $\mathrm{head}:\{\mathrm{tkn},\bot\}^*\to\{\mathrm{tkn},\bot\}^*,\mathrm{head}(a\cdot w)=a$。

(9) $\mathrm{dec}:\{K\}\times\mathbf{N}\to\{K\}$,如果 $K[i]>0$,则 $\mathrm{dec}(K,i)=K:K[i]=K[i]-1$,否则 $K[i]=0$。

(10) $\mathrm{get}:\{K\}\times\mathbf{N}\to\mathbf{N},\mathrm{get}(K,i)=K[i]$。

定义 4.16(Θ_F-ADT) Θ_F 的抽象数据类型是 6 元组 $\Theta_F-ADT=(A=\{\mathrm{getToken}(\mathrm{obj}_h,\mathrm{obj}_\ell),\mathrm{consumeToke}(\mathrm{obj}_\ell^{\mathrm{tkn}_h}):\mathrm{obj}_h,\mathrm{obj}_\ell^{\mathrm{tkn}_h}\in\mathcal{O}',\mathrm{obj}_\ell\in\mathcal{O},\mathrm{tkn}_h\in\mathfrak{T}\},B=\mathcal{O}'\cup\mathrm{Boolean},Z=m(A)^*\times\{K\}\cup\{\mathrm{pop},\mathrm{head},\mathrm{dec},\mathrm{get}\},\xi_0,\tau,\delta)$,其中转移函数 $\tau:Z\times A\to Z$ 的定义如下:

(1) $\tau((\{\mathrm{tape}_{\alpha_1},\cdots,\mathrm{tape}_{\alpha_i},\cdots\},K),\mathrm{getToken}(\mathrm{obj}_h,\mathrm{obj}_\ell))=(\{\mathrm{tape}_{\alpha_1},\cdots,\mathrm{pop}(\mathrm{tape}_{\alpha_i}),\cdots\},K)$,其中 α_i 是调用过程的优点。

(2) $\tau((\{\mathrm{tape}_{\alpha_1},\cdots,\mathrm{tape}_{\alpha_i},\cdots\},K),\mathrm{consumeToken}(\mathrm{obj}_\ell^{\mathrm{tkn}_h}))=(\{\mathrm{tape}_{\alpha_1},\cdots,\mathrm{tape}_{\alpha_i},\cdots\},\mathrm{dec}(K,h))$,前提是 $\mathrm{tkn}_h\in\mathfrak{T}$,否则 $\{(\{\mathrm{tape}_{\alpha_1},\cdots,\mathrm{tape}_{\alpha_i},\cdots\},K)\}$。

输出函数 $\delta:Z\times A\to B$ 的定义如下:

(1) $\delta((\{\mathrm{tape}_{\alpha_1},\cdots,\mathrm{tape}_{\alpha_i},\cdots\},K),\mathrm{getToken}(\mathrm{obj}_h,\mathrm{obj}_\ell))=\mathrm{obj}_\ell^{\mathrm{tkn}_h}:\mathrm{obj}_\ell^{\mathrm{tkn}_h}\in\mathcal{O}',\mathrm{tkn}_h\in\mathfrak{T}$,前提是 $\mathrm{head}(\mathrm{tape}_{\alpha_i})=\mathrm{tkn}$,其中 α_i 是调用过程的优点,否则 $\bot$。

(2) $\delta((\{\mathrm{tape}_{\alpha_1},\cdots,\mathrm{tape}_{\alpha_i},\cdots\},K),\mathrm{consumeToken}(\mathrm{obj}_l^{\mathrm{tkn}_h}))=\top$,前提是 $\mathrm{tkn}_h\in\mathfrak{T}$ 以及 $\mathrm{get}(K,h)>0$,否则 $\bot$。

定义 4.17($\Theta_P - ADT$)　Θ_P 的抽象数据类型定义为 $\Theta_F - ADT$，其中 $k = \infty$。

4.4.3　Θ 预言机增强 BT – ADT

本节用 Θ 预言机增强 BT – ADT，然后分析它们共同产生的历史记录。在 Anceaume 等（2019b）的基础上，本节用预言机操作改进了 BT – ADT 中 append(b_ℓ) 操作。BT – ADT 的常规实现调用了 getToken($b_\ell \leftarrow$ last_block(f(bt))，b_ℓ) 操作，返回 b_k 上的代币，即 $b_\ell^{\text{tkn}_h}$，这是 $\mathcal{B}'$ 中的有效块。一旦获得，代币就被消耗，并将区块 $b_\ell^{\text{tkn}_h}$ 添加到区块链 f(bt)。这两个操作和链接的发生具有原子性。

用 Θ_F 或 Θ_P 预言机增强的 BT – ADT 分别是增强 $\Re$(BT – ADT, Θ_F) 或者 $\Re$(BT – ADT, Θ_P)。

算法 4.6　BT – ADT 的一个通用实现片段，它使用 Θ 预言机来实现 append() 操作（Anceaume et al., 2019b）

1　**Init**：
2　　token $\leftarrow \perp$；
3　　$bt_i \leftarrow b_0$；
4　　…
5　**upon** append(b_ℓ) **do**
6　　…
7　　**while** token = $\perp$ **do**
8　　　token $\leftarrow$ getToken($b_n \leftarrow$ last_block(f(bt))，b_ℓ)
9　　　consumeToken(token) $\wedge \{b_0\} \frown f(\text{bt}) \frown \{b\}$
10　　token $\leftarrow \perp$
11　　…
12　**end upon**

定义 4.18($\Re$(BT – ADT, Θ_F) 增强)　给定抽象数据类型 BT – ADT = $\langle A, B, Z, \xi_0, \tau, \delta \rangle$ 和 $\Theta_F - ADT = (A^\Theta, B^\Theta, Z^\Theta, \xi_0^\Theta, \tau^\Theta, \delta^\Theta)$，存在有 $\Re$(BT – ADT, Θ_F) = $\langle A' = A \cup A^\Theta, B' = B \cup B^\Theta, Z' = Z \cup Z^\Theta, \xi_0' = \xi_0 \cup \xi_0^\Theta, \tau', \delta' \rangle$，其中转移函数 $\tau': Z' \times A' \to Z'$ 定义如下：

$$\tau_a = \tau'((\{\text{tape}_{\alpha_1}, \cdots, \text{tape}_{\alpha_i}, \cdots\}, K, \text{bt}, f), \text{getToken}(b_k \leftarrow \text{last\_blockbt}, b_\ell)$$

$$= (\{\text{tape}_{\alpha_1}, \cdots, \text{pop}(\text{tape}_{\alpha_i}), \cdots\}, K, \text{bt}, f)$$

$$\tau_b = \tau'((\{\text{tape}_{\alpha_1}, \cdots, \text{tape}_{\alpha_i}, \cdots\}, K, \text{bt}, f), \text{consumeToken}(b_l^{\text{tkn}_h}))$$

$$= (\{\text{tape}_{\alpha_1}, \cdots, \text{tape}_{\alpha_i}, \cdots\}, \text{dec}(K, h), \{b_0\} \frown f(\text{bt}) \frown \{b\}, f)$$

前提是 $\text{tkn}_h \in \mathfrak{T}$,否则

$$= (\{\text{tape}_{\alpha_1}, \cdots, \text{tape}_{\alpha_i}, \cdots\}, K, \text{bt}, f)$$

$$\tau'((\{\text{tape}_{\alpha_1}, \cdots, \text{tape}_{\alpha_i}, \cdots\}, K, \text{bt}, f), \text{append}(b)) = \tau_b \circ \tau_a^*$$

$$\tau'((\{\text{tape}_{\alpha_1}, \cdots, \text{tape}_{\alpha_i}, \cdots\}, K, \text{bt}, f), \text{read}()) = \text{bt}$$

其中,$\tau_b \circ \tau_a^*$ 是 τ_a 的重复应用,直到

$$\delta_a((\{\text{tape}_{\alpha_1}, \cdots, \text{tape}_{\alpha_i}, \cdots\}, K, \text{bt}, f), \text{getToken}(b_k \leftarrow \text{last\_block}(\text{bt}), b_\ell))$$
$$= b_\ell^{\text{tkn}_h} 与 \tau_b 应用链接$$

此外,输出函数 $\delta': Z \times A \to B$ 定义如下:

(1) $\delta_a = \delta'((\{\text{tape}_{\alpha_1}, \cdots, \text{tape}_{\alpha_i}, \cdots\}, K, \text{bt}, f), \text{getToken}(b_k \leftarrow \text{last\_block}(\text{bt}), b_\ell)) = b_\ell^{\text{tkn}_h}: b_\ell^{\text{tkn}_h} \in B', \text{tkn}_h \in \mathfrak{T}$,前提是 $\text{head}(\text{tape}_{\alpha_i}) = \text{tkn}$,其中 α_i 是调用进程的优点;否则为 $\bot$。

(2) $\delta_b = \delta'((\{\text{tape}_{\alpha_1}, \cdots, \text{tape}_{\alpha_i}, \cdots\}, K, \text{bt}, f), \text{consumeToken}(\text{obj}_\ell^{\text{tkn}_h}))$,前提是 $\text{tkn}_h \in \mathfrak{T}$ 且 $\text{get}(K, h) > 0$;否则为 $\bot$。

(3) $\delta'((\{\text{tape}_{\alpha_1}, \cdots, \text{tape}_{\alpha_i}, \cdots\}, K, \text{bt}, f), \text{append}(b)) = \delta_b \circ \delta_a^*$。

(4) $\delta'((\{\text{tape}_{\alpha_1}, \cdots, \text{tape}_{\alpha_i}, \cdots\}, K, \text{bt}, f), \text{read}()) = \{b_0\} \frown f(\text{bt})$。

(5) $\delta'((\{\text{tape}_{\alpha_1}, \cdots, \text{tape}_{\alpha_i}, \cdots\}, K, \text{bt}_0, f), \text{read}()) = b_0$。

其中,$\delta_b \circ \delta_a^*$ 是 δ_a 的重复应用,直到

$$\delta_a((\{\text{tape}_{\alpha_1}, \cdots, \text{tape}_{\alpha_i}, \cdots\}, K, \text{bt}, f), \text{getToken}(\text{last\_block}(\text{bt}), b)) = b_\ell^{\text{tkn}_h}$$

与 δ_b 应用链接。

定义 4.19($\mathfrak{R}(\text{BT} - \text{ADT}, \Theta_P)$ 增强)和 $\mathfrak{R}(\text{BT} - \text{ADT}, \Theta_F)$ 增强定义相同。

定义 4.20(k - 分叉一致性) 如果最多有 k 个 append() 操作对同样的代币返回 $\top$,则由 $\Theta_F - ADT$ 组成的 BT - ADT 的并发历史 $H = \langle \Sigma, E, \Lambda, \mapsto, <, \nearrow \rangle$ 满足 k - 分叉一致性。

定义 4.21(k - 分叉一致性(Anceaume et al.,2019b)) 每个由 $\Theta_F - ADT$ 组成的 BT - ADT 的并发历史 $H = \langle \Sigma, E, \Lambda, \mapsto, <, \nearrow \rangle$ 满足 k - 分叉一致性。

4.4.4 BT–ADT 的实现

1. BT–ADT 在共享内存中的实现

Anceaume 等(2018)证明了 $\Theta_{F,k=1}$ 具有共识数 ∞,并且 Θ_P 具有共识数 1。本节探讨由 n 个进程组成的并发系统,其中多达 f 个进程由于崩溃而导致系统过早停止,$f<n$。此外,进程可以通过原子寄存器进行通信。

2. $k=1$ 的节俭预言机与共识强度一致

Anceaume 等(2018)证明了 $\Theta_{F,k=1}$ 预言机对象存在共识的无等待实现(Lamport et al.,1982)。特别是在 $\Theta_{F,k=1} = \langle A = \{\text{getToken}(b_h, b_\ell), \text{consumeToken}(b_\ell^{tkn_h}) : b_h, b_\ell^{tkn_h} \in \mathcal{B}', b_\ell \in \mathcal{B}, \text{tkn}_h \in \mathfrak{T}\}, B = \mathcal{B}' \cup \text{Boolean}, Z = m(\mathcal{A})^* \times \{K\} \times k \cup \{\text{pop}, \text{head}, \text{dec}, \text{get}\}, \xi_0, \tau, \delta\rangle$ 的情况下,本节考虑块和有效块($\mathcal{B}$ 和 $\mathcal{B}'$)而不是对象和有效对象($\mathcal{O}$ 和 $\mathcal{O}'$)。此外,考虑区块链特有的共识问题,参考 Crain 等(2017)中的有效属性,选定的块 b 满足某些有效性谓词 P。

定义 4.22 共识$\mathcal{C}$:

(1)终止性:每个正确的进程最终都会选定某个值。

(2)完整性:正确的进程不会做出两次选择。

(3)协定性:如果有一个正确的进程选定了值 b,那么最终所有正确的进程都选择 b。

(4)有效性(Crain et al.,2017):确定的值有效,它满足表示为 P 的预定义谓词。

Anceaume 等(2018)首先证明了在 $\Theta_{F,k=1}$ 情况下,通过 consumeToken( ) 对象实现了无等待的 Compare&Swap( ) 对象,这意味着 consumeToken( ) 具有与 Compare&Swap( ) 相同的共识数,即 ∞(Herlihy,1991)。最后,该文将 consumeToken( ) 与 Compare&Swap( ) 对象组合在一起,证明了 $\Theta_{F,k=1}$ 对共识$\mathcal{C}$的无等待实现。

算法 4.7 和算法 4.8 分别描述了 Θ–ADT 指定的 consumeToken( )(CT)和 Compare&Swap( )(CAS)。Compare&Swap( ) 接受 register,old_value 和 new_value 三个参数作为输入。如果 register 中的值与 old_value 相同,则把 new_value 存储在 register 中,在任何情况下,操作都返回操作开始时 register 中的数值。与 consumeToken($b_\ell^{tkn_h}$) 相比,这里的 $b_\ell^{tkn_h}$ 是 new_value,register 是 $K[h]$,old_value 是 {}。也就是说,在 $|K[h]| < k = 1$ 的情况下,如果 $K[h] = \{\}$,则

add(K,h,b)将 b 存储在 $K[h]$ 中。在任何情况下,操作都会在其本身结束时返回 $K[h]$ 的内容。算法 4.9 描述了将 CAS 简化为 consumeToken( ) 的伪代码。

算法 4.7 在 $\Theta_{F,k=1}$ 情况下 consumeToken( )(Anceaume et al.,2018)

1　**function** consumeToken($b_\ell^{tkn_h}$)
2　　previoud_value ← $K[h]$
3　　**if** previous_value = { } ∧ $tkn_h \in \mathfrak{T}$ **then**
4　　　$K[h] \leftarrow K[h] \cup \{b_\ell^{tkn_h}\}$
5　　**return** $K[h]$

算法 4.8 在 $\Theta_{F,k=1}$ 情况下 Compare&Swap( )(Anceaume et al.,2018)

1　**function** : Compare&Swap(register, old_value, new_value)
2　　previous_value ← register
3　　**if** previous_value = old_value **then**
4　　　register ← new_value
5　　**return** previous_value

算法 4.9 在 $\Theta_{F,k=1}$ 情况下通过 CT 实现 CAS(Anceaume et al.,2018)

1　**function** : Compare&Swap($K[h]$, { }, $b_\ell^{tkn_h}$)
2　　returned_value ← consumeToken($b_\ell^{tkn_h}$)
3　　**if** returned_value = $b_\ell^{tkn_h}$ **then**
4　　　**return** { }
5　　**else**
6　　　**return** returned_value

定理 4.2(Anceaume et al.,2018)　如果输入值在 $\mathcal{B}'$ 中,则在 $\Theta_{F,k=1}$ 情况下,可以通过 CT 实现 CAS。

算法 4.10 描述了通过 $\Theta_{F,k=1}$ 对共识的简单实现。当正确的进程 p_i 调用 propose(b) 操作时,只要返回有效块,p_i 就会循环调用 getToken(b_0,b) 操作。在这种情况下,getToken( ) 操作将一些块 b_0 和建议块 b 作为输入。当获得有效块时,p_i 调用 consumeToken(validBlock) 操作,其结果存储在 tokenSet 变量中。调用此操作的第一个进程能够成功使用代币;即有效块在对应于 b_0 的预言机集合中,其分叉数为 $k=1$,并且每当对与 b_0 相关的块调用 consumeToken( ) 操作时,都会返回该集合。最后,包含单个元素的集合会触发决策。

算法 4.10 协议 $\mathcal{A}$ 将共识问题简化为 $k=1$ 的节俭预言机（Anceaume et al.,2018）

1 **upon** propose(b) **do**
2   validBlock←⊥
3   validBlock←∅ ▷ 因为 $k=1$，所以它只包含一个元素
4   **while** validBlock = ⊥ **do**
5   validBlock←getToken(b_0,b)
6   validBlockSet←consumeToken(validBlock); ▷ 它可以与 validBlock 不同
7   trigger decide(validBlockSet)
8 **end upon**

定理 4.3（Anceaume et al.,2018） $\Theta_{F,k=1}$ 预言机具有共识数 ∞。

定理 4.4（Anceaume et al.,2018） 不存在算法 $\mathcal{T}_{\Theta_{F,k=1}\rightarrow\mathcal{C}}$，即 $\Theta_{F,k=1}$ 预言机缩减为 $\mathcal{C}$。

3. 浪子预言机弱于原子寄存器

要证明浪子预言机 Θ_P 具有共识数 1，只用找到共识数为 1 的对象对预言机的无等待实现。为此，Anceaume 等（2018）提出了原子快照对浪子预言机的直接实现（Afek et al.,1990）。

首先简化消费代币操作的符号。本节为给定块 b_h 调用的消费代币操作确定符号，其在下文中表示为 consumeToken$_h$(tkn$_m$)，其简单地从集合 $K[h]$ 中的集合 $\mathfrak{T}$ = {tkn$_1$,tkn$_2$,…,tkn$_m$,…} 写入代币。在不失一般性的情况下，可以假设：①代币是唯一标识的；②n 个有限但未知的 $\mathfrak{T}$ 基数；③集合 $K[h]$ 由 n 个原子寄存器 $\mathfrak{R}[\mathfrak{h}]$ = {$R_{h,1}$,$R_{h,2}$,…,$R_{h,m}$,…$R_{h,n}$} 表示，其中 $R_{h,m}$ 被分配给 tkn$_m$ 代币，即 $R_{h,m}$ 可以包含 ⊥ 或 tkn$_m$。

在 k 无限大的情况下，consumeToken$_h$(tkn$_m$) 可以实现将代币 tkn$_m$ 写入 $R_{h,m}$ 的行为，即对于所提出的代币 tkn$_m$ 总是存在寄存器 $R_{h,m}$。根据预言机定义，consumeToken$_h$(tkn$_m$) 返回 n 个寄存器的 read()，其中包括最后写入的代币。算法 4.11 实现了使用原子快照的提交代币 CT，该原子快照提供 update(R_i,value) 和 scan(R_1,R_2,…,R_n) 操作，以分别更新特定寄存器和执行输入寄存器的原子读取。

定理 4.5（Anceaume et al.,2018） Θ_P 预言机的共识数为 1。

算法 4.11 在 Θ_P 情况下通过原子快照实现 CT(Anceaume et al. ,2018)

1 **function**: consumeToken$_h$(tkn)
2   $R_{h,m} \leftarrow$ update($R_{h,m}$, tkn$_m$)
3   returned_value $\leftarrow$ scan($R_{h,1}, R_{h,2}, \cdots, R_{h,m}, \cdots, R_{h,n}$)
4   **return** returned_value

4. BT – ADT 在消息传递中的实现

考虑一个消息传递系统,其由任意有限大小的 n 个进程组成, $\prod = \{p_1, p_2, \cdots, p_n\}$。用虚构的全局时钟来测量时间流逝,如跨越自然数集的全局时钟。系统中的进程无法访问虚构的全局时间。分布式系统的进程执行是由一组算法组成的分布式协议 $\mathcal{P}$ 的单个实例,即每个进程运行一个算法。进程可以表现出拜占庭式的行为,即它们可以任意偏离其运行的协议 $\mathcal{P}$。受拜占庭行为影响的进程是错误的进程,不受影响的进程是正确的进程。本章不对在系统执行期间可能发生的故障数量做假设。进程通过交换信息进行通信。

区块树现在是在每个进程中复制的共享对象,bt$_i$ 在进程 i 中维护区块树的本地副本。为了维持复制的对象,需要考虑共享对象上的 read( ) 和 append ( ) 操作相关事件的历史记录,特别是进程通信的 send( ) 和 receive( ) 操作以及区块树更新的 update( ) 操作。用下标 i 表示操作发生在进程 i 上:update$_i$ (b_g, b_i) 表示 i 将其本地生成的有效块 b_i 插入 bt$_i$ 中,b_g 作为前驱。更新通过 send( ) 和 receive( ) 操作进行通信。进程 p_i 生成块 b_i,与此相关的更新通过 send$_i$(b_g, b_i) 发送,并通过 receive$_j$(b_g, b_i) 接收,通过操作 update$_j$(b_g, b_i) 在 p_j 的本地副本 bt$_j$ 上生效。

本章假设 update( ) 操作的通用实现为:当进程 i 使用从 consumeToken( ) 操作返回的有效块 b_i 本地更新其区块树 bt$_i$ 时,将会向区块树 bt$_i$ 写入 update$_i$(b, b'_i) 操作。当进程 j 执行 receive$_j$(b, b_i) 操作时,它通过调用 update$_j$(b, b_i) 操作来本地更新其区块树 bt$_j$。

在本节剩余的工作中讨论了拜占庭故障模型中 BT – ADT 的实现,其中事件集的限制条件如下:

定义 4.23 在拜占庭故障模型中使用 BT – ADT = $(A, B, Z, \xi_0, \tau, \delta)$ 系统的执行定义了并发历史 $H = \langle \Sigma, E, \Lambda, \mapsto, <, \nearrow \rangle$,其中将 E 定义为一组可计数的事件,该事件包括:①正确进程的所有 BT – ADT read( ) 调用事件;②所有

BT-ADT read()在正确进程的响应事件;③所有使 b 满足谓词 P 的 append(b)调用事件;④send()、receive()和 update()在正确进程中生成的操作事件。

5. 通信抽象

现在定义由 BT-ADT 生成满足最终前缀特性的历史 H 必须满足的特性,然后证明它们的必要性。

定义 4.24(更新协议) 如果满足以下特性,则使用 BT-ADT 的系统的并发历史 $H = \langle \Sigma, E, \Lambda, \mapsto, <, \nearrow \rangle$ 满足更新协议:

R1. $\forall \text{update}_i(b_g, b_i) \in H, \exists \text{send}_i(b_g, b_i) \in H$。

R2. $\forall \text{update}_i(b_g, b_j) \in H, \exists \text{receive}_i(b_g, b_j) \in H$ 使得 $\text{receive}_i(b_g, b_j) \mapsto \text{update}_i(b_g, b_j)$。

R3. $\forall \text{update}_i(b_g, b_j) \in H, \exists \text{receive}_k(b_g, b_j) \in H, \forall k$。

图 4.2 提供了满足更新协议三个特性的并发历史的示例。

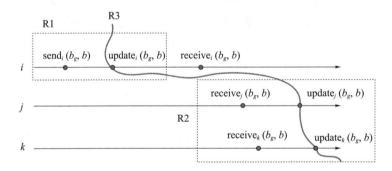

图 4.2 满足 R1、R2 和 R3、更新协议属性的并发历史记录示例

定理 4.6(Anceaume et al.,2019b) 更新协议特性是构建由 BT-ADT 生成的并发历史 $H = \langle \Sigma, E, \Lambda, \mapsto, <, \nearrow \rangle$ 所必需的,其中并发历史 H 满足 BT 最终一致性准则。

Anceaume 等(2019b)得出结论,不存在 BT-ADT 系统的并发历史 $H = \langle \Sigma, E, \Lambda, \mapsto, <, \nearrow \rangle$。其中,并发历史 H 满足强 BT 一致性准则但不满足更新协议属性。

考虑一种受可靠广播的活性属性启发的通信原语(Cachin et al.,2011),Anceaume 等(2019b)证明了这种抽象对于实现最终的 BT 一致性是必要的。

定义 4.25(轻量级可靠通信(Light Reliable Communication,LRC)) 并发

历史 H 满足 LRC 抽象的性质,当且仅当:

(1) 有效性: $\forall \text{send}_i(b, b_i) \in H, \exists \text{receive}_i(b, b_i) \in H$。

(2) 协定性: $\forall \text{receive}_i(b, b_j) \in H, \forall k \exists \text{receive}_k(b, b_i) \in H$。

即如果一个正确的进程 i 发送了一个消息 m,那么 i 最终会接收到 m。如果某个正确的进程接收到了消息 m,则每个正确的进程最终都会接收到消息 m。

定理 4.7(Anceaume et al.,2019b) 对于生成满足 BT 最终一致性准则的并发历史的任何 BT – ADT 实现,LRC 抽象都是必要的。

同理,对于生成满足 BT 强一致性属性的并发历史的任何 BT – ADT 实现,LRC 抽象都是必要的。

4.4.5　BT – ADT 层次结构与映射

本节介绍了当使用不同的预言机 ADT 增强时,满足不同一致性准则的多种 BT – ADT 层次结构。符号 BT – ADT_{SC} 和 BT – $\text{ADT}_{\diamond C}$ 分别指生成满足强一致性(SC)和最终一致性($\diamond C$)准则的并发历史的 BT – ADT。当用预言机增强时,得到了 4 种类型,其中对于朴素预言机给出了 k 的显式值:$\Re$(BT – ADT_{SC}, $\Theta_{F,k}$)、$\Re$(BT – ADT_{SC}, Θ_P)、$\Re$(BT – $\text{ADT}_{\diamond C}$, Θ_P) 和 $\Re$(BT – $\text{ADT}_{\diamond C}$, $\Theta_{F,k}$)。

下面介绍不同增强之间的关系。在不失一般性的情况下,本节只考虑历史记录集合 $\mathcal{H}^\Re$(BT – ADT, Θ),以便从失败的 append() 响应事件中清除每个历史记录 $\mathcal{H}^\Re$(BT – ADT, Θ) $\in \mathcal{H}^\Re$(BT – ADT, Θ),即返回值为 $\bot$。设 $\mathcal{H}^\Re$(BT – ADT, Θ_F) 是由包含大量 Θ_F – ADT 的 BT – ADT 生成的并发历史集合,设 $\mathcal{H}^\Re$(BT – ADT, Θ_P) 是由包含大量 Θ_P – ADT 的 BT – ADT 生成的并发历史集合。

定理 4.8(Anceaume et al.,2019b)
$$\mathcal{H}^\Re(\text{BT – ADT}, \Theta_F) \subseteq \mathcal{H}^\Re(\text{BT – ADT}, \Theta_P)$$

定理 4.9(Anceaume et al.,2019b)

如果 $k_1 \leq k_2$,那么 $\mathcal{H}^\Re(\text{BT – ADT}, \Theta_{F,k_1}) \subseteq \mathcal{H}^\Re(\text{BT – ADT}, \Theta_{F,k_2})$

定理 4.10(Anceaume et al.,2019b)
$$\mathcal{H}^\Re(\text{BT – ADT}_{SC}, \Theta) \subseteq \mathcal{H}^\Re(\text{BT – ADT}_{\diamond C}, \Theta)$$

结合前面的定理,得到了图 4.3 所示的层次结构。

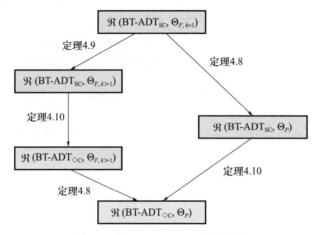

图 4.3 $\Re(\text{BT}-\text{ADT},\Theta)$ 层次结构

定理 4.11(Anceaume et al. ,2019b)如果发生分叉,那么不存在能生成满足 BT 强一致性的历史记录的 BT-ADT 实现。

根据定理 4.11,可以从图 4.3 中的层次结构中消除 $\Re(\text{BT}-\text{ADT}_{SC},\Theta_P)$ 和 $\Re(\text{BT}-\text{ADT}_{SC},\Theta_{F,k>1})$,因为在这两种情况下,$\Theta$-ADT 都允许分叉。因此,这种富集的 ADT 不能生成满足 BT 强一致准则的历史记录。

表 4.1 总结了不同现有系统与文中抽象之间的映射。

表 4.1 现有系统的映射。这里每个系统都假定至少有一个轻量级可靠通信(Anceaume et al,2019b)

参考	增强
比特币(BitCoin)(Nakamoto,2008)	$\Re(\text{BT}-\text{ADT}_{\diamond C},\Theta_P)$
以太坊(Ethereum)(Wood,2017)	$\Re(\text{BT}-\text{ADT}_{\diamond C},\Theta_P)$
ALGO 币(Algorand)(Gilad et al. ,2017)	$\Re(\text{BT}-\text{ADT}_{SC},\Theta_{F,k=1})$,SC 有 v. h. p
拜占庭币(ByzCoin)(Kogias et al. ,2016)	$\Re(\text{BT}-\text{ADT}_{SC},\Theta_{F,k=1})$
身份认证链(PeerCensus)(Decker et al. ,2016)	$\Re(\text{BT}-\text{ADT}_{SC},\Theta_{F,k=1})$
红腹链(Red Belly)(Crain et al. ,2017)	$\Re(\text{BT}-\text{ADT}_{SC},\Theta_{F,k=1})$
超级账本(Hyperledger)(Androulaki et al. ,2018)	$\Re(\text{BT}-\text{ADT}_{SC},\Theta_{F,k=1})$

注:缩写 v. h. p 的意思是"非常高的概率"。

4.5 总结与展望

Fernández Anta 等(2019)通过定义多重分布式账本对象(Multi-Distributed Ledger Objects MDLO)扩展了 DLO 的概念。MDLO 是多个分布式账本聚合的结果,体现了区块链互联和互操作性。为了介绍 MDLO 的应用,引入了原子追加问题。当多个客户端之间的数字资产交换涉及在多个 DLO 中添加记录时,就会出现原子追加问题。原子追加问题要求将所有记录添加到其所涉及的一些 DLO 上,或者不添加任何记录,并且能在客户端崩溃的情况下检查问题的可解决性。Cholvi 等(2020)引入了容忍拜占庭故障的线性化 DLO 的形式化和实现。此外,在拜占庭客户端和服务器的条件下考虑原子追加问题。在这些工作中,实现账本的服务器都是静态的。为便于实现分布式账本,一个具有挑战性的研究方向是处理匿名服务器的高度动态集合,如更接近类比特币的生态系统,从而实现非许可区块链。在这方面,可以考虑 DLO 公式所需的强前缀特性的宽松版本,遵循 4.4 节中所提出的弱前缀方法。

另一个具有挑战的方向是探索验证分布式账本的特性及其与加密货币之间的关系。这里的主要挑战是设计恰当的 valid() 函数,并以有效的方式来实现相关内容。

4.4 节中 Anceaume 等(2018,2019b)提出了区块链的扩展形式规范,并就其在共享内存和消息传递中的可实现性得出了重要的结论。这项工作旨在为构建完善的区块链抽象层次和应用结构奠定基础。这也留下了一些问题,如消息传递中最终前缀的可解性,其他预言机模型的同步能力以及预言机的公平性。

在 Anceaume 等(2018,2019b)的基础上,Anceaume 等(2020)重新研究了在 Anceaume 等(2019b)中提出的(确定性)最终前缀一致性的定义,以适应将无限数量的块添加到区块链的环境。在这项工作中,引入了有限撤销的概念,即可以从当前区块链中删除的区块数量是有限的。提供保证已知和有限撤销的解决方案是构建区块链的关键。在这项工作中,已知的有限撤销最终确定性等同于共识,未知的有限撤销最终确定性等同于最终立即确定性,且最终立即确定性并不弱于最终共识,最终共识是一种在所有参与者之间实现最终协议的抽象。该文提供了一种算法,其可以在具有无限数量拜占庭进程的异步环境中保证最终确定性。但出现分叉后,若选链规则是最长链规则,构建一个保证最终确定性的区块链是不可能的。最后,讨论了无界撤销最终确定性的可能性。该文提出了一种算法,解决了在最终同步环境中存在拜占庭进程占比不到多数的未知有限撤销最终确定性的问题。

Anceaume 等(2017)首次尝试将分布式账本与分布式共享对象(寄存器)理论联系起来,证明了比特币和以太坊仅验证具有规则语义的分布式账本寄存器的规范。常规寄存器提供的弱保证使应用程序程序员很难在这些寄存器之上构建正确的程序。常规寄存器甚至无法组合在一起。原子性或线性一致性是一种可组合的状态属性(Herlihy, 1990),使得多个分布式账本可以组合,并且具有很明确的强语义。原子性是并行和分布式系统开发中的标准特性。以前的工作(Anceaume et al. , 2017)提出了具有原子语义的分布式账本寄存器的问题。Anceaume 等(2019a)以几种方式扩展了 Anceaume 等(2017)中提出的成果。在这些成果中,作者提出了一种分布式账本寄存器的规范,该规范在拜占庭倾向的环境中匹配从安全性到原子性分布式账本寄存器之间的 Lamport 层次结构(Lamport, 1986)。Anceaume 等(2019a)实现了分布式账本寄存器,在假设存在拜占庭节点的情况下用以验证安全的、规则的和原子的语义。通信模型特定于分布式账本技术(Decker and Wattenhofer, 2013)。底层系统提供了满足 Δ - 传递特性的广播原语,如果节点调用以 m 为参数的广播原语,则每个正确的节点最终在 Δ 个时间单位内传递 m 一次。最后,提出一种分布式账本寄存器的实现,该寄存器满足 Anceaume 等(2017)定义的原子规范和 k - 一致性特性,以模拟非许可分布式区块链。这项工作是对4.3节中讨论工作的补充,4.3 节只关注由完全有序的块或记录序列组成的账本对象。将该框架与 Fernández Anta 等(2018)中提出的框架统一,并将其扩展到多对象操作(Fernández Anta et al. , 2019)是一个值得关注的开放方向。此外,将该框架与 4.4 节中讨论的运行时规范相连接,从而自动设计和验证具有各种语义的分布式账本算法,也是一个值得关注且重要的开放研究方向。

参考文献

Y. Afek, D. Dolev, H. Attiya, E. Gafni, M. Merritt, and N. Shavit. Atomic snapshots of shared memory. In *Proceedings of the 9th Annual ACM Symposium on Principles of Distributed Compu-*

ting（*PODC*），pages 1 – 13. ACM，1990. 121

M. Ahamad，G. Neiger，J. E Burns，P. Kohli，and P. W. Hutto. Causal memory：Definitions，implementation，and programming. *Distributed Computing* 9（1）:37 – 49，1995. 104

E. Anceaume，R. Ludinard，M. Potop – Butucaru，and F. Tronel. Bitcoin a distributed shared register. In *Proceedings of the International Symposium on Stabilization*，*Safety*，*and Security of Distributed Systems*（*SSS*），2017. 96，127

E. Anceaume，A. Del Pozzo，R. Ludinard，M. Potop – Butucaru，and S. Tucci Piergiovanni. Blockchain abstract data type. *CoRR*，http://arxiv.org/abs/1802.09877，2018. 118，119，120，121，126

E. Anceaume，M. Papatriantafilou，M. Potop – Butucaru，and P. Tsigas. Distributed ledger register：From safe to atomic. Preprint hal – 02201472，https://hal.archives – ouvertes.fr/hal – 02201472/file/main.pdf，July 2019a. 127

E. Anceaume，A. D. Pozzo，R. Ludinard，M. Potop – Butucaru，and S. Tucci Piergiovanni. Blockchain abstract data type. In C. Scheideler and P. Berenbrink，editors，*The 31st ACM Symposium on Parallelism in Algorithms and Architectures*，*SPAA 2019*，*Phoenix*，*Arizona*，*USA*，*June 22 – 24*，*2019*，pages 349 – 358. ACM，2019b. 96，105，110，111，112，113，114，115，116，117，118，123，124，125，126

E. Anceaume，A. D. Pozzo，T. Rieutord，and S. Tucci – Piergiovanni. On finality in blockchains，2020. https://hal – cea.archives – ouvertes.fr/cea – 03080029. 126

E. Androulaki，A. Barger，V. Bortnikov，C. Cachin，K. Christidis，A. De Caro，D. Enyeart，C. Ferris，G. Laventman，Y. Manevich，S. Muralidharan，C. Murthy，B. Nguyen，M. Sethi，G. Singh，K. Smith，A. Sorniotti，C. Stathakopoulou，M. Vukolic，S. Weed Cocco，and J. Yellick. Hyperledger fabric：A distributed operating system for permissioned blockchains，2018. https://arxiv.org/pdf/1801.10228v1.pdf. 125

H. Attiya and J. L. Welch. Sequential consistency versus linearizability. *ACM Trans. Comput. Syst.* 12（2）:91 – 122，1994. 103，104

H. Attiya and J. Welch. *Distributed Computing*：*Fundamentals*，*Simulations and Advanced Topics*. JohnWiley & Sons，2004. 107

C. Cachin，R. Guerraoui，and L. E. T. Rodrigues. *Introduction to Reliable and Secure Distributed Programming*（*2nd ed.*）. Springer，2011. 123

C. Cachin，K. Kursawe，F. Petzold，and V. Shoup. Secure and efficient asynchronous broadcast protocols. In *Advances in Cryptology—CRYPTO 2001*，*21st Annual International Cryptology Conference*，*Santa Barbara*，*California*，*USA*，*August 19 – 23*，*2001*，*Proceedings*，pages 524 –

541. Springer-Verlag,2001. 108

S. Chaudhuri, R. Gawlick, and N. Lynch. Designing algorithms for distributed systems with partially synchronized clocks. In *Proceedings of the 12th Annual ACM Symposium on Principles of Distributed Computing*, PODC'93, New York, New York, USA, pages 121-132. ACM, 1993. 107

V. Cholvi, A. FernándezAnta, C. Georgiou, N. Nicolaou, and M. Raynal. Atomic appends in asynchronous Byzantine distributed ledgers. In *16th European Dependable Computing Conference*, EDCC 2020, Munich, Germany, September 7-10, 2020, pages 77-84. IEEE, 2020. 100, 105, 106

T. Crain, V. Gramoli, M. Larrea, and M. Raynal. (Leader/randomization/signature) - free Byzantine consensus for consortium blockchains, 2017. http://csrg.redbellyblockchain.io/doc/ConsensusRedBellyBlockchain.pdf. 108, 118, 119, 125

C. Decker, J. Seidel, and R. Wattenhofer. Bitcoin meets strong consistency. In *Proc. of the ICDCN International Conference*, Singapore, pages 1-10, 2016. https://doi.org/10.1145/2833312.2833321. 125

C. Decker andR. Wattenhofer. Information propagation in the Bitcoin network. In *13th IEEE International Conference on Peer-to-Peer Computing*, IEEE P2P 2013, Trento, Italy, September 9-11, 2013, Proceedings, pages 1-10. IEEE, 2013. 127

X. Défago, A. Schiper, and P. Urbán. Total order broadcast andmulticast algorithms: Taxonomy and survey. *ACM Comput. Surv. 36(4)*:372-421, 2004. 105

A. Fernández Anta, C. Georgiou, and N. Nicolaou. Atomic appends: Selling cars and coordinating armies with multiple distributed ledgers. In V. Danos, M. Herlihy, M. Potop-Butucaru, J. Prat, and S. T. Piergiovanni, editors, *International Conference on Blockchain Economics, Security and Protocols*, Tokenomics 2019, Paris, France, May 6-7, 2019, volume 71 of OASIcs, pages 5:1-5:16. Schloss Dagstuhl-Leibniz-Zentrum für Informatik, 2019. 125, 127

A. Fernández Anta, K. M. Konwar, C. Georgiou, and N. C. Nicolaou. Formalizing and implementing distributed ledger objects. *SIGACT News* 49(2):58-76, 2018. 96, 100, 105, 107, 127

J. A. Garay, A. Kiayias, and N. Leonardos. The Bitcoin backbone protocol: Analysis and applications. In *Advances in Cryptology—EUROCRYPT 2015—34th Annual International Conference on the Theory and Applications of Cryptographic Techniques*, Sofia, Bulgaria, 2015. 96

M. Gentz and J. Dude. Tunable data consistency levels in Microsoft Azure Cosmos DB, June 2017. https://docs.microsoft.com/en-us/azure/cosmos-db/consistency-levels. (Accessed 20 Oct. 2017.) 103

Y. Gilad, R. Hemo, S. Micali, G. Vlachos, and N. Zeldovich. Algorand: Scaling Byzantine agreements for cryptocurrencies. In *Proceedings of the 26th Symposium on Operating Systems Principles*, pages 51–68. ACM, 2017. 125

A. Girault, G. Gössler, R. Guerraoui, J. Hamza, and D.-A. Seredinschi. Monotonic prefix consistency in distributed systems. In *International Conference on Formal Techniques for Distributed Objects, Components, and Systems*, Berlin, Germany, pages 41–57, Springer, 2018. 96, 109, 110

M. Herlihy. Concurrency and availability as dual properties of replicated atomic data. *J. ACM* 37(2):257–278, 1990. 127

M. Herlihy. Wait-free synchronization. *ACM Transactions on Programming Languages and Systems (TOPLAS)* 13(1):124–149, 1991. 119

M. Herlihy. Blockchains and the future of distributed computing. In E. M. Schiller and A. A. Schwarzmann, editors, *Proceedings of the ACM Symposium on Principles of Distributed Computing, PODC 2017, Washington, DC, USA, July 25–27, 2017*, page 155. ACM, 2017. 95

M. P. Herlihy and J. M. Wing. Linearizability: a correctness condition for concurrent objects. *ACM Transactions on Programming Languages and Systems (TOPLAS)* 12(3):463–492, 1990. 103

E. K. Kogias, P. Jovanovic, N. Gailly, I. Khoffi, L. Gasser, and B. Ford. Enhancing Bitcoin security and performance with strong consistency via collective signing. In *25th USENIX Security Symposium*, 2016. 125

L. Lamport. How to make a multiprocessor computer that correctly executes multiprocess programs. *IEEE Transactions on Computers* C-28(9):690–691, 1979. 103, 104

L. Lamport. On inter-process communications, Part I: Basic formalism and Part II: Algorithms. *Distributed Computing* 1(2):77–101, 1986. 127

L. Lamport, R. Shostak, and Marshall Pease. The Byzantine generals problem. *ACM Transactions on Programming Languages and Systems* 4:382–401, 1982. 118

M. Mavronicolas and D. Roth. Linearizable read/write objects. *Theor. Comput. Sci.* 220(1):267–319, 1999. 107

S. Nakamoto. Bitcoin: A peer-to-peer electronic cash system, 2008. https://bitcoin.org/en/bitcoin-paper. (Accessed 3 Apr. 2018.) 108, 125

R. Pass and E. Shi. Fruitchains: A fair blockchain. In *Proceedings of the ACM Symposium on Principles of Distributed Computing, PODC 2017*, New York, New York, USA, pages 315–324. ACM, 2017. 97, 99

M. Perrin. *Distributed Systems, Concurrency and Consistency*. ISTE Press, Elsevier, 2017.

M. Perrin, Achour Mostefaoui, and Claude Jard. Causal consistency: Beyond memory. In *21st*

ACM SIGPLAN Symposium on Principles and Practice of Parallel Programming,Barcelona,Spain,pages1-12,2016. https://doi.org/10.1145/3016078.2851170. 109

M. Raynal. *Concurrent Programming：Algorithms，Principles，and Foundations.* Springer,2013.97,105

J. Wang,E. Talmage,H. Lee,and J. L. Welch. Improved time bounds for linearizable implementations of abstract data types. In *2014 IEEE 28th International Parallel and Distributed Processing Symposium*,Phoenix,Arizona,pages 691-701. May 2014. 107

G. Wood. Ethereum：A secure decentralised generalised transaction ledger, 2017. http://gavwood.com/Paper.pdf. 125

作者简介

伊曼纽尔·安塞奥姆是IRISA实验室CNRS的高级研究员科学家（CNRS是法国国家研究机构）。她拥有巴黎奥赛大学（巴黎第11大学）计算机科学博士学位，从事可靠系统的研究。她在康奈尔大学（美国）做了1年博士后研究员。她专注于大规模动态分布式系统中的可靠性和安全问题。在过去几年中，她一直致力于数据流算法、信誉机制、对等系统中的可靠性问题以及分布式账本（区块链）。

安东尼奥·费尔南德斯·安塔是IMDEA网络研究所的教授。此前,他曾在胡安卡洛斯大学（Universidad Rey Juan Carlos,URJC）和马德里政治大学（Universidad Politécnica de Madrid,UPM）任教,并获得研究绩效奖。他是麻省理工学院（MIT）的博士后（1995—1997年）,并在贝尔实验室和麻省理工学院媒体实验室度过了几年的公休假。2019年,他被授予国家计算机奖（Premio Nacional de Informática "Aritmel"）,自2018年以来,他一直是德国SFB MAKI的墨卡托学者,在路易斯安那大学获得了硕士和博士学位,也是ACM和IEEE的高级成员。

克瑞西斯·吉欧吉是塞浦路斯大学计算机科学系副教授。他拥有康涅狄格大学计算机科学与工程博士学位（2003年）和硕士学位（2002年）。他的研究兴趣涉及容错分布式计算的理论和实践,重点是算法和复杂性。最近的研究主题包括分布式账本的规范和实现、容错和强一致性分布式存储系统的设计和实现、自稳定分布式系统的设计与分析,以及应用众包对抗新冠肺炎的传播。

尼古拉斯·尼古拉奥斯是 Algolysis 有限公司的联合创始人、高级科学家和算法工程师。在 2014 年之前，他一直担任各种学术职位，作为访问教师，担任 IMDEA 网络研究所的 IEF 玛丽·居里学者（2014—2016 年），以及麻省理工学院的短期学者（2017 年），他是 KIOS 卓越研究中心（2017—2019 年）的博士后研究员，随后于 2019 年离开工作岗位。他拥有康涅狄格大学的博士学位（2011 年）和硕士学位（2006 年），以及塞浦路斯大学的理学学士学位（2003年）。他的主要研究兴趣在于分布式系统、容错分布式算法的设计和分析、分布式账本（区块链）、嵌入式设备和关键基础设计的安全以及传感器网络等领域。

玛丽亚·波托-布图卡鲁是索邦大学的教授，也是 LIP6 实验室（巴黎六大计算机实验室）的研究员。她的研究重点是分布式系统对多故障和攻击的恢复能力，如崩溃、拜占庭、顺态等。她对自组织、自我修复和自我稳定等方向以及安全的静态和动态分布式系统感兴趣，如区块链、对等网络、传感器和机器人网络。她特别关注基本分布式计算问题的可靠分布式算法的概念和证明：通信原语（如广播、汇聚传输等）、自覆盖（各种生成树、P2P 覆盖网等）、一致性和资源分配问题（存储、互斥等）、共识或领导者选举。

第 5 章
对抗性跨链业务模型

莫里斯·赫利希
芭芭拉·利斯科夫
柳巴·什里拉

5.1 引言

设想一下,剧场老板鲍勃决定以 100 枚代币的价格出售两张热门剧目的门票。经纪人爱丽丝知道卡罗尔愿意为这些门票支付 101 枚代币,所以爱丽丝计划小幅加价将鲍勃的票转售给卡罗尔。那么如何设计一个由爱丽丝、鲍勃和卡罗尔执行的分布式协议,使其能将鲍勃的门票转移给卡罗尔,将卡罗尔的代币转移给鲍勃,同时减去爱丽丝的佣金呢？如果一切都按计划进行,那么所有的转移都会发生,但如果出现了任何问题(有人入不敷出或试图欺骗),最终对任何诚实的一方都没有影响。例如,爱丽丝最终不应该持有她不能出售的门票或必须退还的代币。

本章将探讨包含多个区块链的多方交易。现有以下几个重要问题需要考虑。

1. 跨链业务是什么

本章介绍了跨链交易,这是一种包含并概括当前实践的分布式业务模型。

2. 跨链业务应该支持哪些原子性和完整性保证

尽管跨链交易类似于经典的分布式原子交易,但它们并不相同。例如,如果参与者能够以任意的、甚至看似非理性的方式行事,原子交易经典的"非 0 即 1"(All-or-Nothing)的属性就无法保证。本章通过描述安全性和活跃性来代替交易的原子性这一经典概念。

3. 如何实现这些属性

本章描述了实现跨链交易的两种方法:一种是采用同步通信模型的完全去中心化的时间锁定协议;另一种是不采用同步通信模式的更中心化的认证区块链(Certified Blockchain,CBC)协议。

明确系统的正确性需要十分谨慎,因为在系统中参与方可以随意地偏离共同协议,而且不能假设参与方是理性的,因为他们可能拥有未知的目标功能(如某个外国政权愿意为破坏经济而买单)。此外,一些熟悉的经典属性,如原子交易的"非 0 即 1"属性,在对抗性环境中无法强制执行。在许多关于跨链交易和交换的文献中,正确性的概念都被非正式或模棱两可地定义。如果没有一个可实现的和现实的有关正确性的概念,就无法推断区块链协议、智能合约代码或任何其他支持对抗性业务的子系统的正确性。

5.2 系统模型

5.2.1 模型相关术语

在一般意义上,区块链是指一个公开可读、不可篡改的分布式账本(或数据库),它可以跟踪不同参与方之间的资产所有权。本章的讨论在很大程度上独立于参与区块链所使用的特定算法。

资产可能是可替代的,如加密货币;也可能是不可替代的,如建筑物的所有权。参与方可以是人、组织,甚至是合约。当有多个独立的区块链,并且每个区块链管理不同的资产时,本章关注追踪资产所有权的区块链和参与方同意交换资产所有权的业务。本章假设交易中的所有资产转移都在区块链上明确表示。例如,爱丽丝不会向鲍勃发送加密货币以换取纸质钞票。

资产所有权由名为智能合约①的简单程序管理。就像面向对象编程语言中的对象一样,智能合约封装了长期状态,并导出一组函数,而各方可以通过这些函数访问封装的状态。合约状态和合约代码都驻留在区块链上,在区块链上的任何参与方都可以读取它们,以此确保调用合约的一方知道将执行什么代码。合约代码必须是确定性的,因为许多区块链算法要求相互怀疑的参与方多次重新执行合约。

资产所有者将资产所有权临时转让给合约。如果满足了某些条件,合约将该资产转让给交易对手,否则会将该资产退还给原所有者。这是一种合约托管的方式。

参与方在区块链上发布一条交易信息,以通过合约更新区块链上的公共数据。当有其他参与方发布交易信息时,区块链上的参与方会及时收到该信息。

合约有一个基本的限制,而这恰恰就是跨链业务难以实现的原因。合约可以在所在区块链上读取数据和调用其他合约,但不能在其他区块链上直接观察数据或调用合约。区块链 A 上的合约只有在某一方明确告知 A

---

① 智能合约简称合约。合约这个名称来源于历史,智能合约在任何意义上都不是合约。本章出现的合约均为智能合约。——译者

关于区块链 B 的变化时,才能获知 B 上的数据变化。因为各方彼此不信任,所以有必要向区块链 A 提供某种"证明",来证明关于 B 的状态的信息是正确的。

5.2.2 故障模型

交易各方应遵循共同协议,不像经典模型那样区分过错方和非过错方,而是只区分遵守协议的合规方和不遵守协议的偏离方。许多类型的容错分布式协议都要求部分参与方达成一致。例如,工作量证明共识(Nakamoto,2009)要求大多数参与者取得共识,而大多数拜占庭容错共识协议要求 2/3 以上的参与者达成一致。但是对于跨链交易,似乎谨慎的做法是不对偏离方的数量进行假设。

总之,合约代码是被动的、公开的、确定性的和可信的,而参与方是主动的、自治的和潜在不诚实的。

5.2.3 时序模型

区块链文献中常用的时序模型有三种。

1. 同步模型

从一方改变区块链状态到被其他方注意到的传播时间有一个已知的上限。比特币(Nakamoto,2009)和以太坊(Ethereum,2021)等工作量证明协议使用了该模型。

2. 半同步模型

最初消息传播时间没有限制,但是系统在同步后才能最终达到全局稳定时间(Global Stabilization Time,GST)。实际上,同步周期只需要持续"足够长"就能使协议稳定。Algorand(Gilad et al. ,2017)、Libra(Libra Association,2019)和 Hot-Stuff(Abraham et al. ,2018)都是基于拜占庭容错共识协议实现的。

3. 异步模型

消息传播时间没有限制。在这种模型中不可能有确定性的共识,但是在基于随机共识协议的区块链中,如 HoneyBadger(Miller et al. ,2016),达成确定性共识是有可能的。

本章将重点讨论采用同步或半同步模型的协议。

5.2.4 加密模型

在标准的加密假设中,每个参与方都有公钥和私钥,其中公钥是大家都知道的。消息都经过签名,不能伪造,并且包含一次性标签("随机数"),因此它们不能重放。

5.3 跨链交易

本节描述了跨链交易,以及跨链交易的正确执行。

5.3.1 交易细节

交易的每个收益可以表示为一个矩阵(或表格),其中每行和每列都标有参与方,第 i 行、第 j 列的项表示要从第 i 方转移到第 j 方的资产。参与方的列表示其期望从交易中获得的收益,它的行表示其预期的支出。如果某交易的提案使一方有利可图,则他会进入交易的过程;如果一方认为实际收益可以接受,则他会同意完成交易。

在下面的示例中,收益由表 5.1 中的 3×3 矩阵给出。卡罗尔希望将 101 枚代币转给爱丽丝,以换取爱丽丝手中的门票。同样,鲍勃希望把门票转给爱丽丝,以换取爱丽丝的 100 枚代币。表中提到的"门票"是交易的一部分,且在本交易中是不可替代的,而代币是可以被替代的。

表 5.1 爱丽丝、鲍勃和卡罗尔的交易(行代表流出转移,列代表流入转移)

姓名	爱丽丝	鲍勃	卡罗尔
爱丽丝		100 枚代币	门票
鲍勃	门票		
卡罗尔	101 枚代币		

爱丽丝将资产拍卖给鲍勃和卡罗尔的交易需要两个矩阵,此处就每个交易成功的结果各举一个例子:①如果鲍勃出价超过卡罗尔,爱丽丝将她的资产转让给鲍勃,鲍勃将他的出价转让给爱丽丝,卡罗尔将她的出价转回给自己。②如果卡罗尔出价超过鲍勃,那么以上的转移相反(现实的链上拍卖还包括费用和押金,以惩罚投标人的恶意行为)。

5.3.2 状态机模型

从更正式的角度来说,跨链交易是一个简单的状态机,它跟踪资产的所有权以及资产交易所涉及的托管、转移、提交和中止操作。

设 $\mathcal{P}$ 是参与方的域,$\mathcal{A}$ 是资产的域(参与方可能是人或合约,而资产是代表物品价值的数字代币)。资产一次只有一个所有者:当且仅当 P 拥有 A 时,Owns(P,A) 为真。

一笔主动的交易暂时将资产所有权从一方转移到另一方。如果暂时的转移成为永久的,它就会提交;如果暂时的转移被放弃,它就会中止。如果交易中所有暂时的转移都提交了,则交易将会提交;如果所有暂时的转移都中止了,则交易中止。

当交易正在进行时,其状态包含 $C:\mathcal{A}\to\mathcal{P}$ 和 $A:\mathcal{A}\to\mathcal{P}$ 两个部分,而这两者最初都为空。如果交易在 a 的区块链上提交,则用 $C(a)$ 表示资产 a 的最终所有者,如果该交易中止,则用 $A(a)$ 表示资产的最终所有者。如果交易提交,则使用 Owns$_C(P,a)$ 表示 P 将拥有 a;如果交易中止,则用 Owns$_A(P,a)$ 表示 P 将拥有 a。

托管起到经典的并发控制的作用,确保单个资产不能在同一时间转移到不同的参与方。以下是当 P 在交易 D 期间将 a 进行托管时可能发生的情况:先决条件:Owns(P,A),后续条件:Owns(D,A)、Owns$_C(P,a)$ 和 Owns$_A(P,a)$。先决条件是只有当 P 拥有 a 时,P 才能托管 a。如果满足该先决条件,则后续条件表示 a 的所有权通过托管合约从 P 转移到 D。但是,P 在 C 和 A 中仍然是 a 的所有者,因为在 C 和 A 中尚未发生暂时的转移。同样,如果 D 以任何方式结束,P 将重新获得 a 的所有权。例如,当鲍勃托管他的门票时,这些门票将成为合约的财产,但如果交易立即结束,门票将重新归鲍勃所有。

下面定义当 P 方在交易 D 中暂时向 Q 方转移资产 a 时可能发生的情况:先决条件:Owns(D,A) 和 Owns$_C(P,a)$,后续条件:Owns$_C(Q,a)$ 和 Owns$_A(P,a)$。先决条件要求 a 由 D 托管,且 D 应提交 P 为指定的所有者。如果先决条件得到满足,则后续条件表示交易 D 应在此时提交 Q 为被转移的 a 的所有者。例如,当卡罗尔向爱丽丝转移 101 枚代币时,爱丽丝成为 C 中这些代币的所有者。之后爱丽丝同样可以在 C 中把 100 枚代币转移给鲍勃,并给自己留下 1 枚。

在交易结束之前,资产仍处于托管状态。如果交易因提交而结束,C 中资产的所有者将取代 D 成为实际所有者。如果交易因中止而结束,A 中资产的所有者将再次取代 D 成为实际所有者。

5.3.3 交易执行阶段

交易按照以下几个阶段执行。

1. 清算阶段

市场清算服务发现并广播参与者、提议的转移和其他可能的特定交易信息。市场清算服务可能是中心化的,但不是受信任的一方,因为各方可以在之后自行决定是否参与交易。市场清算服务的精确结构超出了本章内容的范围。

2. 托管阶段

各方托管其流出资产。例如,鲍勃托管他的门票,卡罗尔托管她的代币。

3. 转移阶段

各方执行交易中暂定的所有权转移的顺序。例如,鲍勃暂时将门票转移给爱丽丝,爱丽丝随后将门票转移给卡罗尔。

4. 验证阶段

一旦暂时的转移完成,各方将检查交易是否与不受信任的市场清算服务所提议的交易相同,其流入的资产是否得到了妥善的托管(流入资产不能双花),以及流入和流出资产定义的收益是否可以接受。例如,卡罗尔检查将要转移的门票是否已托管,座位是否与商定的一样好,以及她会不会超额支付。

在经典的两阶段提交协议(Bernstein et al.,1986)中,验证通常不需要语义检查,如果拥有适当的锁定并保证了持久性,则一方同意做好准备。然而,在对抗性业务中,各方需要一个特定于应用程序的验证阶段,以决定提议的收益是否可以接受。例如,只有卡罗尔才能决定她要买的票是否是她想要的。

5. 提交阶段

各方投票决定是否将暂时转移永久化。如果各方投票提交,托管资产将转移给其新的所有者,否则会将其退还给原所有者。

跨链交易依赖于两个相互交织的关键机制。首先,托管机制通过使托管合约本身成为资产所有者来防止双花。必须注意,在交易对手存在恶意行为时,属于合规方的资产不会永远处于托管状态。其次,在有恶意行为的情况下,提交协议必须具有弹性。如果偏离方能够让一些参与方相信交易能成功完成,并使其他参与方认为交易不能成功完成,那么他可能可以窃取资产。如果偏离方可以通过提交协议阻止或延迟决策,那么他可以永久或长时间地锁定资产。

实现跨链交易协议的主要挑战是集成式托管管理和提交协议的设计。与经典交易机制一样,这其中包含了许多可能的选择和权衡。在本章的剩余部分中描述了两种通过合约实现的跨链交易协议:一种用于同步时序模型;另一种用于半同步模型,而这两种模型在去中心化和容错方面进行了不同的权衡。

5.4 模型正确性

交易各方就完成交易转移的协议达成一致。在无法强制各方遵守协议的环境中,同样也无法保证所有转移都按照交易规范的承诺进行。那么哪些部分转让应视为可以接受的呢?

最基本的安全属性是,即使其他参与方随意偏离协议,最终对合规方也没有影响。协议执行一方的收益是实际转移的流入和流出资产的集合。有些收益是可以接受的,其余的则不然。一些可接受的收益可能对某些参与方来说更好,但任何可接受的收益对参与方来说都没有影响。

每个参与方都认为以下收益是可接受的:全提交(ALL),即进行所有达成共识的转移;不提交(NOTHING),即未进行任何转移。此外,可以允许一方考虑其他的收益是否可以接受。例如,期望三次流入转移和三次流出转移的一方可能愿意接受仅接收两次流入转移的和两次流出转移的收益。当然,任何这样的选择都取决于应用程序。

进一步假设,如果一方可以接受某个收益,且如果该方获得更多的流入资产,或者放弃更少的流出资产,那么符合以上条件的任何收益也都是可以接受的。例如,如果一方没有转移流出资产,但接收一些流入资产,那么对该方来说就可以接受对基准不提交收益的修改。这种结果虽然在实际中不太可能,但也不能完全排除。

跨链任务协议通常依赖于某种形式的托管来确保参与方的诚信。而在正确的协议中,合规方的资产不能永远锁定,理想情况下,交易的任何部分也是如此。因此,正确性包括安全性和活跃性。

属性 5.1(安全性)

对于每个协议的执行,每个合规方都会得到可接受的收益。这种安全性的概念取代了原子交易的经典"非 0 即 1"属性。正如本章指出的那样,原子交易不能在偏离方在场的情况下实现。

属性 5.2(弱活跃性)

属于合规方的任何资产都不会永久托管。

属性 5.3(强活跃性)

如果所有参与方都合规并愿意接受其提议的收益,则所有转移都会发生(所有参与方的收益均为全提交)。众所周知的是(Fischer et al.,1985),只有在通信网络同步时,才能确保消息传递时间有固定上限,从而实现强活跃性。

5.5 执行模型

在讨论和比较可能的交易执行之前,有必要将 5.3.3 节的交易执行细分为以下几个阶段:

1. 清算阶段

如前所述,假设某种市场清算服务允许参与者参加提议交易。

2. 托管阶段

各方托管其流出资产。例如,鲍勃托管他的门票,卡罗尔托管她的代币。

3. 转移阶段

各方执行交易中暂定的所有权转移的顺序。例如,鲍勃暂时将门票转移给爱丽丝,爱丽丝随后将门票转移给卡罗尔。

4. 验证阶段

一旦暂时的转移完成,各方将检查交易是否与不受信任的市场清算服务所提议的交易相同,其流入的资产是否得到了妥善的托管(流入资产不能双花),以及流入和流出资产定义的收益是否可以接受。例如,卡罗尔检查将要转移的门票是否托管,座位是否与商定的一样好,以及她会不会超额支付。

5. 提交阶段

各方投票决定是否将暂时转移永久化。如果各方投票提交,托管资产将转移给其新的所有者,否则会将其将退还给原所有者。

5.6 时间锁定协议

在时间锁定提交协议中，托管的资产在所有参与方投票提交时会释放，参与方并没有明确地投票中止。相反，超时用于确保托管的资产不会在某一方入不敷出或退出交易时永久锁定。该协议假设了一个区块链传播时间已知且有界的同步网络模型。

在本章的示例中，鲍勃将门票进行托管，然后将门票转移给爱丽丝，爱丽丝又将门票转移给卡罗尔。所有参与方都会检查他们的流入资产，如果产生的收益是可接受的，各方将在每个资产区块链中的托管合约上投票提交。例如，如果爱丽丝、鲍勃和卡罗尔都在门票的区块链上登记了提交投票，则托管合约将门票释放给卡罗尔。所有投票都可能会超时：如果在合约超时之前没有任何提交投票，则门票将返回给鲍勃。同样的情况适用于卡罗尔的代币。

由于交易天然的对抗性，参与方渴望获得付款，所以各方都有动机发布对控制自己流入资产的区块链的投票结果；同样参与方并不渴望付款，所以不愿发布对控制自己流出资产的区块链的投票结果。为了使协议与激励措施相一致，一方的提交投票可以由有动机的一方从一个托管合约转发到另一个托管合约。

例如，鲍勃仅在代币的区块链上有动机发布他的提交投票。但是一旦发布，鲍勃的投票对卡罗尔来说就是可见的，卡罗尔有动机将鲍勃的投票转发到门票的区块链上。卡罗尔的立场与鲍勃相反：她有动机只在门票的区块链上发布她的投票，但鲍勃有动机将她的投票转发到代币的区块链上。而爱丽丝有动机向这两个区块链发送投票。如果一方直接对任意的合约发送提交投票，则不会造成损失。

该协议中的棘手之处是如何选择超时。简单地为每个资产的参与方分配超时的协议实现并不能满足正确性的概念，如下面的示例。

假设门票和代币托管分别给爱丽丝分配超时 A_t 和 A_c，并且鲍勃和卡罗尔的提交投票已经在两个区块链上发布。在一个场景中，爱丽丝需要等到 A_c 之前，才能在代币区块链上登记她的投票并解锁卡罗尔给鲍勃的付款。卡罗尔观察到爱丽丝的投票并将其转发到门票区块链上可能需要时间 Δ，而这意味着 $A_t \geq A_c + \Delta$。鲍勃观察到爱丽丝的投票并将其转发到代币区块链上可能需

要时间 Δ,而这意味会产生矛盾 $A_c \geq A_t + \Delta$。

为了解决这一困境,每个托管合约对参与方提交投票的超时取决于该投票转发的路径长度。例如,如果爱丽丝直接投票,那么只有当投票在提交协议开始后的 Δ 时间内被接收,她的投票才会被接受,且此投票必须由爱丽丝签名。如果爱丽丝转发鲍勃的投票,则只有当投票在开始后的 2Δ 时间内被接收,该投票才会被接受。其中额外的 Δ 时间反映了最坏情况下转发投票需要的额外时间。此投票必须先由鲍勃签名,再由爱丽丝签名。如果爱丽丝转发了鲍勃从卡罗尔转发的投票,则只有当投票在 3Δ 时间内被接收,该投票才会被接受,其他情况可以据此类推。此投票必须按先卡罗尔、再鲍勃、最后爱丽丝的顺序签名。此签名链称为投票路径签名。

总的来说,带有路径签名 p 的 X 方的投票必须在预先建立的提交协议开始后的 $|p|\Delta$ 时间内到达,其中 $|p|$ 是该投票中不同签名的数量。

5.6.1 运行协议

下面描述如何执行时间锁定协议的各个阶段。

1. 清算阶段

市场清算服务向交易中的所有参与方广播以下内容:交易标识符 D,参与方列表 plist,用于计算超时的提交阶段开始时间 t_0 和超时延迟 Δ。大多数区块链通常是通过将当前区块高度乘以平均区块速率来不精确地测量时间。考虑到执行交易的临时转移所需的时间,t_0 应选择在未来足够远时。Δ 应该足够大,以使区块链计时过程中的任何不精确之处都可以忽略。因为 t_0 和 Δ 仅用于计算超时,它们的值不会影响正常的执行时间,而在正常的执行中,所有投票都会及时收到。如果交易需要几分钟(或几个小时),那么 Δ 可以用小时(或天)来计量。

2. 托管阶段

各方通过资产区块链上的托管合约 escrow(D, Dinfo, a) 将其流出资产置于托管中。其中,D 是交易标识符,Dinfo 是关于交易的其余信息(plist, t_0 和 Δ);只有当参与方是 a 的所有者和 plist 的成员时,托管请求才会生效。

3. 转移阶段

通过向资产的区块链上的托管合约发送 transfer(D, a, Q),P 方可以将暂时拥有的资产 a 转让给 Q 方。发送方必须是 a 的暂时所有者,Q 必须在 plist 中。

4. 验证阶段

各方检查自己托管的流入资产,来确定它们是否代表可接受的收益,以及市场清算服务提供的交易信息是否正确。如果是,该参与方将投票提交。

5. 提交阶段

每个合规方都会为每笔流入资产向托管合约发送提交投票。合规方也可以自由地向其他托管合约发送提交投票。一方使用 commit(D,v,p) 直接投票,并将投票转发给交易的托管合约。其中,v 是投票人,p 是 v 投票的路径签名。例如,如果爱丽丝正在转发鲍勃的投票,那么 v 是鲍勃,p 首先包含鲍勃的签名,然后包含爱丽丝的签名。本章假设在整个过程中交易标识符都是唯一的,以防止重放攻击。

合约只有在及时到达且规范化的情况下才接受提交投票:路径签名中的所有参与方都是唯一且在 plist 中的,且参与方的签名有效并能证明 v 的投票。如果提交被接受,则该合约已接受参与方的投票。

当合约接受每个参与方的提交投票时,它将托管资产释放给新的所有者。如果合约在 $t_0 + N\Delta$ 时间前未接受每个参与方投票(其中 N 是参与方的数量),那么它之后永远不会接受错过的投票,所以此时合约超时,并会将其托管的资产退还给原所有者。

5.6.2 规范化交易

为了便于说明,此处将交易视为有向图,其中每个顶点表示一个参与方,每个弧表示一次转移,交易的有向图如图 5.1 所示。

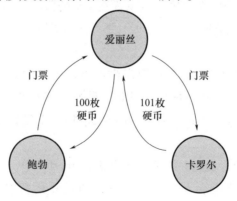

图 5.1 有向图形式的爱丽丝、鲍勃和卡罗尔的交易

如果交易有向图没有强连通,则表明交易并没有规范化,在这种情况下交易中包含一个或多个"搭便车者",这些人拿走资产,但却不返还任何资产(Herlihy,2018)。其余各方没有动机遵守执行此类交易的任何协议,因为他们可以通过将搭便车者排除在外来提高自己的收益[①]。

合规方首先向其流入资产区块链上的托管合约发送投票。然后,合规方会监控其流出资产的区块链,并将其他各方的投票转发给流入资产的区块链。任何一方都不需要与任何其他区块链交互。例如,如果卡罗尔只拥有竞争币,那么作为交易的一部分,她可以去大卫那里用她的竞争币兑换代币,交易可以在鲍勃等各方不需要与竞争币区块链交互(甚至了解它)的情况下提交。该协议是去中心化的,因为没有任何一个区块链必须由所有合规方访问。

该投票协议反映了合规方必须做到的与激励相容的最低限度。合规方可以自行选择将提交投票直接发送到任意区块链上,尽管通常情况下,各方希望将提交投票发送至自身已经使用的区块链上。例如,可能出于加快提交过程的考虑,鲍勃会将他的投票直接发送到门票的区块链上。如果鲍勃这样做了,并且卡罗尔不合规地未能及时领取门票,那么他就放弃了一个欺骗卡罗尔的机会。

尽管在有需要时,时间锁定协议可以处理未规范化的交易,但在本节的剩余部分中仍假设交易是规范化的,且相应的有向图是强连通的。

5.6.3　异常情况

如果各方偏离协议会发生什么?例如,假设鲍勃想要用 b 币兑换 c 币,而卡罗尔想用 c 币兑换 b 币。爱丽丝代理了他们的交易,从鲍勃手中获得 101 枚 b 币,从卡罗尔手中获得 101 枚 c 币,然后再将 100 枚 b 币和 c 币分别转发给卡罗尔和鲍勃,从双方各获得 1 枚代币的佣金。假设爱丽丝碰巧持有这两种代币。为了节省时间,爱丽丝并行地执行多个托管。当卡罗尔将 101 枚 c 币交给爱丽丝托管时,爱丽丝将 100 枚自己的 c 币交由鲍勃托管,鲍勃的 b 币也是如此。现在假设爱丽丝被恶意软件感染,导致她做出不理智的行为。各方都投票提交,但爱丽丝不理智地忘记了将自己和鲍勃的提交投票转发给持

[①] 搭便车者也许正在向其他参与方发送某种隐藏的链外付款,但隐藏付款的内容超出了本章的范围。——译者

有鲍勃的 b 币合约。鲍勃的时间锁定最终将到期,他将收回其代币,因此对他来说,交易中止了。但是,卡罗尔将把她的 101 枚 c 代币转移给爱丽丝,并收到她的 100 枚 b 代币,所以对她来说,这笔交易是正常的。

尽管这种结果不是"非 0 即 1 的",但它是可接受的,因为所有合规方最终都得到了可接受的结果。但是偏离了协议的爱丽丝承担了恶果,在没有得到鲍勃付款的情况下却给卡罗尔付款。此处强调了经典正确性属性的不可执行性,因为它看起来可能与直觉相悖。但是,如果想验证合约是正确的,就必须小心使用可实现的正确性的概念。

5.6.4 协议正确性

定理5.1 时间锁定协议满足安全性。

证明:通过构造,可以认为转移合规方 X 托管的流入和流出资产是 X 可接受的收益。通过归谬的方式,假设 X 的流出资产 a 从托管中释放并转移(由各方进行提交投票),但 X 的流入资产 b 的托管超时,并因 Z 方的错过投票而退款。假设 Z 在 a 的合约中的提交投票带有路径签名 p。因为 X 是合规的并且已经将 Z 的投票转发给了 b,所以 p 中的签名不能包含 X。Z 的投票必须在时间 $t_0 + |p|\Delta$ 之前到达 a。因为 X 是合规的,所以它在时间 $t_0 + (|p| + 1)\Delta$ 之前将该投票转发给 b 的合约,并且投票在 b 的合约中被接受,而这正好是矛盾的。

定理5.2 时间锁定协议满足弱活跃性:合规方的流出资产不会被永久锁定。

证明:合规方创建的每个托管都有一个有限的超时时间。

定理5.3 时间锁定协议满足强活跃性。

证明:如果所有参与方都合规,他们都会向托管合约发送提交投票,以获得他们的流入资产。每次流出资产的合约上出现新的提交投票时,参与方都会将其转发给流入资产的合约。由于交易规范化,交易有向图是强连通的,所有的提交投票都会及时转发给所有合约。

假设鲍勃按时获得了爱丽丝和卡罗尔的投票,并将其转发以索要代币,但爱丽丝和卡罗尔在将鲍勃的门票转发到门票区块链之前已被离线,因此鲍勃最终获得了代币和门票。从技术上讲,爱丽丝和卡罗尔没有及时索要他们的资产,从而偏离了协议。作为对策 Δ 应该选择得足够大,以使持续的拒绝服务攻击代价高昂。出于类似的原因,闪电支付网络(Poon and Dryia,2016)使用了瞭望塔(Chester,2018)来代表离线参与方监控托管合约。

5.7 认证区块链协议

本节描述一种仅假设半同步通信模型的提交协议(Dwork et al.,1988)。由于不能使用定时托管,所以如果验证失败或验证时间过长,允许参与方投票中止。

不同于没有协调器的经典两阶段提交协议(Bernstein et al.,1986),本节使用认证区块链来作为共享日志。认证区块链可能是一个独立的区块链或交易中已经使用的区块链之一。

各方在认证区块链上投票决定是否提交或中止整个交易,而不是对个人资产进行投票。认证区块链记录并排列这些投票。参与方可以从认证区块链中提取证明,而证明中特定的投票是按照特定的顺序记录的。索要资产(或退款)的一方需向管理该资产的合约提供提交(或中止)证明。合约检查证明的有效性,并在证明有效的情况下执行所要求的转移。提交证明可以证明在任何一方投票中止之前,各方都投票提交了交易。中止证明可以证明在每个参与方投票提交之前,存在某些参与方投票中止。一方可以通过投票中止来撤回先前的提交投票(如在交易需要太长时间才能完成时)。为了确保强活跃性,一旦一个合规方投票提交,为了让其他参与方有机会在改变主意选择投票中止之前进行投票,合规方必须等待足够长的时间。

如果在任何执行过程中没有所有参与方都访问的单一区块链,则该提交协议是去中心化的(见5.6.2节)。在该层面上来说,认证区块链协议不是去中心化的,因为认证区块链本身是一个由所有参与方共享的中心化的"白板"。这种去中心化的损失是不可避免的:任何一个容忍异步周期的协议都不能去中心化。完整的形式证明超出了本章内容的范围,但此处概述了一个改编自Fischer et al.(1985)的观点。如果所有参与方都是合规的,那么如果交易在任何资产的区块链上提交(或中止),它必须在这些区块链上都提交(或中止)。最初,协议的状态是二价的:提交和中止都是可能的结果。但协议的状态不可能永远保持二价,因此交易必须有可能达到一个二价临界状态,在临界状态中各方都将采取决定性的步骤来迫使协议进入单价状态,而单价状态中提交结果或中止结果都变为了不可避免的。强制最终提交的潜在决定性步骤与强制最终中止的潜在决定性步骤不能在不同的区块链上发生,因为这样就不可能确定哪个步骤最先发生,进而不能确定哪个步骤才是真正决定性的。因此,在这样的危急状态下,所有参与方都必须调用同一份合约,而这正违背了去中心化的要求。

5.7.1 运行协议

下面将介绍如何执行认证区块链协议的各个阶段。

1. 清算阶段

市场清算服务广播唯一的标识符 D 和参与方列表 plist(该协议不需要开始时间 t_0 或 Δ)。一方通过在认证区块链上发布交易信息记录交易开始:startDeal(D, plist)。调用方必须出现在 plist 中,如果认证区块链上记录了不止一个的 D 的 startDeal,则最早的一个是确定的。

2. 托管阶段

各方将其流出资产托管 escrow(D, plist, h, a, $\cdots$)。其中, h 是识别认证区块链上启动交易的特定 startDeal 交易信息的哈希。如果认证区块链上有不止一个这样的交易信息,则需要 h。如 5.7.4 节所述,省略号表示用于实现认证区块链的算法而变化的参数。与时间锁定协议一样,发送者必须是资产 a 的所有者和 plist 的成员。

3. 转移阶段

P 方通过向资产区块链上的托管合约发送 transfer(D, a, Q)来将 P 方暂时拥有的资产 a 转移给 Q 方。P 必须是 a 的所有者, Q 必须在 plist 中。

4. 验证阶段

如前所述,各方检查提议的收益是否可以接受,以及资产是否以正确的 plist 和 h 妥善地托管。

5. 提交阶段

各个参与方 X 在认证区块链上发布对 D 的提交或中止投票:commit(D, h, X)或 abort(D, h, X),其中 D 是交易标识符, h 是 startDeal。照例,每个投票者都必须在交易开始的 plist 中。投票后,各方会监督认证区块链,直到有足够的投票提交或中止交易。如下面所讨论的,各方随后会收集提交或中止证明来解锁托管资产。

5.7.2 异常情况

当出现异常情况时,认证区块链协议比时间锁定协议允许的结果更少,因为所有合规方都就交易是提交还是中止达成了一致。尽管如此,因为不能约束偏离方的行为,所以即使这个协议也不能强制执行原子交易经典的"非0即1"的属性。例如,如果偏离的卡罗尔错误地向爱丽丝发送了1001枚代币,而不是预期的101枚,并且所有各方都投票提交,那么合规的爱丽丝最终将获得901枚代币的佣金。这样来看,即使对于合规的参与方,结果也不是"非0即1"的。当然,这样的结果在实际中不太可能出现,但这种区别在推理正确性时却很重要。时间锁定和认证区块链协议都满足非正式的安全性属性,即对任何合规方最终都没有影响。

5.7.3 协议正确性

认证区块链协议的正确性是显而易见的:认证区块链协议满足安全性,因为合规方就交易是提交还是中止达成了一致;认证区块链协议满足弱活跃性,因为任何资产被锁定过久的合规方最终都会投票中止;认证区块链协议也在网络同步的时期内满足强活跃性,因为在任何一方投票中止之前,各方都要投票提交。

5.7.4 跨链证明

主动的参与方很容易确定交易是否提交或中止;被动的合约因无法直接观察其他区块链,所以要做到这一点并不容易。

交易的决定性投票决定了交易的提交或中止。一个较为直接的方法是将每份合约与认证区块链的一系列区块一同呈现,呈现的内容从交易的第一个 startDeal 记录开始一直到决定性投票结束。但是,合约如何确定所呈现的区块真在认证区块链上呢?答案在某种程度上取决于认证区块链的算法类型。

5.7.5 拜占庭容错共识

本节假设认证区块链依赖拜占庭容错共识(Abraham et al.,2018;Androulaki et al.,2018a;Castro et al.,1999;Tendermint,2015)。即使通信是异步的,

拜占庭容错协议也能保证安全性,并且当通信在全局稳定时间之后变为同步时,拜占庭容错协议也能保证活跃性。

区块由一组已知的 $3f+1$ 个验证者批准,其中最多 f 个验证者可以偏离协议(验证者如何就新区块达成共识的细节在此处并不重要)。为了支持长期容错,区块链通过让至少 $2f+1$ 个当前的验证者选择一组新的验证者来实现定期重新配置。为了便于说明,假设每个区块包含下一个区块的验证者及其钥匙。

拜占庭容错区块链中的每个区块都由一个证书作为凭证,该证书包含该区块哈希中至少有 $f+1$ 个验证者的签名(任意 $f+1$ 个签名就足够了,因为其中至少一个签名一定来自诚实的验证者)。区块序列及其证书可用作证明。资产区块链上的合约只要知道第一个区块的一组验证者,就可以通过将 $3f+1$ 个初始区块的验证者作为每个交易托管合约的参数(代替省略号)来检查这个证明。把资产进行托管时,参与方必须识别正确的验证者,并且必须在投票提交前检查验证者的凭据。

检查刚才所描述的证明是一项艰巨的工作,因为证明很可能分布在许多区块上,且每个区块都包含大量记录。此外,不能通过省略不相关的区块记录来缩短证明,因为恶意方可能会欺骗合约使其做出错误的决定。但有许多方法可以使拜占庭容错证明更高效。

一个较为直接的优化是利用认证区块链拥有验证者的优点。这允许各参与方向认证区块链申请证书。此类证书将证明交易的当前状态(主动的、已提交或已中止)。如果原本的验证者仍处于主动状态,则该证书本身就构成了一个证明,否则各方必须在每次重新配置中提供验证者链。

5.7.6 工作量证明共识

比特币(Nakamoto,2009)或以太坊(Ethereum,2021)等使用工作量证明共识实现的认证区块链可以生成提交或中止证明。但这需要十分谨慎,因为这样的区块链缺乏最终性:任何证明都可能与后来的证明相矛盾,尽管伪造一个后来的、相互矛盾的证明对敌手来说代价十分高昂。Kiayias 等(2016)和 Kiayias 等(2017)提出的对标准工作量证明协议的更改使此类"工作量证明"更加紧凑。

假设在某个情形中,爱丽丝可以为工作量证明认证区块链构造一个假的

"中止证明"。一旦交易执行开始,爱丽丝(可能通过犯罪伙伴帮助)就私下挖掘了包含爱丽丝中止投票的区块。然而,当她那部分的交易完成后,爱丽丝可以公开向认证区块链发送提交投票。如果在所有参与方投票提交时,爱丽丝能够挖掘私有中止区块,则爱丽丝可以使用该假的中止证明来停止自己资产的流出转移,同时使用合法的提交证明来触发流入转移。

出于工作量证明的考虑,为了在含有决定性投票区块的基础上包含一定数量的证明区块,这样的攻击需要提交证明或中止证明,而这使得攻击的代价十分高昂,迫使爱丽丝要在更长的一段时间内胜过认证区块链中的其他矿工。为了防范理性的欺骗者,需要的确认数量应根据交易的价值而有所不同,而这意味着高价值交易比低价值交易需要更长的时间解析。

总之,虽然从技术上来说,从工作量证明认证区块链中生成提交或中止证明是可能的,但结果很可能是缓慢和复杂的。与工作量证明区块链分叉的方式相同,"工作量证明的证明"(Kiayias et al.,2016)可以与后来的"工作量证明的证明"相矛盾。同样,为了使矛盾证明生成的代价高昂,证明的难度必须根据交易所转移资产的价值得到适当的调整。相比之下,拜占庭容错的提交或中止证书是最终的,与交易资产的价值无关。

5.8 相关工作

如前所述,在跨链交换(bitcoinwiki,2018;Bowe et al.,2018;Decred,2018;Herlihy,2018;Nolan,2018;Komodo Platform,2018;Zakhary et al.,2019;Zyskind et al.,2018)中,各方将资产转移给另一方并中止。跨链交换具有吸引力,因为它们减少或消除了交易所的使用,而一些交易所已被证明是不可信的(Wikipedia,2019a;Wikipedia,2019b)。但是跨链交换缺乏表达示例中描述的简单门票经纪交易,以及拍卖和其他常规金融交易的能力。

据了解,在实践中使用的唯一跨链交换协议是哈希时间锁定合约(bitcoinwiki,2018;Bowe et al.,2018;Decred,2018;Nolan,2018;Komodo Platform,2018)。Herlihy(2018)将先前的两方跨链交换协议推广为任意强连通有向图上的多方交换协议。赫利希还观察到经典的"非0即1"正确性属性不适用于跨链交换,所以他提出了另一种比本章更专业的正确性属性,因为该属性是根据直接交换来明确表述的,而不是根据跨链交易允许的更一般的结构。例如,赫利希假设一方仅收到部分输入和部分输出的任何交换结果都是不可接受的,但此处引入的正确性概念允许各方指定一些部分交易结果可以接受。

本章提出的时间锁定提交协议比赫利希提出的结构更简单。赫利希提出的协议使用了精心选择的部分参与方所拥有的秘密。本章的协议用每个人进行的投票来代替秘密,因此可以统一对待所有参与方而不需要细致的合约部署阶段。本章的协议还明确了各方何时审查交易的最终结果。两种提交协议都使用基于路径签名的超时机制。

Zakhary 等(2019)提出了一种不使用哈希时间锁定的跨链提交协议。相反,参与的区块链交换状态变化的"证明",类似于本章认证区块链的方案。但由于各方需要在开始时登记其预期的转移,因此该协议仅支持无条件交换,而不支持全面交易。

链外支付网络(Decker et al.,2015;Green et al.,2016;Heilman et al.,2019;Poon et al.,2016;Raiden Network,2018)和国家渠道(Coleman et al.,2018)使用哈希时间锁定合约来规避现有区块链的可扩展性限制。他们进行重复的链外交易,在单个链上交易中完成净交易。如果一方试图解决不正确的最终状态,则使用哈希时间锁定合约可以确保参与方不会被欺骗。Lind 等(2017)提出在硬件中使用可信的执行环境来降低同步要求。但链外网络是否能应用于跨链交易仍有待观察。Arwen(Heilman et al.,2019)支持参与方和交易所之间的多个链外原子互换,但是他们的协议专用于货币交易,且似乎不支持不可替代资产。Komodo(Komodo Platform,2018)支持链外跨平台支付。

分片的区块链(Al-Bassam et al.,2017;Kokoris Kogias et al.,2018)通过将状态划分为多个分片来解决区块链的可扩展性限制。这种方法使不同分片上的交易可以并行进行,同时支持跨多个分片的多步骤原子交易。跨多个分片的原子交易在 Chainspace(Al-Bassam et al.,2017)中的客户端执行,或在 OmniLedger(Kokoris Kogias et al.,2018)中的服务器执行。在这些系统中,交易代表单个受信任的参与方,但是系统并不支持涉及不受信任参与方的交易。

Chainspace(Al-Bassam et al.,2017)允许交易在服务器上指定执行不可变证明合约。这些证明用于验证类似于高估的并发控制的客户端执行跟踪。作为 OmniLedger Atomix 协议的扩展,Channels(Androulaki et al.,2018b)使用类似于认证区块链的两阶段协议中的证明,应用于原子不可信跨片单步多方未花费的交易输出转移（Investopedia，2019），但不支持多步交易或不可替代资产。

拜占庭利他理性（Byzantine Altruistic and Rational，BAR）计算模型（Aiyer et al.，2005；Clement et al.，2008）支持跨自治管理域的协作服务，这些服务对拜占庭和理性操作具有弹性。与拜占庭容错系统一样，BAR容忍系统假设拜占庭错误的数量有限，因此不符合对抗性交易模式。而在这种模式下，任意数量的参与方都可能是拜占庭式的。

认证区块链类似于预言机（Peterson et al.，2018）。预言机是一个可信任的数据馈送，可以向合约报告现实世界的事件。

对抗性业务的早期先驱是对联邦数据库的研究（Sheth and Larson，1990），该研究解决了协调和提交跨越多个自治、相互不信任的异构数据存储的交易问题（联邦数据库不试图容忍任意的拜占庭行为）。

致谢

莫里斯·赫利希曾获美国国家科学基金会1917990项目资金支持。

参考文献

I. Abraham, G. Gueta, and D. Malkhi. Hot – Stuff: The linear, optimal – resilience, one – message BFT devil. In *Proceedings of PODC 2019*, *CoRR*, abs/1803.05069, 2018. 135, 148

A. S. Aiyer, L. Alvisi, A. Clement, M. Dahlin, J. – P. Martin, and C. Porth. BAR fault tolerance for cooperative services. In *Proceedings of the 20th ACM Symposium on Operating Systems Principles*, *SOSP'05*, *New York, New York, USA*, pages 45 – 58. ACM, 2005. 151

M. Al – Bassam, A. Sonnino, S. Bano, D. Hrycyszyn, and G. Danezis. Chainspace: A sharded smart contracts platform, 2017. CoRR, abs/1708.03778. 151

E. Androulaki, A. Barger, V. Bortnikov, C. Cachin, K. Christidis, A. De Caro, D. Enyeart, C. Ferris, G. Laventman, Y. Manevich, S. Muralidharan, C. Murthy, B. Nguyen, M. Sethi, G. Singh, K. Smith, A. Sorniotti, C. Stathakopoulou, M. Vukoli'c, S. W. Cocco, and J. Yellick. Hyperledger Fabric: A distributed operating system for permissioned blockchains. In *Proceedings of the 13th EuroSys Conference*, *EuroSys'18*, *New York, New York, USA*, pages 30: 1 – 30:15. ACM, 2018a. 148

E. Androulaki, C. Cachin, A. D. Caro, and E. Kokoris – Kogias. Channels: Horizontal scaling and confidentiality on permissioned blockchains. In *ESORICS*, *23rd European Symposium on Research in Computer Security*, volume 11098 of *Lecture Notes in Computer Science*, pages 111 – 131. Cham, Springer, 2018b. 151

P. A. Bernstein, V. Hadzilacos, and N. Goodman. *Concurrency Control and Recovery in Database Systems*. Addison – Wesley Longman Publishing Co., Inc., 1986. 138, 146

bitcoinwiki. Atomic cross – chain trading, 2018. https://en.bitcoin.it/wiki/Atomic_cross – chain _trading. (Accessed 9 Jan. 2018.) 150

S. Bowe and D. Hopwood. Hashed time – locked contract transactions, 2018. https://github.com/ bitcoin/bips/blob/master/bip – 0199.mediawiki. (Accessed 9 Jan. 2018.) 150

M. Castro and B. Liskov. Practical Byzantine fault tolerance. In *Proceedings of the 3rd Symposium on Operating Systems Design and Implementation*, OSDI'99, Berkeley, California, USA, pages 173 – 186. USENIX Association, 1999. 148

J. Chester. Your guide on Bitcoin's Lightning Network: The opportunities and the issues, June 2018. https://www.forbes.com/sites/jonathanchester/2018/06/18/your – guide – on – the – lightning – networkthe – opportunities – and – the – issues/#6c8d8c0f3677N. (Accessed 11 Dec. 2018.) 145

A. Clement, H. Li, J. Napper, J. P. M. Martin, L. Alvisi, and M. Dahlin. BAR primer. In *Proceedings of the International Conference on Dependable Systems and Networks (DSN)*, DCC Symposium, pages 287 – 296. IEEE, 2008. 151

J. Coleman, L. Horne, and L. Xuanji. Counterfactual: Generalized state channels, 2018. http:// l4.ventures/papers/statechannels.pdf. 150

C. Decker and R. Wattenhofer. A fast and scalable payment network with Bitcoin duplex micropayment channels. In A. Pelc and A. A. Schwarzmann, editors, *Stabilization, Safety, and Security of Distributed Systems*, pages 3 – 18. Springer International Publishing, 2015. 150

Decred. Decred cross – chain atomic swapping, 2018. https://github.com/decred/atomicswap. (Accessed 8 Jan. 2018.) 150

C. Dwork, N. Lynch, and L. Stockmeyer. Consensus in the presence of partial synchrony. *J. ACM* 35(2):288 – 323, April 1988. 145

Ethereum. https://github.com/ethereum/. (Accessed 6 July 2021.) 135, 149

M. J. Fischer, N. A. Lynch, and M. S. Paterson. Impossibility of distributed consensus with one faulty process. *J. ACM* 32(2):374 – 382, April 1985. 140, 146

Y. Gilad, R. Hemo, S. Micali, G. Vlachos, and N. Zeldovich. Algorand: Scaling Byzantine agreements for cryptocurrencies. In *Proceedings of the 26th Symposium on Operating Systems Princi-*

ples, SOSP'17, New York, New York, USA, pages 51 – 68. ACM, 2017. 135

M. Green and I. Miers. Bolt: Anonymous payment channels for decentralized currencies. Cryptology ePrint Archive, Report 2016/701, 2016. https://eprint.iacr.org/2016/701. 150

E. Heilman, S. Lipmann, and S. Goldberg. The Arwen trading protocols, January 2019. https://www.arwen.io/whitepaper.pdf. (Accessed 23 Feb. 2019.) 150

M. Herlihy. Atomic cross – chain swaps. In *Proceedings of the 2018 ACM Symposium on Principles of Distributed Computing, PODC'18, New York, New York, USA*, pages 245 – 254. ACM, 2018. 144, 150

Investopedia. UTXO, 2019. https://www.investopedia.com/terms/u/utxo.asp. (Accessed 7 Apr. 2019.) 151

A. Kiayias, N. Lamprou, and A. – P. Stouka. Proofs of proofs of work with sublinear complexity. In *International Conference on Financial Cryptography and Data Security*, pages 61 – 78, 2016. 149

A. Kiayias, A. Miller, and D. Zindros. Non – interactive proofs of proof – of – work. Cryptology ePrint Archive, Report 2017/963, 2017. https://eprint.iacr.org/2017/963. 149

E. Kokoris Kogias, P. S. Jovanovic, L. Gasser, N. Gailly, E. Syta, and B. A. Ford. OmniLedger: A secure, scale – out, decentralized ledger via sharding. In *2018 IEEE Symposium on Security and Privacy (SP)*, page 16, 2018. 151

Komodo Platform. The BarterDEX whitepaper: A decentralized, open – source cryptocurrency exchange, powered by atomic – swap technology. https://supernet.org/en/technology/whitepapers/BarterDEXWhitepaper – v0.4.pdf. (Accessed 9 Jan. 2018.) 150, 151

Libra Association. An introduction to Libra, 2019. https://libra.org/en – US/wp – content/uploads/sites/23/2019/06/LibraWhitePaper_en_US.pdf. (Accessed 24 Sept. 2019.) 135

J. Lind, I. Eyal, F. Kelbert, O. Naor, P. R. Pietzuch, and E. G. Sirer. Teechain: Scalable blockchain payments using trusted execution environments. *CoRR*, abs/1707.05454, 2017. 150

A. Miller, Y. Xia, K. Croman, E. Shi, and D. Song. The honey badger of BFT protocols. In *Proceedings of the 2016 ACM SIGSAC Conference on Computer and Communications Security, CCS'16, New York, New York, USA*, pages 31 – 42. ACM, 2016. 136

S. Nakamoto. Bitcoin: A peer – to – peer electronic cash system, May 2009. https://bitcoin.org/bitcoin.pdf. 135, 149

T. Nolan. Atomic swaps using cut and choose. https://bitcointalk.org/index.php?topic=1364951. (Accessed 9 Jan. 2018.) 150

J. Peterson, J. Krug, M. Zoltu, A. K. Williams, and S. Alexander. Augur: A decentralized oracle and prediction market platform. https://www.augur.net/whitepaper.pdf. (Accessed 7 Apr. 2019.) 151

J. Poon and T. Dryja. The Bitcoin Lightning Network: Scalable off-chain instant payments, Jan. 2017. https://lightning.network/lightning-network-paper.pdf. (Accessed 29 Dec. 2017.) 145,150

Raiden Network. What is the Raiden Network? https://raiden.network/101.html. (Accessed 26 Jan. 2018.) 150

A. P. Sheth and J. A. Larson. Federated database systems for managing distributed, heterogeneous, and autonomous databases. *ACM Comput. Surv.* 22(3), September 1990. 151

Tendermint, October 2015. http:/https://github.com/tendermint/tendermint/wiki. Commit c318a227. 148

Wikipedia. Mt. Gox, 2019a. https://en.wikipedia.org/wiki/Mt._Gox. (Accessed 6 Apr. 2019.) 150

Wikipedia. Quadriga Fintech Solutions, 2019b. https://en.wikipedia.org/wiki/Quadriga_Fintech_Solutions. (Accessed 6 Apr. 2019.) 150

V. Zakhary, D. Agrawal, and A. El Abbadi. Atomic commitment across blockchains. *CoRR*, abs/1905.02847, 2019. 150

G. Zyskind, C. Kisagun, and C. FromKnecht. Enigma Catalyst: A machine-based investing platform and infrastructure for crypto-assets, 2018. https://www.enigma.co/enigma_catalyst.pdf. (Accessed 25 Jan. 2018.) 150

作者简介

莫里斯·赫利希拥有哈佛大学数学学士学位和麻省理工学院计算机科学博士学位。目前,他是布朗大学王安计算机科学系教授,曾在卡内基梅隆大学和DEC剑桥研究实验室工作。他曾获得2003年戴克斯塔拉分布式计算奖、2004年哥德尔理论计算机科学奖、2008年ISCA影响力论文奖、2012年艾兹格·W·戴克斯塔拉奖和2013年华莱士·麦克道尔奖。他获得了2012年富布赖特自然科学和工程教学杰出主席奖学金,同时也是美国计算机学会、美国国家发明家科学院、美国国家工程院和美国国家艺术与科学学院的成员。

芭芭拉·利斯科夫是麻省理工学院的学院教授。她的研究方向包括分布式和并行系统、编程方法和编程语言。她是美国国家工程院、美国国家科学院、美国国家发明家名人堂和马萨诸塞州科学院的成员。她是美国艺术与科学院和计算机机械协会的成员,也是美国国家发明家学会的特许研究员。她于2009年获得ACM图灵奖,2004年获得IEEE冯·诺伊曼奖章,2018年获得IEEE先锋奖,1996年获得女性工程师协会终身成就奖,2008年获得ACM SIGPLAN编程语言成就奖,2012年获得ACM SIGOPS名人堂奖,2019年获得斯坦福工程英雄奖。

柳巴·什里拉是布兰迪斯大学计算机科学教授。她的研究方向主要涉及分布式系统。她获得了以色列理工学院的博士学位,同时隶属于麻省理工学院计算机科学和人工智能实验室。

第 6 章

区块链中的战略互动：博弈论方法综述

布鲁诺·比亚斯

克里斯托夫·比西埃

马修·布瓦尔

凯瑟琳·卡萨马塔

6.1 引言

区块链是通过技术(如密码学、对等网络)和协议的融合来维护的分布式账本,协议的作用是确保网络中的节点就账本的当前状态达成共识。为了研究协议的性能与可靠性,计算机科学家通常会区分符合协议的诚实节点和不符合协议的故障节点。例如,在工作量证明中,节点称为矿工,Nakamoto(2008)认为最长链代表共识,而故障节点就是那些意图通过偏离最长链规则来扰乱共识建立的攻击者。在这种方法中,人们感兴趣的问题是多少比例的恶意节点能够成功破坏共识,或者等效地说,需要多少比例的诚实节点才能保持共识。虽然这种方法提供了关于健壮性的有用概念,但它并未提及节点遵守协议或偏离协议的原因。

经济分析填补了这一空缺,完善了计算机科学家的工作:经济学为建模和解释区块链中激励措施的作用提供了一个概念框架。自然经济学方法没有假设特定行为(如诚实或故障),而是将节点建模为理性人,他们会选择最大化预期效用的行为。这种方法反映了一种观点,即人类的决策最终会驱动区块链中的策略,特别是节点是否遵守协议。

此外,经济学家的理论方法能够解释行为主体策略的复杂依赖性。特别地,经济学家对竞争行为和战略行为进行了区分。竞争主体将经济环境的特征(如价格)视为给定条件,并对其做出最佳反应。而战略参与者将其行动对所有参与者互动结果的影响纳入考虑范围。博弈论为研究战略参与者提供了参照标准,其在区块链中的应用是本章的重点[①]。博弈论特别适合分析区块链中负责验证交易的行为主体,如 PoW 中的矿工。事实上,在比特币或以太坊等非许可区块链中,矿工在大型矿池中运行,这些矿池协调矿工的行为,并考虑矿工的策略对矿池所占市场份额和盈利能力的影响。区块链中的竞争行为分析不在本章的考虑范围内,加密货币的货币经济分析也不在本章的考虑范围内。Halaburda 和 Haeringer(2019)对区块链和加密货币做出了广泛的调研。

[①] 本章专注于非合作博弈。本书第 7 章由玛丽安娜·贝洛蒂和斯特凡诺·莫雷蒂撰写,内容涉及合作博弈。

将博弈论引入区块链分析有助于揭示矿工的选择,以及这些选择如何受到区块链环境的影响。一方面,矿工,或者说验证者,面临着复杂的决策问题。例如,他们需要决定将新的交易区块链接到哪个现有区块的后面,并预测其他矿工将在哪里链接上自己的区块。本章讨论了这类博弈中出现的均衡策略,以及这些均衡是否与区块链的完整性和可靠性兼容。另一方面,这些博弈的结构和由此产生的均衡策略受到区块链设计和环境的多个方面的影响。本章讨论了以下因素的影响:①交易费;②矿池的形成;③计算能力的投资;④其他共识协议,如权益证明(Proof of Stake,PoS)[①]。本章只选取了部分论文,并没有关于这些问题丰富且数量不断增长的文献进行全面调研(参见 Liu 等(2019)中对区块链博弈论方法的综述)。本章的目标不是做综述,而是聚焦由区块链协议引发的一些关键经济机制。

6.2 挖矿策略

在区块链中,交易历史由交易区块链表示。共识协议的目标是确保参与者就选取哪个链来代表交易历史达成共识。在工作量证明中,这是通过分布式抽签法实现的:如果某矿工第一个通过随机试验解决特定数学问题,则选择该矿工将区块追加到区块链中,这种行为称为"挖矿"。当只有一条链而没有分叉时,就会达成共识。当矿工遵循 Nakamoto(2008)提出的"最长链规则"时则可以获得共识。矿工们会在均衡状态中遵循这一规则吗?应该预设矿工会偏离最长链规则吗?在矿工偏离规则的情况下会出现哪些模式?分叉是暂时的还是永久的?什么样的经济力量会使分叉发生?本节讨论的论文解决了这些问题。

6.2.1 最长链规则与分叉

Kroll 等(2013)是最早将区块链 PoW 协议中的共识形成视为博弈结果的论文之一。这篇论文提出了重要的观点。首先,它将矿工的策略视为从区块链结构到选择在某个分支上挖矿的映射,即如果节点获胜,哪个区块将成为

[①] 虽然本次调查侧重于区块链参与者之间的战略互动,但 Badertscher 等(2018)考虑了协议设计者与攻击者之间的博弈。

新挖出区块的父区块。其次,它指出:"只有当新挖出的区块最终进入长期共识链时,奖励才有价值。"本章指出,遵循最长链规则是一种纳什均衡策略,但也存在其他均衡。尽管 Kroll 等(2013)提供了重要的经济学见解,但他们没有正式描述博弈的广泛形式,也没有描述纳什均衡的明确特征。

Biais 等(2019a)和 Kiayias 等(2016)的工作将矿工之间的互动正式作为随机博弈来分析。这两篇论文都考虑了矿工在当前区块链状态下选择哪个父区块来链接他们当前挖出的区块。在 Biais 等(2019a)的论文中,对于所有参数值,特别是对于矿工之间计算能力的任何分布情况,遵守最长链规则都是一种纳什均衡策略。相反,在 Kiayias 等(2016)中,当每个矿工的计算能力足够小时,这种情况才会出现。这两篇论文对挖矿博弈的扩展形式做了不同的假设,强调不同的经济力量在发挥作用。

与 Kroll 等(2013)一致,在 Biais 等(2019a)中,矿工的区块所属分支越接近共识,其奖励的价值越高。具体而言,Biais 等(2019a)假设,当更多的矿工将区块链接到某区块所在分支时,该区块的奖励会更大。该假设体现了这样一种观点,即奖励是以加密货币为单位支付的,当更多的矿工接受该加密货币时,其价值会更高[①]。这一假设的重要结果是,矿工希望将区块链接到他们预设其他人会采用的分支,也就是说,区块链中的挖矿是一种协调博弈。因此,如果矿工预测其他矿工将遵守最长链规则,他们最好的响应策略就是同样遵守该规则。这解释了为什么在 Biais 等(2019a)中,遵守最长链规则总是一种纳什均衡。

而 Kiayias 等(2016)对奖励作出了不同的假设,"在每个级别,只有一个节点被奖励,即第一个成功地拥有 d 代后代的节点……如果发生这种情况,每个兄弟姐妹(以及其后代)"都不会获得奖励。在这个框架中,分叉只有在诚实分支之前达到 d 块阈值时才能产生奖励。当矿工的计算能力很小时,如果进行分叉,几乎没有机会获得成功。因此,在 Kiayias 等(2016)中,如果每个矿工的计算能力足够小,则遵守最长链规则是纳什均衡。

虽然 Biais 等(2019a)和 Kiayias 等(2016)都提出了最长链规则是均衡策

---

① 加密货币价值的分析,请参见 Athey 等(2016)、Biais 等(2019c)、Cong 等(2021b)、Fanti 等(2019)、Fernández‐Villaverde 和 Sanchez(2018)、Gandal 和 Halaburda(2016)、Garratt 和 Wallace(2018)、Pagnotta(2018)、Saleh(2018)、Schilling 和 Uhlig(2019),或者 Zhu 和 Hendry(2019)。

略的假设,但 Biais 等(2019a)强调了协调效应会导致其他(多重)均衡的事实。如果一个矿工预计其他人会分叉并放弃最长链,那么他最好的响应策略就是做出相同行为。这会在均衡状态中生成孤立分叉。Biais 等(2019a)描述了在均衡中这样的分叉可以是任意长度的,并表明对于任何矿工计算能力的分布情况,都存在带有分叉的均衡。此外,他们还研究了 k 区块规则的战略结果,该规则防止矿工在其区块链接 k 个区块之前花费奖励①。这种规则衍生出了既得利益,即已经在一个分支上处理了许多区块的矿工强烈希望这一分支能够存活下来。Biais 等(2019a)给出了参数条件,使得既得利益和协调效应结合,形成具有永久分叉的均衡,即几个竞争分支同时增长的情况。2016年7月,以太坊和以太经典的分裂就是一个永久分叉的例子,两个区块链至今仍然共存。

如上所述,矿工获得奖励的方式影响他们战略互动的性质。Kroll 等(2013)、Biais 等(2019a)和 Kiayias 等(2016)分析了矿工从铸币交易中获得奖励的情况。然而,矿工不仅可以获得区块奖励,还可以获得交易费。虽然这些交易费目前只是矿工奖励的一小部分,但当铸币交易消失时,交易费将成为主要奖励。为了深入了解这种演变,Carlsten 等(2016)研究了交易费如何影响矿工之间的战略互动。对于交易费,一个重要的附加可选变量是将哪些交易和相关交易费包含在一个节点的区块中。Carlsten 等(2016)进一步表明,当区块包含具有高额交易费的交易时,矿工有动机分叉并创建一个替代区块,替代区块只包含原区块中的部分交易。他们将一些交易留在区块之外,以诱使后续矿工将自己的区块链接到分叉上。Carlsten 等(2016)表明,为了赚取高额交易费而实施的交易选择策略可能会导致均衡分叉和协议不稳定。

6.2.2 双花攻击

上述论文指出,协调效应、既得利益和交易费是导致分叉的潜在原因。矿工们也可能偏离最长链规则以进行双花攻击。当其他矿工遵守最长链规则时,如果偏离规则的矿工能够添加足够多的区块以创建一条比原始链更长的链,则它可以成功地完成双花。然而,这需要庞大的计算能力。Bonneau 等

---

① 对于比特币,k 是100个区块。

(2016)分析了"贿赂攻击",在这种攻击中,矿工可以通过租用的方式在有限时间内获得大量的计算能力。Teutsch 等(2016)考虑了另一种方法,以增加自己在挖矿专用计算能力总量中的份额:攻击者为其他在区块链之外解题的矿工提供奖励,从而降低了公共分支上添加区块的速度。通过这样的方式,拥有足够初始资本的攻击者就可以赢得比赛,也就是说,确保攻击者自己的私有链比公共链更长。与 Kiayias 等(2016)、Teutsch 等(2016)将分叉攻击建模成比赛一样,Biais 等(2019a)强调协调效应也为双花攻击的成功提供了条件:如果所有参与者都预测攻击成功,那么攻击就成功了。Biais 等(2019a)还得出了可以触发依赖于协调效应的双花攻击的明确条件。Teutsch 等(2016)和 Biais 等(2019a)的一个重要结论是,即使攻击者不具有大多数计算能力,也可以在均衡中成功实现双花攻击。早期对区块链的分析指出,51%的攻击是协议安全的主要威胁。然而,博弈论方法表明,即使矿工或矿池并没有拥有大多数计算能力,共识也可能是不稳定的[①]。

6.2.3 协议升级

在必须由参与者作出决定的协议中,达成共识特别困难,出现分叉的风险很高。在实践中,大多数分叉都是由协议升级触发的,如图 6.1 中的比特币所示,每个分支在分叉时开始,并且只要市场数据可用就会持续存在(图 6.1 摘自 Biais 等(2019b))。

Biais 等(2019b)强调了协调效应在这些分叉出现中所起的关键作用:如果每个矿工都预测协议升级将被所有其他矿工采用(或拒绝),那么无论协议升级是否为社会最优选择,协议升级都将在均衡状态下被采用(或被拒绝)。此外,Biais 等(2019b)给出了这样的条件:如果一些矿工从使用协议的一个版本中获得私人利益,则可以维持具有永久分叉的均衡,其中一个分支接受升级,而另一个分支坚持使用协议的前一个版本。Barrera 和 Hurder(2018)研究了治理机制是否可以解决这一背景下的协和谬误,并表明两种常见的投票方案(多数投票和二次投票)可能无法消除次优分叉。

---

① Houy(2016)提供了一种选择将哪些交易包含在区块中的替代分析,这来源于矿工在处理的区块被其他人接受的概率和来自区块中交易费的收入之间的权衡。

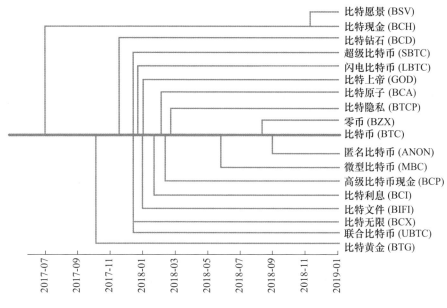

图 6.1　2017 年起比特币市场数据可用的分叉

6.2.4　扣块攻击

上一节讨论了区块处理完立即发布的情况。然而,矿工们可以选择保留一些区块,这一策略称为自私挖矿。Eyal 和 Sirer(2014)首次从博弈论角度分析了这一问题。论文表明,如果一组串通的矿工遵循自私挖矿策略,而其他节点是诚实的(即遵守最长链规则),那么串通的矿工获得的奖励占总奖励的份额大于其计算能力占总计算能力的份额。因此,诚实的矿工获得奖励占总奖励的份额小于其计算能力所占份额。即使这群串通的矿工没有控制大多数计算能力,这种情况也会出现。

这可以通过分析以下简单版本的自私挖矿策略看出:在策略的初始阶段,自私的挖矿者找到一个区块,并将其扣留,直到发现下一个区块。如果下一个区块被诚实的矿工发现,自私矿工会提出一个与诚实矿工长度相同的分支,并有机会达成共识。如果下一个区块被自私的矿工发现,那么自私矿工的分支就是最长的,因此会达成共识。与所有矿工都遵守最长链规则的情况相比,这种策略降低了自私矿工的预期奖励,但更降低了诚实矿工的预期奖励。正如 Eyal 和 Sirer(2014)所指出的:"自私挖矿策略背后的关键原理是迫使诚实的矿工在失效的公共分支上执行徒劳的计算。"

根据 Eyal 和 Sirer(2014)的假设,攻击者的目标是最大化其在总收益中的份额,自私挖矿是应对诚实挖矿的最佳策略,因为这会使诚实矿工处理的一些区块失效[①]。然而,如果攻击者的目标是最大化其预期奖励,自私挖矿并不是最好的反应。为了激励矿工专注于他们在总收益中所占的份额,可以考虑设定一个总收益不变的环境[②]。在这种设定下,每当其他矿工获得奖励时,该矿工预期利润就会减少。为了实现利润最大化,每个矿工都应该将其在总收益中所占的份额最大化。据 Grunspan 和 Pérez‑Marco(2019)分析,如果在一些区块成为孤立区块后,自私挖矿能够导致挖矿难度降低,那么自私挖矿也可以盈利。

在实践中没有足够的证据表明自私挖矿是普遍存在的。这可能是由于合理化上述自私挖矿概念上的困难。

6.3 挖矿服务供应情况

区块链被设计成一个开放网络,进入这个网络是免费的。因此,一个重要的问题是矿工的去中心入口和算力策略是否足够高效。本节概述了研究挖矿服务供应量的决定因素和组织方式的论文。

6.3.1 计算能力选择

PoW 协议的一个关键特征是调整哈希数学难题的难度,以保持平均出块时间不变。因此,当矿工增加其计算能力时,所有参与者的哈希数学难题难度都会增加。在这种情况下,矿工解决哈希难题并获得奖励的概率取决于其计算能力占区块链上的总计算能力的份额。

Dimitri(2017)研究了 n 个矿工同时博弈,这 n 个矿工自行选择计算能力。选择算力时,每个矿工都会考虑成本和在协议给定的新难度下挖出块的概率。直观地说,计算能力扮演着与古诺博弈中的数量类似的角色,即战略性

[①] Sapirshtein 等(2016)通过考虑更大的一组自私挖矿策略,扩展了 Eyal 和 Sirer(2014)的分析,同时保留了攻击者最大化其占总收益份额的假设。

[②] 例如,为了阐明自私挖矿,Beccuti 和 Jaag(2017)分析了一个只有两个固定奖励的环境,其分配取决于矿工报告区块的策略。

矿工选择限制算力对解题难度的影响,以实现利润最大化。这保持了矿工的严格正均衡利润,并意味着在均衡中的几个矿工是同时活跃的。

然而,Biais等(2019a)指出,在上述博弈中,每个矿工在增加自己的计算能力时都会对其他矿工施加负外部性。一个增加算力的矿工会让其他矿工更难获得区块奖励。由于这种负外部性,计算能力投资博弈可以解释为一种"军备竞赛"。Biais等(2019a)表明,这种均衡与社会最优状态不同,均衡状态下的计算能力只会无效地增高。

Arnosti和Weinberg(2018)还考虑了一个模型,在该模型中,矿工投资计算能力,以增加他们获得固定奖励的概率。他们表明,当矿工的成本不对称时,边际成本较低的矿工最终在总计算能力中所占的份额会不成比例地高。因此,轻微的成本不对称会导致挖矿权的高度集中。

Alsabah和Capponi(2019)扩展了Dimitri(2017)、Arnosti和Weinberg(2018)、Biais等(2019a)的工作,增加了初始研发阶段,在此阶段,矿工们投资研究以开发更好的哈希技术。Alsabah和Capponi(2019)表明,与Dimitri(2017)、Arnosti和Weinberg(2018)以及Biais等(2019a)中的计算能力投资博弈一样,研发博弈也是一场"军备竞赛"。在这种情况下,对研究成果产权的限制,如技术溢出效应或缺乏竞业禁止条款,可以改善福利。与Arnosti和Weinberg(2018)相似,Alsabah和Capponi(2019)指出,矿工之间的研发博弈可能导致挖矿的集中化。

在Dimitri(2017)和Biais等(2019a)中,当矿工数量n有限时,矿工获得正利润。但在这些模型的框架中,当n为无穷大时,个人利润趋于零。Ma等(2018)分析的免费入场博弈也获得了类似的结果。

Dimitri(2017)和Biais等(2019a)考虑静态计算能力选择博弈。与之相反,Ma等(2018)、Prat和Walter(2018)关注计算能力的变革动力。可以设想,比特币的美元价值上升和挖矿奖励增加,将导致矿工大量涌入和其对计算能力的需求凸显。图6.2显示哈希率和比特币价格之间确实存在某种相关性,但这两个变量之间的关系很复杂。为了分析这种关系,Prat和Walter(2018)结合了环境的两个关键特征:首先,计算能力的投资在很大程度上是不可逆转的。其次,比特币的美元价值高度波动。因此,当决定增加算力时,矿工面临着一个现实的选择问题。最佳策略要求在挖矿过程中获得一个瞬时收益阈值,从而触发新的投资。这个设定具有反馈作用,因为一旦矿工进行投资,难度调整就会降低他们的收益。校准该模型后,可以根据美元/比特币汇率时间序列预测矿工的计算能力投资。Prat 和 Walter(2018)表明,这一预测与比特币网络装机算力的经验演变紧密匹配。

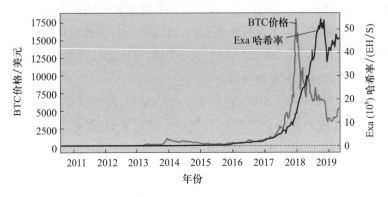

图 6.2　哈希率和比特币价格的演变(见彩插)
(资源来源:作者自己的计算和 www.blockchain.com)

在之前的模型中,加密货币价格的上涨使区块奖励更有价值,这反过来又刺激了计算能力的投资。Pagnotta(2018)引入了一个反馈回路,在该回路中,对计算能力的投资使区块链更加安全,从而刺激了用户对加密货币的需求,并推高了其价格。这个回路允许多个自实现的均衡共存。一种情况是,由于加密货币价格为零,没有活跃的矿工,这使得区块链不安全,用户不愿意为使用加密货币进行交易支付任何严格正价格。另一种情况是,严格正价格、活跃矿工和用户正需求的均衡也可能持续。在该模型动态的、代际交叠的研究版本中,Pagnotta(2018)将区块链上的装机算力与加密货币价格在下一个时期崩溃为 0 的概率联系起来,并进一步表明,这些反馈效应可能会放大加密货币价格的波动性。

6.3.2　矿池

在图 6.2 所示的计算能力增加条件下,任何计算能力有限的单个矿工挖出区块的机会都很小。然而,试图规避风险的矿工将受益于区块挖掘风险的共有化。矿池为这种风险分担提供了一种媒介。图 6.3 以饼状图表示了矿池中计算能力的分布。在此背景下,出现了以下问题:矿池是否提供了有效的风险分担?矿池能否发挥市场力量?矿池能否采取可能破坏区块链运作的战略行为?

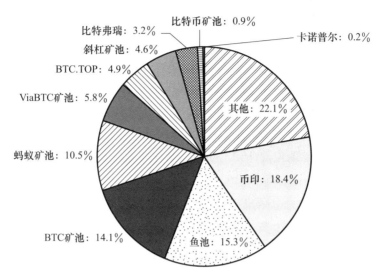

图 6.3　2019 年 12 月 20 日大型矿池哈希率分布
（资料来源：作者自己的计算及 www.blockchain.com）

Cong 等(2021a)分析了由矿池提供的风险分担服务及其对矿工计算能力投入的影响。风险分担服务这样运作：当矿工决定单独挖矿时，他们可能会获得全额奖励，但概率很低。相比之下，如果他们加入了一个矿池，对于每个区块奖励，他们将获得与计算能力份额等比例的奖励①。当矿工不愿意承担风险时，他们更喜欢后一种策略而非前者。从这样的保险中受益，会引导矿工们获得比单独挖矿时更多的计算能力。在此背景下，Cong 等(2021a)分析了相互竞争的矿池如何设置会员费，均衡状态的会员费取决于矿池中是否有既定成员。首先，考虑没有既定矿工的情况。矿池之间的竞争遵循伯特兰德模型，该模型驱使均衡时的会员费降至零。如果一个矿池收取正费用，那么没有矿工会选择加入该矿池，因此不参与此矿池同样也不会减少风险分担。其次，看矿池中已有既定矿工的情况。一位考虑加入矿池的矿工将矿池会员费与既定成员分担风险所获收益进行比较。只要收益严格为正，该矿池就可以收取严格正的费用，并持续吸引未加入的矿工。对于成员基数大的矿池，这种效应更加强烈。因此，拥有更大成员基数的矿池将收取更高的会员费，

---

① Rosenfeld(2011)、Schrijvers 等(2017)和 Fisch 等(2017)分析了不同奖励机制的特点。

并且保持自身比其他矿池更大。此外，这些大型矿池部分内化了参与者计算能力增加对协议难度造成的负外部性。这进一步推动了他们的会员费上涨。但与规模较小的矿池相比，这一特性也会减缓大型矿池的增长。这一结果减轻了人们对大型基金是否会在市场中占有过多份额的担忧。

然而，Ferreira 等（2019）认为，被称为专用集成电路（Application Specific Integrated Circuit，ASIC）的专用挖矿设备的市场结构可以促进矿池集中。如图 6.3 所示，占主导地位的 ASIC 生产商 Bitmain 拥有蚂蚁矿池和 BTC 矿池这两个特大矿池。Ferreira 等（2019）提出了一个模型，其中 ASIC 是无差别的产品，生产商具有固定的边际成本。在存在沉没生产成本的情况下，一旦一家生产商活跃起来，其他生产商就没有盈利的机会，因为伯特兰德竞争会将价格推至边际成本，使其无法覆盖沉没成本。这导致了 ASIC 生产市场的集中，这种集中会溢出到矿池市场。ASIC 生产商有动机提供低收费的矿池服务，以刺激新矿工的进入和对 ASIC 的需求。其他矿池没有此类激励措施，因此 ASIC 生产商的收费低于其他矿池。由于较低的费用，这些生产商的关联矿池吸引了大量矿工，并能够对区块链施加不成比例的控制。

如 Eyal（2015）和 Johnson 等（2014）所分析，除了发挥市场力量，大型矿池可能会采取进一步威胁区块链的战略行为。Eyal（2015）研究了矿池是否应该将自己的矿工送到竞争矿池，在那里他们可以分享奖励，而不会对区块的发现作出贡献。如果渗透矿工保留他们完整的工作证明，但通过披露部分工作证明（在矿池中用于衡量矿工工作的近乎合理的结果）从渗透矿池中获得奖励，则可以实现这一点。正如 Eyal 和 Sirer（2014）所述，参与者的目标不是最大化他们的预期回报。相反，这与一个人在总回报中所占的份额相关。通过将自己的矿工送到竞争池，一个矿池减少了自己的总奖励份额，但可以从敌手的总奖励份额中分一杯羹。Eyal（2015）表明，在这场博弈的任何纳什均衡中，矿池都会派出严格正数量的矿工渗入其他矿池。

Johnson 等（2014）研究了矿池是否应分配资源以提高其计算能力，或对竞争对手发起分布式拒绝服务（Distribute Denial of Service，DDoS）攻击。同样地，这也假设矿池寻求其在总奖励中所占份额的最大化。Johnson 等（2014）表明，对于两个池都会更好地提高其计算能力的参数系，存在一种均衡状态，即两者都会发起 DDoS 攻击，可以视作因徒困境的一种形式。

6.4 交易费

区块链上的块具有固定的有限容量。因此,当交易量很大时,就会出现拥塞。为了自己的交易能快速处理,用户可以向矿工支付交易费。因此,交易费和拥塞程度应该具有相互关系。如图 6.4 所示,交易费用比特币交易输入的百分比表示,拥塞用事务占块容量 99.9% 以上区块的百分比表示,严重的拥塞往往伴随着高额的交易费。在此背景下出现了以下问题:交易费是如何设定的?它能否有效地在用户之间分配优先级?收取交易费在多大程度上缓解了拥塞? Chiu 和 Koeppl(2019)、Easley 等(2019)和 Huberman 等(2018)就这些问题提出了截然不同的见解。

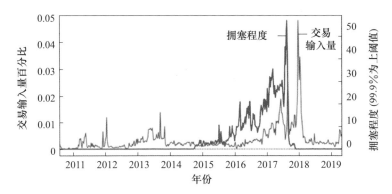

图 6.4 交易费和拥塞的演变(见彩插)

(资料来源:作者自己的计算)

Chiu 和 Koeppl(2019)研究了使用区块链结算交易的高估值买家和低估值卖家之间的互动。交易后,买家(或卖家)可能会受到冲击,从而降低(或提高)他们对资产的估值。受到冲击的用户不再从交易中受益,因此更倾向于违约。为了做到这一点,就像在双花攻击中一样,他们试图在区块链中创建一个分叉来取消初始交易。与诚实的矿工相比,成功的分叉需要足够大的计算能力。在 Chiu 和 Koeppl(2019)中,安装的计算能力增加了区块链用户需提供的交易费。因此,高额的交易费降低了分叉和违约的风险。然而,为了确保投资者愿意支付高额交易费,区块的大小必须受到限制。Chiu 和 Koeppl(2019)的分析对有关区块最佳大小的讨论做出了贡献,表明有限的区块大小和拥塞可以提高区块链的可靠性。

如图6.4所示,在实际中,交易费很少,矿工的报酬大部分来自铸币交易。Chiu 和 Koeppl(2017)拓展了 Chiu 和 Koeppl(2019)中的模型,使其包含铸币奖励,并强调了这样一个观点,即在节点从其交易获得效用之前设置区块数("确认延迟")也有助于防止双花。在一般均衡的背景下,Chiu 和 Koeppl(2017)进一步表明,为了最大化社会福利,最好只通过货币创造而不使用交易费来奖励矿工。原因在于货币创造类似于一种税收,其成本分摊给所有潜在买家,而交易费仅由实际参与交易的买家支付。Tsabary 和 Eyal(2018)强调了依靠交易费激励矿工的另一个缺点。附加交易费的交易按照时序到达内存池,因此随着更多的付费交易可以合并到一个区块中,处理区块的价值会随着时间的推移而增加。因此,如果交易费比区块奖励更重要,矿工就有动机暂停挖矿。

正如 Chiu 和 Koeppl(2019)中一样,在 Huberman 等(2018)中,有限的区块大小会导致拥塞,这意味着用户愿意支付交易费。在 Huberman 等(2018)中,用户对即时性的偏好有所不同,并据此选择交易所附加的交易费。对即时性需求较高的用户,即更没耐心的用户,认为提供更高的交易费是最优的。因此,最有耐心的用户将交易费为0附加到他的交易中,并获得最低的优先级。稍不耐心的用户设置一个最佳交易费f,使得最有耐心的用户对排在队列的最后一名或倒数第二名并支付f之间保持中立。迭代这个逻辑会产生一个均衡的交易费表,其中每个用户的交易费等于他通过延迟交易而强加给其他用户的外部性。因此,均衡是唯一的,优先级分配是有效的。该模型进一步暗示,矿工从交易费中获得的收益取决于区块链的拥塞程度。当交易太少时,收益可能太低,从而无法吸引足够的计算能力来确保区块链的安全。这与 Chiu 和 Koeppl(2019)的观点不谋而合,即拥塞有助于区块链安全,铸币奖励可以补充交易费以吸引计算能力。Easley 等(2019)还从拥塞定价模型中推导出均衡交易费。当交易流量较大时,存在拥塞的风险。为了减少延迟,用户倾向于支付高额交易费。然而,这导致了帕雷托占优的均衡结果:每个用户都会支付高额交易费以期望插队。处理交易的平均延迟是恒定的,这是由区块链协议设置的。因此,尽管提供了交易费,但所有用户都会经历延迟。此外,矿工并没有从更高的交易费中获益。由于矿工可以免费进入,交易费的增加只会增加矿工进入系统,直到利润归零。总的来说,由于用户和矿工都没有从更高的交易费中受益,所以均衡是帕雷托占优的①。相应的低效率与 Huberman 等(2018)中的效率结果形成了对比,其中优先级的有效分配来自异质用户提供的均衡交易费②。

6.5 其他共识协议

PoW 的一个缺点是其所需的大量电力消耗和硬件投资。权益证明是一种可避免这些无谓损失的替代性共识机制。PoS 实现了以下协议的一个版本。每隔一段时间,就会从代币持有者池中抽取一个验证者,其有权将新区块链接到现有链上。拥有更多代币的用户更有可能被抽中;因此,具有较高"股份"的节点对区块链的状态施加更多的控制。如果区块链出现故障,这些节点就会遭受更多损失,因此他们有更大的动机保持共识。另外,还有一个同类的协议是股权授权证明(Delegated Proof of Stake,DPoS),其中区块链用户通过将代币放在候选人的名下来投票给他们的首选验证者。与 PoS 一样,拥有更多代币的用户通过投票间接施加更多控制③。

Saleh(2021)将这种直觉知识形式化。他重新审视了一个称为"无利害攻击"的问题,该问题是 PoS 中的一个关键问题。在 PoW 中,在给定链上挖掘一个区块会带来机会成本,因为专用于该区块的计算能力不能再用于在另外的链上挖掘区块。相比之下,在 PoS 中,添加一个区块对于被抽中的验证者来说似乎是免费的。这引发了一种担忧,即验证者会增加一些分支,以确保他们最终总有一些块处于获胜链上。这种"无利害攻击"的策略将使分叉永久化④。Saleh(2021)认为,这种推理线路忽略了验证者任意地添加区块的成本,

---

① 不过,如果要使协议可行,需要最低数量的矿工,则社会最优的收费不必为零。Easley 等(2019)指出,均衡交易费可能大于这个最小值,这会降低福利。

② Easley 等(2019)指出,用户是同质的,可以在外生费用或无费用之间进行选择。正如此论文所讨论的,当用户是异质的并且可以从一系列交易费中进行选择时,福利分析会发生变化。

③ Fanti 等(2019)在 PoS 协议中研究加密货币市场估值。该协议意味着,可以要求区块发布者支付代币作为押金,在行为不端的情况下,这些代币会被没收("切割")。采用博弈论方法来研究协议这一特点的战略结果将是很有意思的。

④ 正如 Vitalik Buterin 所写:"然而,对于上面描述的天真的权益证明算法有一个严重的问题:正如一些比特币开发者所描述的那样,'会出现无利害攻击'。最佳策略是在你能找到的任何分叉上挖矿。"Vitalik Buterin,2014,https://blog.ethereum.org/2014/07/05/stake/。

也就是说它延迟了达成共识的时间。该模型从一个外生分叉开始,并假设只有当分叉被解决时,即当一个分支比另一个分支长 k 个区块时,区块将获得奖励,并且只有属于获胜链的那些区块才有奖励。因为节点会对未来的付款进行贴现,所以分叉被解决的预期时间越长,分叉期间代币的现值越低。这给掌握股份的验证者提供了一种内在的激励,使他们能够协调只增加区块到一条链以加快共识。因此,最长链规则是一种均衡,这意味着"无利害攻击"是无利可图的偏离行为[1]。

虽然以上讨论的协议侧重于由 PoW 或 PoS 选择的验证者的决定,但在其他协议(如 HoneyBadger、HotStuff 或 Tendermint)中,由一个确定选择的进程子集组成的委员会执行实用拜占庭容错共识实例来决定要追加的下一个块。Amoussou-Guenou 等(2019)分析了此类协议中验证者之间的战略互动。他们强调了一个事实,即委员会内部的协调失败和搭便车行为可以形成均衡,但此类均衡不具备可终止性和有效性。也就是说,委员会可能无法达成共识,或者最终可能接受无效的区块。当理性的委员会成员未能检查区块的有效性或未能发送信息时,就会出现这种功能失调的结果。Amoussou-Guenou 等(2019)还表明,存在一种以委员会成员为关键的均衡,这种均衡给委员会成员提供了检查有效性和发送信息的激励,从而保持均衡的有效性和可终止性。

Manshaei 等(2018)还采用博弈论方法分析并行运行的多个委员会验证一个交易的非相交集(碎片)。他们强调,理性主体可能在一个平分奖励的委员会中实施搭便车行为。

6.6 总结

本章回顾的研究揭示了两个重要问题:①区块链和共识机制的可靠性;②区块链的成本。

关于第一个问题,博弈论分析强调了一个原则,即不能期望理性节点盲

---

[1] Brown-Cohen 等(2018)讨论了在网络所有参与者中实施伪随机抽取硬币是如何为恶意策略打开空间的。特别是,提前几个区块的要抽取的硬币是可以预测的,这一事实增加了双花攻击和自私挖矿的盈利能力。

目遵循规定,即使他们不会从区块链故障中获得任何私人利益。出于两种原因,理性、利己的行为可能会威胁区块链的稳定性和共识机制。一方面,协调失败会产生分叉;另一方面,追求利润最大化的节点可以从事操纵行为,如自私挖矿或渗透矿池。博弈论方法的一个重要观点是,即使没有矿工或矿池拥有大多数计算能力,共识也可能不稳定。

关于区块链的成本,出现了两类问题:交易费是否被有效设置?计算能力是否最佳?在给定区块大小的情况下,交易费可以作为有用的价格信号,以激励对计算能力的投资或分配优先级。然而,博弈论分析表明,放松区块大小限制,并依靠协议的其他特征来诱导矿工充分参与是有效的。低效率的另一个原因是当矿工增加自己的计算能力时对其他人施加的负外部性。这导致了一场无效的高算力"军备竞赛",强调了需要比 PoW 更有效的协议,如 PoS。除了实施这些协议带来的技术问题,在这些新环境中的战略互动也可能会带来新的挑战,而学界对此的研究才刚刚开始。

参考文献

H. Alsabah and A. Capponi. Pitfalls of Bitcoin's proof – of – work:R&D arms race and mining centralization,2019. Available at SSRN:http://dx. doi. org/10. 2139/ssrn. 3273982. 162

Y. Amoussou – Guenou, B. Biais, M. Potop – Butucaru, and S. Tucci – Piergiovanni. Rationals vs Byzantines in consensus – based blockchains. Working paper,2019. https://arxiv. org/abs/1902.07895. 169

N. Arnosti and M. Weinberg. Bitcoin:A natural oligopoly. Working paper,2018. https://arxiv.org/pdf/1811.08572. pdf. 162

S. Athey,I. Parashkevov,V. Sarukkai and J. Xia. Bitcoin pricing,adoption,and usage:Theory and evidence. Stanford University Graduate School of Business Research Paper No. 16 – 42,2016. 157

C. Badertscher,J. Garay,U. Maurer, D. Tschudi, and V. Zikas. But why does it work? A rational protocol design treatment of Bitcoin. *EUROCRYPT*(2),pages 34 – 65. Springer,2018. 156

C. Barrera and S. Hurder. Blockchain upgrade as a coordination game. Working paper, 2018. http://papers. ssm. com/sol3/papers. cfm? abstract_id = 31922008. 160

J. Beccuti and C. Jaag. The Bitcoin mining game:On the optimality of honesty in proof – of – work consensus mechanism. Swiss EconomicsWorking Paper 0060,2017. 161

B. Biais, C. Bisi`ere, M. Bouvard, and C. Casamatta. The blockchain folk theorem. *The Review of Financial Studies* 32(5), 1662 – 1715, 2019a. 157, 158, 159, 162

B. Biais, C. Bisi`ere, M. Bouvard, and C. Casamatta. Blockchains, coordination and forks. *AEA Papers and Proceedings* 109, 88 – 92, 2019b. 159, 160

B. Biais, C. Bisière, M. Bouvard, C. Casamatta, and A. Menkveld. Equilibrium Bitcoin pricing. TSE working paper 18 – 73. 2019c. 157

J. Bonneau, E. W. Felten, S. Goldfeder, J. A. Kroll, and A. Narayanan. Why buy when you can rent? Bribery attacks on Bitcoin – style consensus. *3rd Workshop on Bitcoin and Blockchain Research (BITCOIN 2016), Barbados*, pages 19 – 26. Springer Verlag, 2016. 159

J. Brown – Cohen, A. Narayanan, C. A. Psomas, and S. M. A. Weinberg. Formal barriers to longest – chain proof – of – stake protocols. Cornell University working paper, 2018. http://arxiv.org/abs/1809.06528. 169

M. Carlsten, H. Kalodner, S. M. Weinberg, and A. Narayanan. On the instability of Bitcoin without the block reward. In *Proceedings of the 2016 ACM SIGSAC Conference on Computer and Communications Security*, pages 154 – 167. ACM, 2016. 158, 159

J. Chiu and T. Koeppl. The economics of cryptocurrencies—Bitcoin and beyond. 2017. Available at SSRN: http://dx.doi.org/10.2139/ssrn.3048124. 166

J. Chiu and T. V. Koeppl. Blockchain – based settlement for asset trading. *The Review of Financial Studies* 32(5), 1716 – 1753, 2019. 166, 167, 168

L. W. Cong, Z. He, and J. Li. Decentralized mining in centralized pools. *The Review of Financial Studies* 34(3), 1191 – 1235, 2021a. 164, 165

L. W. Cong, Y. Li, and N. Wang. Tokenomics: Dynamic adoption and valuation. *The Review of Financial Studies* 34(3), 1105 – 1155, 2021b. 157

N. Dimitri. Bitcoin mining as a contest. *Ledger* 2, 017. http://doi.org/10.5195/ledger.2017.96. 162

D. Easley, M. O'Hara, and S. Basu. From mining to markets: The evolution of Bitcoin transaction fees. *Journal of Financial Economics* 134, 91 – 109, 2019. 166, 168

I. Eyal. The miner's dilemma. In *2015 IEEE Symposium on Security and Privacy (SP)*, pages 89 – 103. IEEE, 2015. 165, 166

I. Eyal and E. G. Sirer. Majority is not enough: Bitcoin mining is vulnerable. In N. Christin, and R. Safavi – Naini (editors), *Financial Cryptography and Data Security*, FC 2014, volume 8437 of *Lecture Notes in Computer Science*, pages 436 – 454. Springer, Berlin, Heidelberg, 2014. 160, 161, 165

G. Fanti, L. Kogan, and P. Viswanath. Economics of proof-of-stake payment systems. Working paper, 2019. https://pramodv.ece.illinois.edu/pubs/GKV.pdf. 157,168

J. Fernández-Villaverde and D. Sanchez. On the economics of digital currencies. Federal Reserve Bank of Philadelphia working paper, 2018. https://papers.ssm.com/sol3/papers.cfm?abstract_id=3117347. 157

D. Ferreira, J. Li, and R. Nicolowa. Corporate capture of blockchain governance. Working paper, 2019. https://papers.ssm.com/sol3/papers.cfm?abstract_id=3320437. 165

B. Fisch, R. Pass, and A. Shelat. Socially optimal mining pools. *International Conference on Web and Internet Economics*, pages 205-218. Springer, 2017. 164

N. Gandal and H. Halaburda. Can we predict the winner in a market with network effects? Competition in cryptocurrency market. *Games* 7, 1-21, 2016. 157

R. Garratt and N. Wallace. Bitcoin 1, Bitcoin 2 ···: An experiment with privately issued outside monies. *Economic Inquiry* 56 (3), 1887-1897, 2018. 157

C. Grunspan and R. Péerez-Marco. On profitability of selfish mining. Working paper, 2019. https://arxivv.org/abs/1805.08281. 161

H. Halaburda and G. Haeringer. Bitcoin and blockchain: What we know and what questions are still open. NYU Stern School of Business, *Baruch College Zicklin School of Business Research Paper* No. 2018-10-02, 2019. Available at SSRN: https://ssrn.com/abstract=3274331. 156

N. Houy. The Bitcoin mining game. *Ledger* 1, 2016. https://doi.org/10.5195/ledger.2016.13. 159

G. Huberman, J. Leshno, and C. Moallemi. An economic analysis of the Bitcoin payment system. Working paper, 2018. https://econ.hkbu.edu.hk/eng/Doc/Bitcoin_Payment_System.pdf. 166,167,168

B. Johnson, A. Laszka, J. Grossklags, M. Vasek, and T. Moore. Game-theoretic analysis of DDoS attacks against Bitcoin mining pools. In *International Conference on Financial Cryptography and Data Security*, pages 72-86. Springer, 2014. 165,166

A. Kiayias, E. Koutsoupias, M. Kyropoulou, and Y. Tselekounis. Blockchain mining games. In *Proceedings of the 2016 ACM Conference on Economics and Computation*, pages 365-382. ACM, 2016. 157,158,159

J. A. Kroll, I. C. Davey, and E. W. Felten. The economics of Bitcoin mining, or Bitcoin in the presence of adversaries. In *Proceedings of WEIS, June 11-12, 2013, Washington, DC*, pages 1-21. 2013. 157,158

Z. Liu, N. C. Luong, W. Wang, D. Niyato, P. Wang, Y-C. Liang, and D. I. Kim. A survey on applications of game theory in blockchain, 2019. https://arxiv.org/pdf/1902.10865.pdf. 156

J. Ma, J. Gans, and R. Tourky. Market structure in Bitcoin mining. NBER working paper 24242, 2018. https://www.nber.org/papers/w24242. 162

M. Manshaei, M. Jadliwala, A. Maiti, and M. Fooladgar. A game-theoretic analysis of shard-based permissionless blockchains. IEEE Access 6:78100-78112, 2018. 169

S. Nakamoto. Bitcoin: A peer-to-peer electronic cash system, 2008. https://bitcoin.org/bitcoin.pdf. 155, 157

E. Pagnotta. Bitcoin as decentralized money: Prices, mining, and network security. Working paper, 2018. https://www.jbs.cam.ac.uk/wp-content/uploads/2020/08/paper-pagnotta-bitcoinasdecentralised money.pdf. 157, 168

J. Prat and B. Walter. An equilibrium model of the market for Bitcoin mining. Working paper, 2018. https://papers.ssm.com/sol3/papers.cfm? abstract_id = 3143410. 162, 163

M. Rosenfeld. Analysis of Bitcoin pooled mining reward systems. Working paper, 2011. https://arxiv.org/abs/1112.4980. 164

F. Saleh. Volatility and welfare in a crypto economy. Working paper, 2018. https://papers.ssm.com/sol3/papers.cfm? abstract_id = 3235467. 157

F. Saleh. Blockchain without waste: Proof-of-stake. The Review of Financial Studies 34(3), 1156-1190, 2021. 168, 169

A. Sapirshtein, Y. Sompolinsky, and A. Zohar. Optimal selfish mining strategies in Bitcoin. In *International Conference on Financial Cryptography and Data Security*, pages 515-532. Springer, 2016. 161

O. Schrijvers, J. Bonneau, D. Boneh, and T. Roughgarden. Incentive compatibility of Bitcoin mining pool reward functions. In J. Grossklags and B. Preneel, editors, *Financial Cryptography and Data Security, FC 2016*, volume 9603 of *Lecture Notes in Computer Science*, pages 477-498. Springer, Berlin, Heidelberg, 2017. 164

L. Schilling and H. Uhlig. Some simple Bitcoin economics. *Journal of Monetary Economics* 106, pages 16-26, 2019. 157

J. Teutsch, S. Jain, and P. Saxena. When cryptocurrencies mine their own business. In J. Grossklags and B. Preneel, editors, *Financial Cryptography and Data Security, FC 2016*, volume 9603 of *Lecture Notes in Computer Science*, pages 499-514. Springer, Berlin, Heidelberg, 2016. 159

I. Tsabary and I. Eyal. The gap game. In *Proceedings of the 2018 ACM SIGSAC Conference on Computer and Communications Security*, pages 713-728, 2018. 167

Y. Zhu and S. Hendry. A framework for analyzing monetary policy in an economy with e-money. Bank of Canada Staff working paper,2019. https://www.bankofcanada.ca/wp-content/uploads/2019/01/swp2019-1.pdf. 157

作者简介

布鲁诺·比亚斯,HEC 金融学博士,曾获巴黎证券交易所学位论文奖和 CNRS 铜牌。他曾在图卢兹、卡内基梅隆、牛津和伦敦政治经济学院任教;曾任 CNRS 研究总监;现任 HEC 教授。他对金融、契约理论、政治经济学、实验经济学和区块链的研究已发表在《计量经济学》、JPE、AER、《经济研究评论》《金融杂志》、RFS 和 JFE 上。他曾担任《经济研究评论》《金融杂志》的编辑,目前是管理科学的财务部门编辑,计量经济学会、经济理论发展学会和金融理论小组的成员。他曾担任纽约证券交易所、泛欧交易所、欧洲央行和英格兰银行的科学顾问,在交易和后交易方面的研究工作获得了高级 ERC 资助,目前在福利激励动态和均衡方面的工作由高级 ERC 资助。

克里斯托夫·比西埃,图卢兹-卡皮托大学(TSE 和 TSM)金融学教授,获计算机科学研究硕士学位、金融研究硕士学位,Aix-Marseille 大学经济学博士学位(1994)。华盛顿特区美国证券交易委员会经济研究员,研究美国市场监管问题。对金融、实验经济学和区块链的研究发表在国际学术期刊上,包括《计算经济学》《欧洲金融管理》《管理科学》和《金融研究评论》。第二届区块链经济、安全和协议国际会议 Tokenomics 2020 联合组织者。

马修·布瓦尔,图卢兹-卡皮托大学(TSE 和 TSM)金融学教授。2009 年获得图卢兹大学博士学位,2009—2019 年在麦吉尔大学任教。他的研究重点是金融中介和金融技术创新的影响,曾在《金融杂志》《金融经济学杂志》和《金融研究评论》等金融学术期刊上发表研究工作,并获法国国家研究机构(National Research Agency in France,ANR)和加拿大多个机构(FRQSC、IFSID、SSHRC)的资助。第二届区块链经济、安全和协议国际会议 Tokenomics 2020 联合组织者。

凯瑟琳·卡萨马塔,图卢兹-卡皮托大学(TSE 和 TSM)金融学教授,曾获 ESSEC 硕士学位和图卢兹-卡皮托大学金融博士学位。在公司金融和治理、风险投资和数字金融的研究曾发表在国际学术期刊上,如《美国经济杂志:微观经济学》《金融杂志》《财务中介杂志》《货币、信贷和银行杂志》《金融评论》和《金融研究评论》。现任图卢兹-卡皮托大学金融学副校长。第二届区块链经济、安全和协议国际会议 Tokenomics 2020 联合组织者。

/ 第 7 章 /

矿池破产解中的奖励函数

玛丽安娜·贝洛蒂
斯特凡诺·莫雷蒂

7.1 引言

在比特币中,交易以区块形式收集、验证后发布在账本上。Nakamoto(2008)提出了一个系统,该系统通过工作量证明机制来验证区块,并将它们链接起来。该工作量证明机制要求得到一个输入,该输入的哈希值满足目标难度。更准确地说,区块验证者(矿工)的目标是,找到一个数值 nonce,将其加到输入的数据字符串中并进行哈希处理后,得到小于目标的输出。矿工将其得到的满足目标难度的数值(完整解)通过网络公开。

矿工力图在完整解的搜寻中拔得头筹,然后发布相应的区块并获得比特币奖励。挖矿是矿工之间解决复杂的密码学难题的竞速比赛。哈希难题的难度 D,使矿工搜寻完整解的时间维持在 10min 左右。该难度值会进行周期性调整,以满足既定的验证速度,在撰写本章时,$D \approx 20,60,1 \times 10^{12}$。

7.1.1 挖矿和矿池化

挖矿是指矿工赚取大量金钱的过程。从 2010 年起,越来越多的人开始挖矿,工作量证明机制的难度呈指数级增长。挖矿现在是一项专业活动,需要对具竞争力的设备进行巨额投资。目前,由于高难度值,使用传统的设备挖矿需要很长时间才能获得奖励。平均而言,独自使用个人笔记本电脑的矿工需要花费数十亿年来搜寻一个完整解。小规模矿工通过加入矿池在这个新行业中生存。

矿池是一种合作方式,多个矿工共同努力,以便验证区块并获得奖励。在一个矿池中,几个矿工聚合他们的算力来解决密码学难题。然后,根据他们的贡献分配奖励。小规模矿工能以这种方式定期获得小部分奖励,而不必等待数年才能获得奖励。

在挖矿竞争期间,矿工连接到矿池的服务器,并且他们的设备与其他矿工的硬件连接并同步。加入矿池的矿工作出贡献并分享奖励。矿工的奖励基于他们对搜寻到的完整解的贡献。然而,矿池是如何衡量成员执行的工作呢?基本思想是将工作量证明算法应用于"更简单"的密码学问题。更准确地说,矿池为矿工分配一个要解决的问题,但是设置了一个较低的难度。矿工通过提高阈值获得更简单问题的随机数。这个更简单的密码学问题的解是"接近有效"的解,并且称为份额。Rosenfeld(2011)中提到,对于采用

SHA-256 哈希函数的比特币区块链,每一个哈希值都有 $1/(2^{32}D)$ 的概率成为完整解,有 $1/2^{32}$ 的概率成为一个份额。

矿工根据他们提供的份额数量获得奖励。当一个份额是一个完整解时,就会验证一个区块,使矿池获得奖励,该奖励根据矿工报告的份额数量在矿池参与者之间分配。一个份额成为完整解的概率是 $1/D$。

矿池由池管理者管理,该管理者确定矿工获得奖励的方式。更准确地说,每个矿池都采用自己的奖励系统。不同的奖励方式对矿工的吸引力有高有低。矿池管理者通常会先扣除一定百分比的奖励,再分配给矿工。

7.1.2 比特币中的博弈论

博弈论是数学的一个分支,研究在多个决策者(参与者)情形下的最优决策过程。他们是理性主体,这意味着他们的目标是最大化自己的效用函数,因此他们不会总做出利己选择。博弈由包括一组玩家的交互式决策过程和一组可能的策略及其相应的结果组成。可以将几种情况建模为博弈,从而实现对博弈的分类。博弈的两大类是合作博弈和非合作博弈。后者致力于预测参与者的个人策略,而前者则研究参与者有可能达成具有约束力的协议的博弈。合作博弈论的目标是预测参与者联盟的形成,并研究它们的稳定性。

正如 Liu 等(2019)调查的那样,博弈论已应用于比特币相关的各种问题的分析,以及区块链。其中,绝大多数的应用都基于非合作博弈,研究参与者无法合作的冲突情形。尽管比特币文献(Conti et al.,2018)中多次提及过关于矿池中矿工行为分析的问题,但是到目前为止,合作博弈论和联盟形成理论受到的关注要少得多。矿池是理性参与者的联盟,因此本章采用合作博弈论着重分析矿池形成中的矿工行为。

矿池攻击

对矿池的攻击是指某些矿工的行为与默认做法(诚实的矿工)不同,这危及矿池的集体利益。Rosenfeld(2011)提供了针对矿池的恶意行为的概述,在该概述中,恶意行为会根据给定矿池的奖励机制改变。矿工可能会在报告工作证明时攻击他们的矿池。更确切地说,他们可以:①延迟报告其份额(扣块);②在其他地方报告份额(跳池);③通过作为不同的报告实体报告份额(女巫攻击)。

这些攻击中的第一个是扣块攻击,当矿工故意延迟向矿池报告份额和完整解时,就会产生扣块攻击。这可能会导致区块验证延时以及矿池获得奖励延时。在某些情况下,攻击者可能会在提交额外份额后获得奖励。第二个是跳池攻击,当矿工根据矿池的吸引力从一个矿池"跳"到另一个矿池时,就会产生跳池攻击。在不同的时间为不同的矿池工作会更加有利可图。第三个是女巫攻击,即尝试用由一个人控制的多个节点填满网络。在这种情况下,攻击者将以几个客户端或者几个算力较弱的矿工形式出现在网络中。

对于池管理者来说,关键的问题是怎样的奖励分配机制可以防止此类恶意行为。换句话说,池管理者必须选择"适当的"奖励机制,以防止所有可能的不同类型的攻击。

截至本书成稿前,唯一一篇使用合作博弈论来研究在哪些情况下矿工希望形成矿池的论文是 Lewenberg 等(2015)发表的。作者表明,网络进程中的高交易负载使得矿工更倾向于在矿池之间"跳跃"。跳池是不可预防的,因此矿池不能视为稳定的联盟,这是因为没有奖励系统可以防止这种恶意行为。论文中提供的结果强烈依赖于合作博弈论中关于联盟(池)的核心稳定性概念。但是现有的矿池奖励系统实际上是非常基础的,所以 Lewenberg 等(2015)中提出的"任何核心分配都可以作为池内谈判过程的结果获得"是一个强假设。

在 Schrijvers 等(2016)中,作者利用非合作博弈论提出了一种奖励机制,以防止矿工保留完整解。本章以及 Belotti 等(2022)表明,在矿池中获得的奖励不足以支付所有作出贡献的矿工的情况下,提供的奖励函数可以重新解释为破产博弈的解。7.2 节介绍了 Schrijvers 等(2016)的模型。7.3 节介绍了一些基本概念和文献中关于博弈论和破产情况的概念。7.4 节中,长远起见,我们对 Schrijvers 等(2016)引入的奖励函数概念扩展到经典破产解,并分析在比特币情景中的主要特性。

7.2 激励相容的奖励函数

考虑一个简单的模型,其中固定数量的 n 个矿工会在特定的矿池中积极工作。该模型基于对轮次的划分。每一轮,矿工都会参加挖矿竞赛,并向矿池管理器报告他们的份额和完整解。在提交完整解时,矿池管理器将其传达给比特币网络并获得区块奖励 B(为了简化阐述,$B=1$)。然后,矿池管理器根据预定义的奖励函数在 n 个矿工之间重新分配区块奖励 B。然后这一轮采矿结束,新一轮的挖矿竞赛开始。

其中,矿工的策略性行为包括决定何时向矿池管理者报告完整解。为了表示这种情况,作者引入了历史记录的概念,即矢量 $s = (s_1, s_2, \cdots, s_n) \in \mathbb{N}^N$,其包含了每轮采矿中每个矿工报告的份额的数量。设 $S = \sum_{i \in N} s_i$ 为报告份额的总数,根据 Schrijvers 等(2016)的说法,奖励函数 $R: \mathbb{N}^N \to (0, 1)^n$,是一个为每个历史记录 S 分配奖励 $(R_1(S), R_2(S), \cdots, R_n(S))$ 的函数,其中 R_i 表示单个矿工 i 获得的奖励占比,其中 $i \in \mathbb{N}$, $\sum_{i \in N} R_i = B = 1$。Schrijvers 等(2016)中考虑的奖励函数和将份额提交给池管理者的顺序无关。

在这个简单的模型中,矿工只有两种可能的策略:①立即报告完整解;②延迟报告。第一个选择是默认挖矿策略,而第二个选择是对矿池的攻击,因为它会损害矿池的总奖励。

在 Schrijvers 等(2016)中,当每个理性矿工的最佳策略(为矿工产生最有利结果的策略)是立即报告份额或完整解时,则奖励函数 R 是激励相容的,也就是说,采用立即报告份额或完整解策略的期望奖励大于采用延迟报告策略的期望奖励。形式上,Schrijvers 等(2016)中提出的激励相容的映射 R^w 定义为

$$R_i^w(s) = \begin{cases} \dfrac{s_i}{D} + e_i^w \left(1 - \dfrac{S}{D}\right), & S < D \\ \dfrac{s_i}{S}, & S \geq D \end{cases}, \quad \forall i \in N \tag{7.1}$$

其中,$e^w = (e_1^w, e_2^w, \cdots, e_n^w) \in \{0, 1\}^N$ 是一个矢量,当 $i \in N \setminus \{w\}$,$e_w^w = 1$ 时,使得 $e_i^w = 0$。因此,在 $S \geq D$ 的情况下,奖励函数与提交的份额数量成正比。而在 $S < D$ 的情况下,每个矿工每份额可以获得 $1/D$ 的固定奖励,并且完整解的发现者 w,还会获得所有的剩余金额 $1 - S/D$。所以,在任何情况下,$\sum_{i \in N} R_i^w(s) = B = 1$。

粗略地说,奖励函数 R^w 是两种不同分配方法的组合。在短期运行,即当报告份额的总量小于原始问题的难度 D 时,奖励函数将以每份额 $1/D$ 的固定金额,将奖励分配给所有矿工,但是找到解决方案的矿工 w 会额外授予奖励。相反,在长期运行中,当报告的份额的总量大于问题的难度时,奖励函数将根据每个矿工的份额按比例分配奖励。

后面的各节,把奖励函数 R^w 在长期运行中的行为与破产情况下的经典比

例分配规则进行比较,并且把对这种奖励函数的分析扩展到其他常见破产情况的解上。

7.3 合作博弈论和破产情况

合作博弈理论提供了几种可以描述现实中情况的数学模型,在这些现实情况中,合作使得人们更加容易实现他们的目标。

用 N 表示有限的参与者集合,用 S 表示 N 的任何子集(即联盟),合作博弈论,也称为可转移效用博弈(Transferable Utility,TU),是由一对 (N,v) 定义的,其中 $v:2^N \to \mathbb{R}, v(\emptyset)=0$ 是博弈的特征函数。此函数将真正的价值与所有可能的联盟相关联。更准确地说,$v(S)$ 代表每个联盟 S,一旦形成就可以为自己获取价值。合作博弈 (N,v) 的解决方案是 $(x_1,x_2,\cdots,x_n)$ 类型的矢量,其中 x_i 表示玩家 i 的收益。合作博弈的解决方案需要:①向每位参与者分配不少于他们自己可以获得的金额;②在参与者之间分配所有可用的金额。本章把满足这两个特性的博弈解决方案称为归因,记为 $J(v)$。

合作博弈论关注的是确定那些使得大联盟(即博弈中所有玩家组成的联盟)在偏差下稳定的归因。更确切地说,如果任何联盟没有动机离开大联盟并组建子联盟,那么这个分配是核心稳定的。

定义7.1(核心) 设 $v:2^N \to \mathbb{R}$ 是一个 TU 博弈。博弈的核心用 $\vartheta(v)$ 表示,即

$$\vartheta(v) = \{x \in \mathbb{R}^n : \sum_{i \in N} x_i = v(N) \wedge \sum_{i \in S} x_i \geq v(S), \forall S \subset N\} \quad (7.2)$$

核心 $\vartheta(v)$ 是归因集 $J(v)$ 的子集,包含未被任何联盟拒绝的归因。在核心中每个具有收益的联盟,至少会得到它应得的奖励;因此,所有参与者没有离开大联盟的动机。在定义 7.1 中,它表现为下面的不等式:

$$\sum_{i \in S} x_i \geq v(S), \forall S \subset N \quad (7.3)$$

它代表了一种核心性概念,保证了在核心中提供收益的矿工留在大联盟中并共同合作。

7.3.1 破产情况

每当有矿工要求获得一定数量的可分割奖励,而且索要总额大于总奖励

时,就会出现破产情况。设 $N = \{1,2,\cdots,n\}$ 是一组矿工。形式上,集合 N 上的破产情况包含一对 $(\boldsymbol{c},E) \in \mathbb{R}^N \times \mathbb{R}$,其中 $c_i \geq 0, i \in N, 0 < E < \sum_{i \in N} c_i = C$。向量 $\boldsymbol{c}$ 表示矿工的需求(每个矿工索要奖励的数量 $c_i, i \in N$),E 是必须在矿工之间分配的奖励(并且它不足以满足总需求 C)。

用 $\mathbb{B}^N$ 表示所有破产问题 $(\boldsymbol{c},E)$ 的类别,其中 $(\boldsymbol{c},E) \in \mathbb{R}^N \times \mathbb{R}, i \in N, 0 < E < \sum_{i \in N} c_i$,$N$ 作为一组矿工。N 上破产情况的解决方案(又称为分配规则),包含一个映射 $f: \mathbb{B}^N \to \mathbb{R}^N$,给 $\mathbb{B}^N$ 上的每个破产情况分配一个在 $\mathbb{R}^N$ 上的分配矢量,该矢量指定了每个参与者在 $(\boldsymbol{c},E)$ 情况下接收的奖励 E 的数量 $f_i(\boldsymbol{c},E), f_i(\boldsymbol{c},E) \in \mathbb{R}$。解决方案必须满足一组最小的"自然"要求:

(1)个体理性。$\forall i \in N, f_i(\boldsymbol{c},E) \geq 0$,表明每个代理人必须收到非负数量的奖励 E。

(2)需求有界。$\forall i \in N, f_i(\boldsymbol{c},E) \geq 0$,表明每个矿工所收到的奖励都不多于其索要的奖励。

(3)效率。$\sum_{i \in N} f_i(\boldsymbol{c},E) = E$,要求把全部奖励都分配给索要奖励的矿工。

本章介绍了三种经过充分研究的破产问题的解(如 Moulin(2000)、Herrero 和 Villar(2001)、Thomson(2003)、Curiel 等(1987)、O'Neill(1982))。第一个是比例规则。

定义 7.2(比例规则(P)) 对于每个破产情况 $(\boldsymbol{c},E) \in \mathbb{B}^N$,比例规则产生分配矢量 $P(\boldsymbol{c},E) = \pi\boldsymbol{c}$,其中 π 满足 $\sum_{i \in N} \pi c_i = E$。

示例 7.1 考虑包含三个权利人 $N = \{1,2,3\}$ 的破产问题,并且 $(\boldsymbol{c},E) = ((4,5,3),10)$。首先,计算参数 $\pi = \dfrac{E}{C} = \dfrac{10}{12} = \dfrac{5}{6}$,然后通过将 π 乘以需求向量 $\boldsymbol{c}$ 得到比例分配,即

$$P(\boldsymbol{c},E) = \frac{5}{6}(4,5,3) \tag{7.4}$$

从文献中考虑的第二个解是约束性平等奖励规则(Constrained Equal Award,CEA)。这种分配规则忽略了权利人之间的差异,由于有界约束,排除了矿工收到的奖励比他们所要求的奖励更多的情况。

定义 7.3(CEA) 对于每个破产情况 $(\boldsymbol{c},E) \in \mathbb{B}^N$,将约束性平等奖励规

则定义为 $\text{CEA}_i(c,E) = \min\{c_i, \lambda\}$，其中元素 λ 满足 $\sum_{i \in N} \min\{c_i, \lambda\} = E$。

CEA 规则规定给予每个矿工相同的奖励，除非矿工的要求没有得到完全满足，或者奖励没有分配完。

示例 7.2 考虑示例 7.1 给出的破产情况。第一步分配给所有参与者 $x = (3,3,3)$。现在要解决的博弈是 $(c',E') = ((1,2,0),1)$。由于第三名矿工得到满足，E' 必须分配给前两名玩家。这里 $\lambda = 7/2$，因此可得

$$\text{CEA}(c,E) = \left(\frac{7}{2}, \frac{7}{2}, 3\right) \tag{7.5}$$

本章所考虑的最后一条分配规则，即约束性相等损失规则（Constrained Equal Losses, CEL），是 CEA 规则的一种替代方案，侧重于权利人所遭受的损失。更准确地说，该规则平均化损失，而非平均化奖励。

定义 7.4（CEL） 对于每个破产情况 $(c,E) \in \mathbb{B}^N$，将约束性平等损失规则定义为 $\text{CEL}_i(c,E) = \max\{c_i - \lambda', 0\}$，其中参数 λ' 满足 $\sum_{i \in N}\{c_i - \lambda', 0\} = E$。

示例 7.3 再次考虑示例 7.1 中给出的破产情况。起初，把一单元的损失分配给每个玩家：$x = (3,4,2)$。那么，很容易得到 $\lambda' = 1/3$，由此可得，$(4,5,3) - 1/3 = (10/3, 13/3, 7/3)$。所以可得

$$\text{CEL}(c,E) = \left(\frac{10}{3}, \frac{13}{3}, \frac{7}{3}\right) \tag{7.6}$$

7.3.2 破产博弈：博弈论分配规则

破产问题不一定是破产博弈；不使用博弈论也能求解破产问题，即通过使用自然分配规则，如比例分配规则。此外，分配规则不一定是博弈论的分配规则。然而，对于这些类型的问题，当奖励在权利人之间分配时，表明他们之间存在合作关系。因此，可以尝试将破产问题建模为一个合作博弈，并分析相关的解。第一步是定义一个特征函数。

很明显，必须形成一个大联盟，$v(N) = E$，但不清楚哪个值应该与单个参与者和中间联盟相关联。从文献来看，有一种"悲观"的方法来评估联盟；悲观特征函数为联盟分配一个值，该值是 S 在其他 $N \setminus S$ 玩家获得他们所要求的奖励后获得的值。联盟获得所有其他玩家获得全额奖励后剩余的奖励，即

$$v_p(S) = \max(0, E - \sum_{i \in N \setminus S} c_i) \tag{7.7}$$

破产问题可以视为具有悲观特征函数的合作博弈。至此，人们自然可问:这类博弈相关的分配规则是什么？Curiel 等(1987)的作者提出了成为博弈论分配规则的充分必要条件:

定理 7.1(Curiel,1987) 破产情况的分配规则 $f(\boldsymbol{c},E)$ 是一个博弈论分配规则，当且仅当 $f(\boldsymbol{c}^T,E)$ 成立，其中 $c_i^T = \min\{c_i,E\}, i \in N$。

这一条件源于破产问题 $(\boldsymbol{c},E)$ 和 $(\boldsymbol{c}^T,E)$ 所对应的合作博弈相同的事实。根据这个定理，无论是约束性平等损失规则还是比例规则都不是博弈论规则。CEL 规则不像比例规则那样可以直接得出这个结论。下面可以用一个简单的例子来说明这个事实:

示例 7.4 设 $(\boldsymbol{c},E) = ((2,11),10)$，则 $(\boldsymbol{c}^T,E) = ((2,10),10)$。对于这些问题，可以得到两个答案，即

$$\text{CEL}(\boldsymbol{c},E) = (0.5,9.5), \text{CEL}(\boldsymbol{c}^T,E) = (1,9) \tag{7.8}$$

然而，在约束性平等奖励规则的情况下，使用博弈论分配规则的定义:当 $\lambda \in (0,c_n), \lambda \leq E$ 时，$\text{CEA}_i(\boldsymbol{c}^T,E) = \min\{c_i,E,\lambda\} = \min\{c_i,\lambda\} = \text{CEA}_i(\boldsymbol{c},E)$，可以得到这一博弈论分配规则。

破产问题解的另一个关注点是相关悲观博弈的核心与一组可接受解相重合。

命题 7.1 给定破产问题 $(\boldsymbol{c},E) \in \mathbb{B}^N$ 及其相关悲观合作博弈 $v_p(\delta,E)$，称 x 为问题或博弈的结果，即

$$x \in \delta(v_p) \longleftrightarrow \begin{cases} \sum_{i \in N} x_i = E \\ 0 \leq x_i \leq c_i, \forall i \in N \end{cases} \tag{7.9}$$

证明如下:关于必要性，第一个条件满足效率的定义。对于第二个条件，我们得到 $\forall i \in N, x_i \geq v_p(i) \geq 0$ 和 $E - x_i = \sum_{j \in N \setminus \{i\}} x_j \geq v_p(N \setminus \{i\}) \geq E - c_i$，这意味着 $x_i \leq c_i$。关于充分性，已知满足效率条件。此外，对于 $\forall S \subseteq N$，有两种情况，即

$$v_p(S) = 0 \leq \sum_{i \in S} x_i \tag{7.10}$$

$$v_p(S) = E - \sum_{i \in N \setminus S} c_i \leq E - \sum_{i \in N \setminus S} x_i \leq \sum_{i \in S} x_i \tag{7.11}$$

定理 7.1 指出，破产问题中每一个博弈论分配规则提供的分配，都属于相关合作博弈的核心。因此，对于给定的破产博弈 $(\boldsymbol{c},E)$，约束性平等奖励规则

提供了集合 $\delta(v_{(c,E)})$ 中包含的结果。

7.3.3 破产规则的特性

在 Herrero and Villar(2001)中的介绍之后,本章将重点关注文献中的一些特性,即前文所介绍的三种解都满足的特性,这将与下一节中关于比特币系统的讨论相关。第一个特性包括一个基本的公平要求,即拥有相同要求的参与者在分配规则中是相同的。更准确地说,具有相同要求的矿工受到相同的待遇,因此他们得到的奖励份额相同。

特性 7.1 (对相同要求的相同对待) 对于 $\forall (c,E) \in \mathbb{B}^N, \forall i,j \in N$,如果 $c_i = c_j$,那么可以得

$$f_i(c,E) = f_j(c,E) \tag{7.12}$$

第二个特性要求分配规则不随标度变化而改变,与表征问题中的需求和奖励的单位无关。

特性 7.2 (标度不变性) 对于 $\forall (c,E) \in \mathbb{B}^N, \forall \gamma > 0$,可得

$$f(\gamma c, \gamma E) = \gamma f(c,E) \tag{7.13}$$

下一个特性是指矿工数量可能会发生变化的情况。该特性考虑如下情况:在根据原始情况 $(c,E) \in \mathbb{B}^N$ 的解提供分配矢量后,一组矿工($S \subset N$)形成解并将其重新应用于简化的情况 $(c_S, \sum_{i \in S} f_i(c,E)) \in \mathbb{B}^S$,其中 $c_S = (c_i)_{i \in S}$,新的奖励是 $\sum_{i \in S} f_i(c,E)$。此特性表明,应用于任何简化问题的解应向 S 中的矿工提供与原始情况相同的奖励。

特性 7.3 (一致性) 对于 $\forall S \subset N, \forall (c,E,N) \in \mathbb{B}, \forall i \in S$,可得

$$f_i(c,E,N) = f_i(c_S, \sum_{i \in S} f_i(c,E,N), S) \tag{7.14}$$

以下两个特性描述了分配规则的分配优先级。免除性规定当索额小于等分额时,规则必须首先满足索额,因此会减少较大的索额。

特性 7.4 (免除性) 对于 $\forall (c,E) \in \mathbb{B}^N$,如果 $c_i \leq E/n$,那么 $f_i(c,E) = c_i$。

排斥性给出了相反的结果,因为它排除了那些索额很少的矿工。

特性 7.5 (排斥性) 对于 $\forall (c,E) \in \mathbb{B}^N$,如果 $c_i \leq L/n$,其中 $L = \sum_{i=1}^{n} c_i - E$,那么 $f_i(c,E) = 0$。

下一个特性涉及这样的可能,一组矿工可能会汇集他们的要求,并以单

个权利人的身份出现,或者一个矿工可能会拆分他的要求,表现为多个权利人。如果这些行为对矿工不利,那么解满足无优势合并或拆分。

特性7.6(无优势合并或拆分)　设$(c,E)\in\mathbb{B}^N,(c',E')\in\mathbb{B}^{N'}$,其中$N'\subset N$,$E=E'$,假设有一个矿工$i\in N'$,其中$c'_i=c_i+\sum_{j\in N\setminus N'}c_j,c'_j=c_j,j\in N'\setminus\{i\}$;所以,有

$$f_i(c',E')=f_i(c,E)+\sum_{j\in N\setminus N'}f_j(c,E) \tag{7.15}$$

通过考虑合并和拆分两种不同的行为,可以将此特性拆分成两种不同的特性。

特性7.7(无优势合并)　设$(c,E)\in\mathbb{B}^N,(c',E')\in\mathbb{B}^{N'}$,其中$N'\subset N,E=E'$,假设有一个矿工$i\in N'$,其中$c'_i=c_i+\sum_{j\in N\setminus N'}c_j,c'_j=c_j,j\in N'\setminus\{i\}$;所以,有

$$f_i(c',E')\geq f_i(c,E)+\sum_{j\in N\setminus N'}f_j(c,E) \tag{7.16}$$

特性7.8(无优势拆分)　设$(c,E)\in\mathbb{B}^N,(c',E')\in\mathbb{B}^{N'}$,其中$N'\subset N,E=E'$,假设有一个矿工$i\in N'$,其中$c'_i=c_i+\sum_{j\in N\setminus N'}c_j,c'_j=c_j,j\in N'\setminus\{i\}$;所以,有

$$f_i(c',E')\geq f_i(c,E)+\sum_{j\in N\setminus N'}f_j(c,E) \tag{7.17}$$

根据特性7.7,没有一组矿工有动机汇集他们的需求,并视为一个单独的矿工,其索额是所有参与者个人需求的总和。相反,特性7.8规定,矿工没有动机划分他的需求并表现为几个权利人,并且几个权利人的要求加起来就是他的原始索额。如表7.1所列,在此介绍的解验证了将特性7.6拆分为特性7.7和7.8的正确性(Herrero et al.,2001)。

表7.1　三种破产解及其一些特性

特性	CEA	CEL	P
对相同要求的相同待遇	是	是	是
标度不变性	是	是	是
一致性	是	是	是
免除性	是	否	是
排斥性	否	是	否
无优势合并或拆分	否	否	是
无优势合并	是	否	是
无优势拆分	否	是	是

7.4 基于破产规则的奖励机制

在本节中,我们为 Schrijvers 等(2016)提出的长期激励相容规则提供了一个博弈论表示,并分别基于 CEA 和 CEL 解决方案的使用,提出了两个备选的矿池奖励函数,并分别充当式(7.1)的长期比例解(即 $S \geq D$)。

7.4.1 长期运行的博弈论表示

给定一个破产问题 (c, E),有 n 个矿工,它的相关悲观博弈是 $(v_{(c,E)}, N)$,其中 $N = \{1, 2, \cdots, n\}$,对于 $\forall$ 联盟 $S \subset N, v_{(c,E)}(S) = \max(E - \sum_{i \in N \setminus S} c_i, 0)$。因此,将一个合作博弈 v_ρ 和破产问题 $\rho = \{(s_i/D, 1): S \geq D\}$ 相联合,即

$$v_\rho(S) = \max\left(1 - \frac{1}{D}\sum_{i \in N \setminus S} s_i, 0\right), \forall S \subset N \tag{7.18}$$

从定理 7.1 可知,比例规则不是问题 ρ 的博弈论规则。然而,通过简单地对索赔 $c_i \leq E$(即在 Bitcoin context①中的 $s_i \leq D$)添加约束,比例规则可以成为问题 $\rho' = \{(s_i/D, 1): S \geq D, s_i \leq D\}$ 的博弈论分配规则。比例分配不仅是相关合作博弈 v_ρ 的解,而且也是博弈的核心。因此,这是破产博弈的稳定解;也就是说,任何联盟都不会拒绝比例规则,也没有离开联盟的动机。在比特币的框架中,分配规则的稳定性确保了矿工不会离开矿池去形成子池。

7.4.2 新的奖励机制

由于 Schrijvers 等(2016)中提出的与激励相容的奖励函数 R^w 可以建模为长期破产博弈,即

$$R_i^w(s) = \begin{cases} \dfrac{s_i}{D} + e_i^w\left(1 - \dfrac{S}{D}\right), & S < D \\ \dfrac{s_i}{S}, & S \geq D \end{cases}, \forall i \in N \tag{7.19}$$

本节用 CEA 和 CEL 规则来替代比例分配来构建两个新的奖励机制。

---

① 在比特币背景下,对索额的限制是合理的。在一轮的采矿中出现 $s_i > D$ 的情况时,这意味着在该轮中网络的所有计算能力都集中在一个矿工那里。由于网络的分散性,这种情况不可能发生。

定义 7.5 设 $w \in N$。基于 CEA 的奖励函数 $\hat{R}^w$ 定义为

$$\hat{R}_i^w(s) = \begin{cases} \dfrac{s_i}{D} + e_i^w\left(1 - \dfrac{S}{D}\right), & S < D \\ \min\left(\dfrac{s_i}{D}, \lambda\right) \text{ s. t. } \lambda : \sum_i \min\left(\dfrac{s_i}{D}, \lambda\right) = 1, & S \geq D \end{cases}, \forall i \in N$$

(7.20)

定义 7.6 设 $w \in N$。基于 CEL 的奖励函数 $\bar{R}^w$ 定义为

$$\bar{R}_i^w(s) = \begin{cases} \dfrac{s_i}{D} + e_i^w\left(1 - \dfrac{S}{D}\right), & S < D \\ \max\left(\dfrac{s_i}{D} - \lambda', 0\right) \text{ s. t. } \lambda' : \sum_i \max\left(\dfrac{s_i}{D} - \lambda', 0\right) = 1, & S \geq D \end{cases}, \forall i \in N$$

(7.21)

本章所提出的解决破产问题 ρ' 的分配规则,同时也是一个博弈论分配规则。因此,在长期运行中三个奖励函数都是核心稳定的。

7.3.3 节列出了一些解决破产情况的常见特性。比例、CEA、CEL 解决方案满足其中的一些性质(表 7.1),因此,长远来看(即 $S \geq D$),R^w、$\hat{R}^w$、$\bar{R}^w$ 也显然满足这些性质。下面将讨论比特币框架中对这些特性的解释。

1. 对相同要求的相同待遇(特性 7.1)

这一特性确保了公正性:拥有相同数量份额的矿工必须以相同的方式获得奖励。在比特币框架中,矿池管理者的公正性是强制性的。矿池操作员既不知道每个矿工的计算能力,也不知道矿工的身份。目前,使用的奖励系统目标是评估矿工的哈希能力。因此,矿工 i 提交份额的数量 s_i 被视为其计算能力的评估值。此类协议在提交过程中不要求矿工的身份。总之,对相同要求的相同待遇确定了报告相同数量份额的矿工获得相同比例的总回报 E。

2. 标度不变性(特性 7.2)

此特性确保了奖励函数与定义问题变量的货币无关。这一特性使奖励函数对采矿活动期间可能发生的货币转换更加稳健,从而提高了矿工在矿池中互动的稳定性。

3. 一致性(特性 7.3)

一致性表示奖励函数相对于人数限制的独立性。在比特币框架中,这一特性意味着没有一组矿工有动机重新应用简化问题的解,并且一旦矿池的参

与者接受了奖励函数,矿工就不可能通过在一个更小群体中重新协商分配来获得优势。

4. 无优势合并或拆分(特性7.6)

这一特性排除了一组矿工聚集他们的份额以作为一个矿工出现的可能性,也排除了一个矿工拆分他的份额并以几个矿工的身份出现的可能性。如7.1.2节所述,在比特币框架中,最后一种行为识别为女巫攻击。这些矿工可以创建具有不同"用户名"和电子邮件地址的多个账户,并伪装成不同的实体。比例规则是唯一满足无优势合并或拆分特性的规则。因此,它保证了矿池对女巫攻击的鲁棒性。然而,为了防止这种攻击,只需要有一个只满足无优势划分的分配规则就够了。如表7.1中所述,我们发现,从长期来看,基于CEA的奖励函数$\hat{R}^w$满足无优势合并(特性7.7),而基于CEL的奖励函数$\overline{R}^w$满足无优势拆分(特性7.8)。

7.5 总结

从长远来看(即$S \geq D$),本章中考虑的所有分配规则R^w、$\hat{R}^w$和$\overline{R}^w$都满足对相同要求的相同待遇、标度不变性和一致性三种有趣的性质。

然而,正如Schrijvers等(2016)证明的那样,只有规则R^w是激励相容的。事实上,CEA和CEL规则都不是激励相容的。对于CEA规则,特性7.4(免除性)告诉我们,当每次矿工的要求少于E/n时,其要求都会得到充分满足,即当矿工提交$s_i, s_i \leq D/n$份额:即使在故意延迟报告的情况下,也会收到s_i/D的奖励。对于CEL规则,由于特性7.5(排斥性),索要超过D/n的矿工知道他们永远不会收到全部的索额,但是他们无法将预期回报与两种不同的策略(报告和延迟报告)进行比较。

从长远来看,所有规则都可以解释为破产问题的博弈论分配规则。此外,他们是与破产问题ρ相关的合作博弈的核心。$\hat{R}^w$和$\overline{R}^w$满足无优势拆分,因此它们都对女巫攻击具有鲁棒性。然而,规则$\hat{R}^w$是唯一一个保证特定矿池内矿工良好行为的规则,因为它是唯一一种激励相容的规则。

考虑到多矿池框架,矿工可以从一个矿池跳到另一个矿池(跳池攻击),并可以将其份额提交到多个不同的矿池。

在使用的奖励函数为 $\hat{R}^w$ 的情况下,矿工有动机去拆分他们的需求,因为基于 CEA 的规则不能满足无优势拆分,因此对矿工来说,拆分他们的份额具有优势。此外,如果索额,即份额,低于 D/n,矿工将获得全部奖励(特性 7.4),这将为拆分大型份额带来巨大优势。更准确地说,矿工可以将大量的份额拆分为若干小型份额,并使用相同的奖励系统将它们全部报告在一个单独的矿池中或不同的矿池中。因此,可以得出结论,$\hat{R}^w$ 规则不会阻止跳池。

相反,如果使用的奖励函数是 $\overline{R}^w$ 或 R^w,矿工似乎没有严格的动机来拆分他们的份额,因为这两种解决方案都满足无优势拆分。然而,使用 R^w 奖励函数,矿工对拆分与否的态度是中性的(无优势合并或拆分特性)。相反,使用 $\overline{R}^w$ 奖励函数,拆分后,如果需求(shares)低于 $\frac{L}{n} = \frac{S-1}{n}$,矿工不会收到任何正的奖励(特性 7.5)。所以,$\overline{R}^w$ 奖励函数是三个规则中唯一通过划分份额对恶意矿池间行为提供有力抑制的规则。在 Belotti 等(2020)的工作中,对 $\overline{R}^w$ 进行了适当的修改,以保持其激励相容性。

参考文献

M. Belotti, S. Moretti, and P. Zappalà. Rewarding miners: Bankruptcy situations and pooling strategies. In *Multi-Agent Systems and Agreement Technologies*, pages 85–99. Springer, Cham. 2020. 178, 189

M. Conti, E. Sandeep Kumar, C. Lal, and S. Ruj. A survey on security and privacy issues of Bitcoin. *IEEE Communications Surveys & Tutorials* 20(4):3416–3452, 2018. 177

I. J. Curiel, M. Maschler, and S. H. Tijs. Bankruptcy games. Zeitschrift für Operations Research 31(5):A143–A159, 1987. 181, 182

C. Herrero and A. Villar. The Three Musketeers: Four classical solutions to bankruptcy problems. *Mathematical Social Sciences* 42(3):307–328, 2001. 181, 183, 185

Y. Lewenberg, Y. Bachrach, Y. Sompolinsky, A. Zohar, and J. S. Rosenschein. Bitcoin mining pools: A cooperative game theoretic analysis. In *Proceedings of the 2015 International Conference on Autonomous Agents and Multiagent Systems*, pages 919–927. Citeseer, 2015. 177, 178

Z. Liu, N. Luong, W. Wang, D. Niyato, P. Wang, Y. Liang, and D. Kim. A survey on applications of game theory in blockchain. In *arXiv preprint arXiv*:1902.10865, 2019. 177

H. Moulin. Priority rules and other asymmetric rationing methods. *Econometrica* 68(3):643–

684,2000. 181

S. Nakamoto. Bitcoin:A peer – to – peer electronic cash system,2008. https://bitcoin.org/bitcoin.pdf. 175

B. O'Neill. A problem of rights arbitration from the Talmud. *Mathematical Social Sciences* 2(4):345 – 371,1982. 181

M. Rosenfeld. Analysis of Bitcoin pooled mining reward systems. In *arXiv preprint arXiv*:1112.4980,2011. 176,177

O. Schrijvers,J. Bonneau,D. Boneh,and T. Roughgarden. Incentive compatibility of Bitcoin mining pool reward functions. In *International Conference on Financial Cryptography and Data Security*,pages 477 – 498. Springer,2016. 177,178,179,186,188

W. Thomson. Axiomatic and game – theoretic analysis of bankruptcy and taxation problems:A survey. *Mathematical Social Sciences* 45(3):249 – 297,2003. 181

作者简介

玛丽安娜·贝洛蒂在米兰理工大学完成了定量金融(数学工程)的学业后,加入了法国国家存托局的区块链和加密资产项目,参加了法国企业博士培养项目,在该项目中,她对具有战略重要性的项目进行研究和开发工作。玛丽安娜出版了几本与区块链技术相关的出版物,探讨了其潜在的用例及其适应性和安全问题。她现在负责团队的商业智能运营,以及由法国金融科技生态系统为主要参与者的新智囊活动的商业智能运营,并代表国际可信区块链应用协会,担任治理工作组的联合主席。玛丽安娜也是欧洲工商管理学院的校友,因她获得了该校的商业基础证书。

斯特凡诺·莫雷蒂是法国国家科学研究中心的研究员,也是兰萨德实验室的成员,并于2019年起担任该实验室副主任,兰萨德实验室是巴黎多芬大学和法国国家科学研究中心的计算机科学联合研究中心。他于1999年毕业于意大利热那亚大学环境科学专业,2006年获得该大学应用数学博士学位。2008年,他还获得荷兰蒂尔堡大学博弈论博士学位。他的研究活动围绕以下主线展开:对合作博弈及其应用的解决方案进行公理化分析;网络组合问题引起的战略博弈中有效算法的设计;权力指数和相关的社会选择问题。

第 8 章

代币与ICO：经济文献综述

安德烈·卡尼迪奥
文森特·达诺斯
斯特凡尼亚·马尔卡萨
朱利安·普拉特

8.1 引言

首次代币发行是首次公开募股(Initial Public Offering,IPO)的替代方案,目的是为企业努力筹集资金。尽管它们的名称相似,但 ICO 和 IPO 的本质却截然不同。IPO 通常由有良好盈利记录的公司发行,发售特定股票。ICO 由初创公司组织,通过面向一群投资者进行代币销售来筹集资金。这里提到的代币是一种加密货币,它是一种基于某些分布式账本技术的数字交换媒介。

ICO 的概念在 2013 年由万事达币(Mastercoin)首次提出,融资活动持续了近 1 个月。万事达币提议实施一个支付系统,并筹集了近 5000 个比特币,当时价值约 50 万美元。在 2015—2017 年,大约有 1000 次 ICO 紧随其后,筹集了超过 60 亿美元,从而大大超过了区块链技术相关创新项目的风险投资。2017 年区块链企业家们依托 ICO 募集了 50 亿美元,而通过风险投资只筹集了 8.76 亿美元。ICObench 的数据显示:在 2018 年,出现了 2218 个 ICO[①]。投资者们平均每天可以在 482 个代币销售中选择投资,加密货币即将引发数字时代创新的新融资模式。但欺诈和投机活动导致许多加密货币交易波动,最终打击了投资者的信心。到 2018 年最后几个月,ICO 市场份额出现了大幅下滑。

在撰写本章时,ICO 是否能够代替风险投资,尚无定论。因为 ICO 在根本上不同于其他融资,它们不能使用现成的技术来设计或评估。ICO 需要一个新的分析框架,本章认为在了解 ICO 的特殊性之前,不应该将它们与其他融资工具同等排名。本章主要探讨的是 ICO 的现状。鉴于这一领域的迅速发展,本章无法保证全面覆盖所有相关文献。本章专注于理论见解,并向对实践结论感兴趣的读者推荐 Li 和 Mann(2018),向对 ICO 监管的快速演变感兴趣的读者推荐 Collomb 等(2018)。书中有未提及的部分,敬请包涵。

本章的结构如下:8.2 节描述了 ICO 的原理,并简述了 ICO 的市场历史数据。8.3 节讨论了 ICO 引发的公司融资问题,以及 ICO 的设计规范,数字货币买卖双方利益平衡。8.4 节介绍了 ICO 定价的几个模型。8.5 节讨论了 ICO 面临的众多挑战。

---

① 财务估计来自 coindesk.com。

8.2 首次代币发行

1. 代币和加密货币

在描述 ICO 的原理之前,重要的是要消除"所有的代币都是比特币的替代品"的误解。尽管早期的区块链项目,如万事达币,确实受到比特币的启发,但当前的 ICO 浪潮正在为基础设施和平台提供融资,其范围远远超出了支付系统的领域。因此,尽管加密货币确实是代币,但并非所有的代币都是加密货币。加密货币是专用于支付或收款的数字资产,而代币是特定区块链生态系统中资产或公共事物的虚拟表示。以以太币为例,它是以太坊平台原生代币,用于支付矿工执行智能合约所需的交易费用,其中智能合约记录在以太坊区块链上。因此,代币持有者可以花费以太币来记录自己的交易,也可以用于更广泛的交易。

代币的发行方利用代币的可塑性,在大量的行业和应用中筹集资金。在这种情况下,实用代币类似于代金券,因为它们给予持有者折扣或权利。持有者可以根据识别实用代币对应平台所提供的服务来兑换对应的"代金券"。另外,原生代币[①]与非原生代币的区别取决于发行代币的区块链与提供服务的区块链是否相同。原生代币的例子有比特币和以太币。非原生代币的其中一个例子是 REP 币,它允许持有者访问 Augur 预测市场。但 REP 币是通过执行特定的托管合约[②],从而在以太坊平台上发行的。为了进一步理解工作流程,本章在后文将深入研究 ICO 的内部工作原理。

2. ICO 工作原理

通常情况下,发行 ICO 的公司会公布公司白皮书。这份文件类似于传统的 IPO 投资文件。它描述了公司意图构建的服务,涵盖了相关代币如何与该服务关联、代币的持有者将如何获得收益,以及获得的资金在项目中将如何分配等一系列问题的解决方案。服务内容包含广泛,从作为智能合约在现有区块链上运行的博彩游戏,到一个全新的区块链概念。白皮书还描述了代币

[①] 在术语上存在一些分歧,因为一些用户更喜欢使用术语"币"来表示他们自己的区块链原生资产,而保留术语"令牌"来表示在现有区块链上创建的资产。

[②] 该合同属于常用的 ERC-20 级别,可以在 Etherscan(2021)进行检查。

销售的参数,如销售的开始和结束日期、代币的价格、铸造的代币总量,以及为领导 ICO 团队保留的代币数量。还列出了在平台生命周期内创建和分配代币的计划。同时,公布一枚代币在可交易之前的锁定时间。通常情况下,大量的代币在公开销售之前会私下出售。此时,价格和锁定条件可能出现特殊情况。

白皮书还会定义销售媒介。总的来说,ICO 使用以太坊区块链上的特定智能合约进行销售。有意愿购买定量代币的投资者必须要获得相应数量的加密货币且将其转移到专用合约中。直到规定截止的日期,专用合约都将一直保持锁定。合约可以定义软项和硬项。硬项规定了要出售的代币的最大数量。软项则固定最小值。如果到截止时,代币销售总额低于软项,将会取消销售并向买家退款。初始代币价格通常用销售合同所在链的加密货币计量。

投资者用加密货币购买代币,整个操作可以作为智能合约在相关链上进行,这导致了以下结果:首先,这种操作完全绕过了财务顾问和各种中介机构的传统 IPO 生态系统。其次,由于加密货币相对于法定货币波动较大,因此存在汇率风险。这是因为销售不成功时,在投资的过程中会锁定每个买家的付款,导致退款的法定价值可能比开始时低得多。最后,销售的目标受众是国际性的,这导致销售针对的是一个庞大而多样化的买家群体。买家通常会收到了解你的客户规则(Know Your Customer,KYC)审核,便于代币发行方监管和销售。如果要提供的服务没有托管在用于收集投资的链上,那么是否信任 ICO 发行方将会是个问题。骗局是存在的,但可以依据项目的价值主张,以及发行方是否会按计划执行等情况来评估大多数投资风险。这种承诺往往是不切实际且不被信任的。最近出现了所谓的首次交易所发行(Initial Exchange Offering,IEO),这缓解了投资者的担忧。它可以算是一种 ICO,但销售过程和一般的 ICO 有所不同。其销售的中介是加密交易所。投资者可以选择一组投资质量较高的项目,并且交易所会承诺将代币上市。这可能是短期交易者的一个关键激励因素,事实上,第一批 IEO 很快就推出,这将重塑 ICO 世界。

3. ICO 市场的历史

截至 2018 年 10 月底,ICO 总收益达到 225 亿美元,平均 ICO 规模从 2014 年的 435 万美元增加到 2018 年的 2572 万美元。此外,ICO 已经取代了股票发行和风险投资,成为基于区块链的创业公司的资金来源。

为了概述 ICO 的资本筹集和地理分布的演变,本章借鉴了 Benedetti 和 Kostovetsky(2021)、Howell 等(2018)的两篇论文。由于目前还没有可以作为行业标准的数据来源,这两篇文章都结合了 CoinMarketCap 和其他网站的数据。更确切地说,Howell 等(2018)的工作结合了来自 TokenData.io 和 CoinMarketCap.com 的 ICO,而 Benedetti 和 Kostovetsky(2021)的论文除了 CoinMarketCap 之外,还参考了来自 5 个聚合网站的数据(icodata.io、ICObench.com、icorating.com、icodrops.com 和 icochecheck.io),这些最常用且权威的网站汇集了最多的 ICO。本章参考 ICObench.com 的数据①。Howell 等(2018)的论文表明:从 2014 年 4 月至 2018 年 6 月,ICO 筹集了超过 180 亿美元,在 2017q2 (2017 年第二季度)达到高峰,当时至少有 15 个单独的 ICO 筹集超过 1 亿美元,如图 8.1 所示。

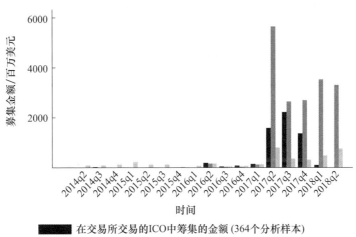

图 8.1　2014q2—2018q2 通过 ICO 筹集的金额(见彩插)

注:数据比较了通过 ICO 筹集的资金和区块链相关初创公司筹集的资金。该数据是 2014 年至 2018 年第二季度的季度数据。深蓝色条表示所估计样本中 364 个未遗漏已交易 ICO 的总融资。浅蓝色条结合了估计样本与所有已完成 ICO 的剩余代币以及从 TokenData 数据库筹集的可用金额数据(资料来源:Howell et al.,2018)。

---

① 此处与已知所有实证文献和专业网站中大致相似。

2018年夏天之后,趋势发生了变化:ICObench报告ICO市场下滑。因为2019年第一季度完成的项目数量是2018年第四季度的一半。2019年第一季度筹集的资金总额仍约为10亿美元。事实上,尽管ICO的数量从207个减少到107个,但是同一季度的平均融资高于2018第四季度,筹集到资金的ICO比例也几乎相同。

2018年底的趋势变化也与ICO的持续时间有关。根据ICObench的数据,Benedetti和Kostovetsky(2021)、Howell等(2018)的ICO平均持续时间在37~40天,2019年1月增加到97天。在Benedetti和Kostovetsky(2021)的研究中,从ICO收盘价到首次开盘价,上市ICO的回报率中位数为21%,但平均回报率为246%。从更长远的角度来看,根据Howell等(2018)的研究,在CoinMarketCap上市的条件下,比特币5个月累计超额回报的平均值为150%,而中位数为-50%。

尽管这些数字不能在不同情况之下直接比较,因为它们对样本构建的细节非常敏感,但它们都反映了ICO收益的严重倾斜分布问题,少数非常成功的交易推动了总体交易。这在初创企业融资领域并不罕见。风险投资公司的大部分利润来自少数几项投资。例如,互联网泡沫产生了许多失败的公司,但它也催生了亿贝(eBay)和亚马逊(Amazon)这样的巨头。

根据截至2018年4月按国家分列的ICO分布情况(Howell et al.,2018),可得:由于ICO是去中心化数字平台的代币发行,它们实际上并非来自相同的国家。事实上,企业家和员工团队通常来自许多不同的国家,选择在哪个国家进行登记与注册通常是出于法律和税收方面的考虑,如英属海外领土、新加坡、瑞士、塞浦路斯和波罗的海沿岸国家是著名的ICO天堂。美国和俄罗斯也是注册ICO的热门地点。

ICObench在2019年第一季度的报告称,美国、新加坡和英国是自2015年以来ICO数量最多的国家,这三个国家也是2018年新ICO完结数量较多的国家。2018年,英国在综合排名上超过了俄罗斯,德国排名第八,超过了加拿大和荷兰——后者退出了前10名。ICO白皮书中指出,整个ICO样本中存在精确的本地化特征。从2017年到2019年,ICO的空间集中度有所下降,但仍然非常高:位于排名前10国家的ICO约占聚集资金的76%,仅在美国设立总部的项目就聚集了近30%的资金。2017年,这两个数值甚至更高:分别为90%和61%。此外,为了应对风险和潜在的滥用问题,中国在2017年禁止了加密货币的流通,韩国也推行了严格的监管政策。

Benedetti 和 Kostovetsky(2021)的研究表明,ICO 大多位于世界中经济、法治排名较高和生活水平较高的国家,这两个指标彼此高度相关。研究还表明,这两个指标与 ICO 的成功呈正相关,与整个样本相比,上市 ICO 来自法治评级高达 0.2 点且人均 GDP 超过 4000 美元的国家。

8.3 代币的公司融资

到目前为止,本章已经讨论了使用代币作为筹集资金手段的情况。另外,代币也可以用来产生激励。例如,正如前面章节所讨论的,区块链协议结合了加密工具和经济激励。协议代币的主要目的就是提供这些激励,因为它可以根据既定规则[1]来支付网络参与者的报酬。

当然,要让这些代币产生激励,还必须满足两个附加条件[2]。首先,代币必须具有正价值,这是协议的必须条件。其次,代币必须是可交易的,以便直接换取或将代币兑换成法定货币来换取商品和服务。

由于代币具有正价值和可交易性,因此在协议内成功产生激励的代币也可以在协议外生成激励。例如,特定区块链协议背后的团队最初可能持有大量代币。如果协议的规模、可靠性、可用性、安全性、表达性、与隐私相关的保证、治理结构等可以决定协议代币的价值,那么,大量的代币可以激励团队努力工作,从而生成高质量的协议。

本节回顾了研究代币在生成协议外产生激励作用的理论文献,并将这部分内容称为"代币的公司融资"。因为这部分内容研究了代币对传统公司融

---

[1] 这个问题是公共区块链特有的。在私有区块链中,一个组织(联盟或单个公司)决定网络参与者。该组织还为网络参与者提供激励,因此私有区块链不需要使用代币。

[2] 让代币必要化的最简单方法是将其建立为协议的内部货币(参见去中心化市场,如 Golem、Sia、Filecoin 或 iExec)。但协议中代币的功能可能非常复杂。例如,MakerDAO 是一个基于区块链的协议,允许用户通过在智能合约中锁定给定数量的以太币来创建担保债务凭证(Collateralized Debt Obligation,CDO)。该系统的设计使这种债务的美元价值大致恒定。MakerDAO 协议的关联代币是 MKR 币,它具有多种用途。例如,想要取回抵押品的用户将需要用 MKR 币支付费用。另外,如果担保品的价值低于 CDO 的名义价值,协议将自动清算担保品,同时出售新发行的 MKR 币,以弥补差额。因此,MKR 币持有者将承担与发行 CDO 相关的风险。最后,MKR 币持有者可以通过投票改变协议的一些参数(如取回抵押品所需的费用或抵押品被清算的阈值)。

资决策的影响:是否融资、如何融资,以及进行何种融资。重点是当使用区块链和代币的情况下,融资决策可能也与组织有关,这些组织不是公司,而是在同一个开源项目中工作的某支开发团队。

本节将分为两部分,每部分对应于一种特定类型的代币。第一部分考虑与区块链协议相关联的代币。在这种情况下,一个或一组开发人员把协议当作一个开源的、免费的软件发布,第三方可以利用该软件相互进行交易。这些交易是完全去中心化的,因为开发商不会因为第三方使用技术而收取费用。开发人员的收入来源于销售使用协议所需的代币。这个案例涵盖了迄今为止最大的 ICO,以及占据至少 90% 的加密货币市场份额的代币①。

第二部分考虑代表发行方和代币持有者之间协议②的代币。第一类代币被当作凭证,授予从发行方处获得商品或服务的权利。另一类代币表示为一种成熟的证券,如对发行方的利润或收入的主张。注意,在这种情况下,发行方通常是一家所经营的业务除了发行代币与区块链完全无关的公司。尽管这种类型的代币在数量上不如第一类代币,但第二类代币可能将在未来发挥核心作用,因为它们不仅仅和那些开发区块链协议的公司有关,还与一般公司有关。

尽管这种分类很有用,但也有局限性。第一个限制是,某个特定的代币并不能界定其所属类别。因为在要求完成工作的过程中,区块链协议的开发者可以在协议发展到可以使用之前出售协议类代币。在这种情况下,确定代币的买方和卖方是否签订合约协议以及合约类型是关于 ICO 监管争论的核心。不过,此处不讨论这个问题③。

第二个限制是,后文讨论的一些论文可能与多种代币发行的方式相关。例如,一些作者认为,只要存在网络外部性,代币发行方式的不同就能帮助解决协调失灵。事实上,一个成功的 ICO 可能会达到一种预期效果,即许多人

---

① 在撰写本文时,在前 30 个代币中,唯一没有与基于区块链的协议关联的是币安币(一种访问币安交易所的凭证)和泰达币(Tether,一种由美元存款支持的代币)。其余 28 个代币的价值是整个加密市场的 90%(数据来自 http://www.coinmarketcap.com)。

② 这里合约(contract)是协议(agreement)的同义词。另一个问题是,这项协议能否在法律上得到执行。这确实是一个有待进一步研究的领域。有关进一步讨论,请参阅结论。

③ 参见 Collomb 等(2018)对 ICO 引发的监管问题的分析。

会使用该协议,而这种预期可能会诱导更多的人有意愿使用该协议,参考 Li 和 Mann(2018)的研究。网络外部性对于区块链协议非常重要,因此这种理论主要适用于第一类情况。但如果代币发行方正在构建具有强大网络外部性的平台或任何其他业务,那么它也可能与第二类情况相关。

8.3.1 区块链协议类代币

研究与区块链协议相关的代币在产生协议外激励方面作用的文章可以大致分为三组:研究开发区块链协议激励的文章,如 Canidio(2018);研究采用区块链协议激励的文章,如 Bakos 和 Halaburda(2019)、Cong 等(2021)、Li 和 Mann(2018)、Sockin 和 Xiong(2020);以及研究维护去中心化平台[1]激励的文章,如 Cong 等(2020)。

唯一研究创建区块链协议的动机的工作是来源于 Canidio(2018)涉及的模型。在该模型中,开发者可以投入精力和资金开发区块链协议。开发人员管理代币的初始库存,并可以选择持有 ICO 的时间。在持有 ICO 之后,每个时期都有一个无摩擦代币市场,用户、投资者和开发者都可以交易代币,并可以无限期地使用协议,但开发者持有代币的时间是有限的。在某个时刻,开发者将出售所有的代币并退出。

人们可以通过出售代币来筹集资金并为开发协议投资,也可以通过出售代币来赚取利润。但需要权衡这两种代币的使用情况。因为在每个代币市场开放的时期,在均衡状态下,开发者很有可能将出售所有代币,导致协议往后不会更新。因此,持有 ICO 允许开发者筹集资金,但也导致了存在未来开发者将所有代币倾倒在市场上的可能性。即使开发人员自己有足够的资金来为开发协议投资,这种均衡也是无效的,因为代币的唯一作用是产生利润。从社会福利的角度来看,开发者所投入的努力和投资应使协议产生的盈余折现值最大化。相反,开发者会尽可能地抬高代币的价格,他何时出售所持有代币完全取决于协议的使用情况。因此,开发者完全忽略了协议将跨期产生价值的情况[2]。

Sockin 和 Xiong(2020)、Cong 等(2021)、Bakos 和 Halaburda(2019)以及

---

[1] 去中心化平台是由基于区块链协议的不同用户生成的点对点网络。
[2] 根据模型的参数,开发者可能对协议的发展投资过高或过低(相对于第一种最佳情况来说)。

Li 和 Mann(2018)都研究了代币在去中心化平台中实现高采用均衡的作用。因为对潜在用户而言,平台的价值将取决于总体的采用度(网络外部性),每个人只有在其他人也加入的情况下才会有意愿加入去中心化的平台。这种情况可能会产生多个均衡的采用水平。去中心化平台的一个显著特征(相对于所有其他存在网络外部性的情况而言)是平台上发生的所有交易必须使用特定于协议(和平台)的代币。上述论文研究了这种代币的存在如何影响平台的采用均衡水平。在 Sockin 和 Xiong(2020)的研究中,代理人首先购买代币,然后在去中心化平台上进行交易。作者将完全信息下的均衡与不知道其他用户需求函数时出现的均衡集进行了比较。Sockin 和 Xiong(2020)的主要结论是:代币价格和交易量是影响平台需求的信号,并决定将出现何种类型的采用均衡。Cong 等(2021)提到在无限期界模型和连续时间模型中,代理人购买代币以在平台上交易。在这种情况下,持有代币是有价值的。因为它允许用户在平台上进行交易,而且它可能会升值。第二个维度引入了一种新的跨期的网络外部性来源:如果预期有更多用户持有代币,那么所持有的代币就会升值。以没有代币的情况为基准,代币的存在将"加速采用生产平台或加速放弃非生产平台"①。

Bakos 和 Halaburda(2019)以及 Li 和 Mann(2018)研究了平台的创建者如何以一种高诱导采用均衡的方式出售代币。在 Bakos 和 Halaburda(2019)的研究中,考虑了一个双阶段模型。在每个阶段中,代币发行方都将出售代币,然后用户将在平台上进行交易。阶段 1 的用户只能从发行方那里购买代币,而阶段 2 的用户还可以从阶段 1 的用户那里购买代币。结论主要是:平台所有者最好不要使用代币,而是通过负初始价格即补助金来高诱导采用均衡。只有当平台所有者现金紧张,无法支付这些补贴时,才会使用代币。代币具有"类似股权"的属性,因为早期用户从代币升值中受益,因此减少了平台所有者的利润。在 Li 和 Mann(2018)的研究中,平台所有者最初在 ICO 中出售代币,然后用户使用代币在无限重复的项目中进行交易。作者表明,在 ICO 上出售代币可以用来高诱导采用均衡。因为代币在其他地方是没有价值的,购买它们标志着有意图使用该平台。一个成功的 ICO 销售所能达到的预期是那些在 ICO 中购买的人将会使用该平台,并使那些没有在 ICO 中购买代币

---

① Cong 等(2021)提到的模型中,生产率衡量协议的总体技术质量,随时间随机演变。

的用户也参与进来。然而,这种逻辑可能只是将协和谬误从采用阶段转移到ICO阶段,因为只有在有用户将购买代币的情况下,其他用户才会希望购买代币。Li 和 Mann(2018)的研究表明,在多个时期持有 ICO 并拥有一个不断增值的代币价格计划可以克服第二个协和谬误。

Cong 等(2021)和 Cong 等(2020)研究了平台所有者维护去中心化平台的动机。所有者决定在每个时期创建代币的数量,然后将代币支付给增加平台价值的工人。例如,通过修复小的漏洞或作为矿工参与平台建设的工人。选择创建多少代币会从几个方面影响平台所有者的收益。创建新的代币增加了货币供应,因此降低了代币的价格。但在某种程度上,这些新的代币用于支付给工人而不是支付给平台发行方,这将增加使用平台的价值和对代币的需求。导致的主要结果是平台所有者会选择使平台价值最大化的货币政策。也就是说,不想在一天发行太多的代币,因为这会降低代币的价格,降低工人以代币支付工资的意愿程度,从而降低平台的价值。本章可以将此假设与Canidio(2018)的研究进行比较,开发者即平台发行方选择在市场上出售多少代币,以及在协议开发中付出多少努力。后一种模型将更好地适应作为去中心化平台基础的技术,即协议仍然需要继续开发的情况。相反,在 Cong 等(2020)中,没有类似研究。因此,该模型更适合已经存在去中心化平台的底层技术的情况。

8.3.2 合约类代币

任何公司或初创公司,无论是否与区块链相关,都可以签订协议并发行证券。在某些情况下,这些协议和证券可以进行交易与交换,通常以类似债券、股票、凭证和电子票据的形式进行。因此,从表面上看,基于区块链的代币只是这些协议和证券可能采用的电子形式之一。

实际上,代币具有明显的优势。第一个是以代币形式发行再进行交易的协议和证券几乎不需要任何成本。这就是 ICO 如此成功的原因。第二个是代币扩大了可行合约的空间。也就是说,代币允许合同双方指定传统合约中无法指定的条款,这要归功于智能合约。例如,如果满足某些条件,可以使用智能合约自动支付代币持有人,或自动向代币持有人提供服务。

另一篇文献研究了一个公司可以通过在 ICO 中出售代币来为其生产融资的问题,并将 ICO 融资与来自风险资本家(Venture Capitalist,VC)或债务融资的传统股权融资进行了比较。在 Catalini 和 Gans(2018)、Chod 和 Lyandres(2020),以及 Garratt 和 van Oordt(2019)的研究中假设代币代表了产量预售,即公司在发行代币时将承诺接受这些代币作为未来的唯一支付手段。从技术角度来看,这些模型借鉴了众筹,不同之处在于,在众筹中,只有用户预先购买产品,而在 ICO 中,投资者也可以购买代币,并以转售给用户为目标获利。Catalini 和 Gans(2018)的研究中考虑一个企业家,通过支付初始成本,可以启动一个质量未知的项目。为了筹集初始成本,企业家可以在 ICO 上出售代币。在这种情况下,他需要决定代币的价格和其服务的代币计价价格,以及随着时间的推移代币供应的增长。Catalini 和 Gans(2018)的研究表明,即使假设企业家能够在最初承诺货币政策,传统的股权融资也比 ICO 融资要好。当企业家不能承诺货币政策时,相对于股权融资,使用代币融资的缺点甚至更明显。Chod 和 Lyandres(2020)介绍了一种风险厌恶型企业家,他们可以事后选择生产的数量。其核心假设是,风险投资公司的多样化程度低于 ICO 投资者。因为代币可以用几乎无限小的数量购买。这意味着无论何时项目风险都特别大,就像在收益分配非常不均衡的情况下,ICO 融资优于股权融资。Garratt 和 van Oordt(2019)的研究假设了企业家除了选择生产代币数量,还可以投资节省成本的技术。结论是,ICO 可以实现成本节约的最佳投资水平。这对于股权融资和债务融资都是无法实现的。即使部分产出是在 ICO 出售时的获利,企业家仍然可以降低生产成本。但是,如果利润质押给第三方,情况就会出现变化。

Malinova 和 Park(2018)的文章是唯一一篇解决代币设计问题的文章。他们考虑了一个类似于 Chod 和 Lyandres(2020)研究的模型,但他们假设代币可以代表产量预售或收益共享契约。每种设计选择都会导致不同的低效率形式:收入分成导致生产不足,因为只有收入没有抵押给 ICO 投资者的小部分利润有利于发行方;预售会导致生产过剩,因为发行方没有内化到每生产一个代币都会降低代币的均衡价格,从而降低代币持有者的回报。当在同一代币中或通过发行两种不同类型的代币,它们可以实现与传统股权融资相同的结果。在一个带有道德风险的模型版本中,适当的代币设计可以"击败"发行股票,因为它可以更好地激励企业家和投资者,从而带来更高的利润。

8.4 代币估值

在讨论了代币对公司治理的影响之后,本节现在将注意力转向公司融资的另一个主要领域,即金融工具的估值。区分仅用于交易目的的代币与提供访问服务功能的代币十分重要,下面将解释主要原因。

8.4.1 加密货币估值

考虑到比特币价格的惊人增长,大量关于代币估值的研究都致力于确定加密货币的价值,这并不奇怪。确定货币的基本价值是一个长期以来众所周知的难题,可能会出现自维持信念支持的多重均衡情况[①]。由于大多数人都认为加密货币不太可能取代法定货币,而只是与法定货币竞争,所以问题可以缩小到确定代理人愿意用法定货币交换某些加密货币的比率。一旦这个问题重新定义,很明显,由 Kareken 和 Wallace(1981)最初建立的汇率的不确定性应该适用。因此,第一个定价理论是为加密货币的极端波动性提供一个理论解释。除了这一定性发现,目前的研究试图确定加密货币通过自引导走出无贸易均衡的条件。

Athey 等(2016)、Bolt 和 van Oordt(2019)的早期研究表明,未来交易趋势可能会激励投资者囤积尚未被广泛认可的货币。Garratt 和 Wallace(2018)着眼于协调央行货币和私人发行的数字货币的关系,主张代理人应在存储成本和灾难风险之间进行权衡。Pagnotta(2020)的研究模拟了这种威胁,其中崩溃风险由矿工的投资决定,从而产生价格安全反馈循环,可能放大或减弱需求冲击对比特币价格的影响。除了这些基本因素,价格波动也受到投机行为的驱动。Uhlig 和 Schilling(2018)的研究表明,不确定性可以支持一种投机均衡,即加密货币由预测其价值将在未来升值的代理人持有。Biais 等(2018)设计了一个计量经济学模型,该模型将比特币价格的变化从由基本面信息驱动的变化与由自我实现预期驱动的变化区分开来。该模型表明,尽管基本面是重要因素,但比特币的回报变化受噪声影响。

---

① 参见 Rocheteau 和 Nosal(2017)的书,全面研究货币理论,包括新货币主义经济学领域的最新进展。

上述文章建立在双元货币制度模型的基础上,因为文章关注的是比特币。但这些文章忽略了 8.2 节中所描述的加密货币正在不断增长的情况。例如,Garratt 和 Wallace(2018)通过研究比特币的克隆过程,对比特币的社会价值和长期可持续性提出了质疑。Fernández – Villaverde 和 Sanches(2019)确定了货币竞争的生效条件。文章扩展了 Lagos 和 Wright(2005)的规范,发现私人货币生产相关的成本函数满足某些限制性要求时,货币竞争才会与价格稳定保持一致。但该文章表明,当某种不可变的协议对每种加密货币的总体供应施加上限时,可以放宽上述要求,私人发行的货币可以与价格稳定保持一致。因此,Fernández – Villaverde 和 Sanches(2019)的研究表明,区块链的共识机制是导致多种加密货币出现的关键特征。

8.4.2 实用代币估值

原则上,给实用代币估值比给加密货币估值更直接,因为实用代币应该以反映其访问服务价值的价格进行交易。从估值理论的角度来看,这样的奖励被视为外生的,实用代币可以用与其他资产相同的方式估值。也就是说,没有现成的公式可以从资产估值文献中提取,因为实用代币在本质上不同于标准证券,如债务和股票。

本章现在描述 Danos 等(2019)提出模型的简化版本。考虑设置一个平台,它发行代币并承诺用一个代币交换一个服务单元。有两类市场:①使用法定货币购买代币的交易市场;②出售代币以换取平台服务的商品市场。平台可以垄断商品市场,而代币在法定货币 p 中的价格或汇率是在完全竞争和无摩擦的交易市场上决定的。

每个周期分为两个子周期。交易市场在交易期开始时开放。它允许用户以市场价格 p_t 出售和购买代币。然后交易市场关闭并显示偏好冲击。每个用户所期望的最大服务数量或支付意愿从连续可微的分布函数 $F(\cdot)$ 中随机抽取。用 c 和 d 表示所消费和期望的服务数量,本章假设用户的每个周期效用函数 u 是线性的,即 $u(c;d) = \min(c,d)$。

时机是至关重要,不可逆转的。假设用户首先观望消费意愿,然后调整他们的代币持有量。由于代币不承担任何利息,用户会发现在初期持有零代币是最优的,市场价格将为零。

按照 Danos 等(2019)研究中的相同步骤,可以表明代币价格遵循以下规律：

$$r p_t = \underbrace{(1 - F(M))(1 - p_{t+1})}_{\text{便利收益}} + \underbrace{p_{t+1} - p_t}_{\text{资本收益}} \qquad (8.1)$$

式中：M 为每个用户可用代币的质量；r 为用户的贴现率。式(8.1)将代币的收益率分解为资本收益和便利收益两个部分。首先，代币持有者从代币价格的任何升值中受益，这是资本收益。代币持有人还可以享受便利收益，以 $1-F(M)$ 的概率消耗边缘代币，并提供效用。由于服务是通过交换代币来提供的，本章还必须考虑代币的损失，并从边际效用中扣除其价格，如便利收益中的 $-p_{t+1}$ 所示。这种资产价格的减法是代币和股票定价之间的根本区别。尽管股票赋予其所有者获得股息的权利，但实用代币在交换之前不会产生任何收益。因此，它们的基本价值等于下一笔交易的贴现盈余。

式(8.1)还强调，为了让代币的价格保持有界，便利收益最终应该是正的。在式(8.1)中设置 $p_t = p_{t+1}$ 会产生稳定状态下的代币价格，本章用 $\hat{p}$ 表示：

$$\hat{p} = \frac{1 - F(M)}{r + 1 - F(M)} < 1 \qquad (8.2)$$

正如预期的那样，代币 M 整体供给的均衡价格正在下降。平台服务的支付价格低于从 $\hat{p} < 1$ 开始的边际效用。这是要求用户用代币而不是法定货币支付的主要成本①。

要对代币进行估值，这个基本模型有三个重要意义。首先，它确定了代币有价值的条件，即当用户需要快速获取服务时，他们没有时间重新填充其代币持有量。其次，它明确了平台依靠 ICO 筹集资金的成本。通过发行代币，该平台实际上承诺以折扣出售其产品，补偿用户持有代币而不是有息证券的机会成本。最后，它展示了代币的定价公式如何从根本上不同于其他金融工具，因为代币在交换之前不会产生任何红利。

为了探究代币价格如何随时间演变，Danos 等（2019）将他们的模型嵌入具有时间演化参数的动态框架中。他们的方法内化了流通速度，使得计算 ICO 阶段的价格是可行的，这与长期平衡的收敛一致。因此，该模型与 Cong 等（2021）和 Cong 等（2020）的模型有关，两者都已经在代币的公司融资背景下进行了讨论。Cong 等（2021）为实用代币的定价提供了一个完整的微观基

---

① 该平台的另一个损失是需求配给，因为 $1-F(M)$ 份额的用户希望消费超过其代币所允许的数量。

础模型。假设用户需要投入代币才能访问平台,并让平台的生产力随时间随机波动。Cong 等(2021)推导出了一个通用定价公式,该公式依赖于需求变动的确定性趋势和波动系数。他们的分析表明,代币升值可能会加速平台的采用,因为用户内化了网络外部性。Cong 等(2020)描述了如何通过销毁和铸造来管理代币,以满足不同利益相关者的激励约束。

8.5 总结与展望

尽管人们对代币及其产生的激励机制的研究兴趣日益浓厚,但到目前为止,几个有前景的研究领域几乎没有受到关注。

关于与协议相关的代币,大多数文章都集中在代币如何帮助克服协议采用阶段的协调失败上。但除此之外,其他领域的研究到现在为止似乎还处在空白阶段。例如,不同协议之间的竞争具备普遍性——加密货币数量的激增(如比特币、比特币现金、比特币黄金、莱特币、门罗币、达世币、大零币等);去中心化计算平台数量的激增,每个平台都有自己的关联代币(如以太坊、EOS、Tezos、卡尔达诺、TRON、以太坊经典、纽蒙特等);分散支付平台(如 Ripple、Stellar 等)数量的激增。这种竞争的激烈程度可以部分解释为:大多数协议都是开源的,这意味着任何人都可以修改给定协议的源代码,然后创建一个"分叉"——经过自己的开发,与初始协议不兼容的一个新协议[①]。然而,目前尚不清楚基于区块链的协议之间的竞争如何影响开发这些协议的动机,以及它是否会影响其长期可持续性[②]。

另一个相关的问题是可能出现多重代币,以及如何通过中介部门来解决这个问题。中介可以帮助促进市场流动性,同时提供功能性跨链解决方案,允许代币从一个链跳到下一个链。显然,链连接器的广泛使用有可能改变竞争动态,并可能有利于更多的协作性开发,从而在某种程度上形成一个抽象的区块链作为同质计算媒介。

关于企业发行的代币,一个重要的调查领域是研究企业兑现其初始承

[①] 关于为什么几乎所有基于区块链的协议都是开源的讨论,请参见 Canidio(2018)。
[②] Abadi 和 Brunnermeier(2018)的工作模拟了区块链之间的竞争。有人认为,创建一个分叉的可能性决定了区块链记录保存者(即矿工)如何获得奖励。因此,作者将区块链竞争与基于区块链的协议和链上激励机制的设计联系起来。

诺。在上面提到的所有论文中,都假设公司确实可以承诺,这可能是因为现有的法律和监管框架①。但在现实中是不可能的,原因是代币可以使世界各地的投资者对其投资。在这种情况下,没有任何个人投资者有意愿监督一家公司,并将其告上法庭。例如,如果一家公司开始接受除代币以外的支付方式,或者在向管理层支付高于市场的工资后宣布破产。协调多个投资者组织类似集体诉讼的活动的成本会高得令人望而却步。因此,即使在没有法律执行的情况下,初始承诺的可执行程度也是一个有意义的研究方向。

另外,还有一个需要研究的重要问题是代币设计问题。正如前面所讨论的,作为代币交换的证券看起来可能与传统证券大不相同。例如,收益共享契约的发行方可以每周甚至每天向持有者支付几乎没有成本的费用。此外,智能合约可用于自动执行安全合约的某些部分。因此,不同的证券型通证可以汇集在一起,创建新的担保债务凭证,并使用智能合约处理流向 CDO 持有者的现金流。实现已经回顾的理论方法,以解决新的代币设计和由此产生的激励问题,以及结构化代币的估值。这可能是未来最有前景的研究方向之一。

参考文献

J. Abadi and M. Brunnermeier. Blockchain economics. National Bureau of Economic Research, working paper 25407,2018. DOI:10.3386/w25407. 207

S. Athey, I. Parashkevov, V. Sarukkai, and J. Xia. Bitcoin pricing, adoption, and usage: Theory and evidence. Stanford University Graduate School of Business, Research Paper No. 16 − 42,2016. 204

Y. Bakos and H. Halaburda. The role of cryptographic tokens and ICOs in fostering platform adoption. CESifo Working Paper Series 7752,CESifo,2019. 199,200,201

H. Benedetti and L. Kostovetsky. Digital tulips? Returns to investors in initial coin offerings. *Journal of Corporate Finance*, Volume 66,101786,2021. 194,195,196

B. Biais, C. Bisi`ere, M. Bouvard, C. Casamatta, and A. Menkveld. Equilibrium Bitcoin pricing. TSE working paper,18−973,2018. 204

W. Bolt and M. van Oordt. On the value of virtual currencies. *Journal of Money, Credit and Banking*,2019. https://doi.org/10.1111/jmcb.12619. 204

---

① Catalini 和 Gans(2018)的工作也讨论了承诺在 ICO 融资中的作用。

A. Canidio. Financial incentives for open source development:The case of blockchain. MPRA Paper, University Library of Munich, Germany, 2018. https://EconPapers. repec. org/RePEc: pra:mprapa:85352. 199,201,207

C. Catalini and J. S. Gans. Initial coin offerings and the value of crypto tokens. Working Papers Series,24418, National Bureau of Economic Research,2018. http://www. nber. org/papers/w24418. 202,207

J. Chod and E. Lyandres. A theory of ICOs:Diversification, agency, and information asymmetry. *Management Science* (forthcoming), 2020. https://doi. org/10. 1287/mnsc. 2020. 3754. 202,203

A. Collomb,P. De Filippi,and K. Sok. From IPOs to ICOs:The impact of blockchain technology on financial regulation. SSRN Electronic Journal, 2018. https://dx. doi. org/10. 2139/ssrn. 3185347. 192,199

L. W. Cong, Y. Li, and N. Wang. Token-based platform finance. Working paper no. 2019-03-028, SSRN Electronic Journal, 2020. https://dx. doi. org/10. 2139/ssrn. 3472481. 199, 201,206

L. W. Cong, Y. Li, and N. Wang. Tokenomics:Dynamic adoption and valuation. *The Review of Financial Studies* 34(3):1105–1155,2021. 199,200,201,206

V. Danos,S. Marcassa,and J. Prat. Fundamental pricing of utility tokens. THEMA working paper 2019-11,2019. https://ideas. repec. org/p/ema/worpap/2019-11. html. 205,206

Etherscan. The Ethereum blockchain explorer. https://etherscan. io/token/0x1985365e9f78359a9b6ad760e32412f4a445e862. (Accessed 9 July 2021.) 193

J. Fernández-Villaverde and D. Sanches. Can currency competition work? *Journal of Monetary Economics* 106,1–15,2019. https://doi. org/10. 1016/j. jmoneco. 2019. 07. 003. 204

R. Garratt and M. R. van Oordt. Entrepreneurial incentives and the role of initial coin offerings. SSRN Electronic Journal,2019. https://dx. doi. org/10. 2139/ssrn. 3334166. 202

R. Garratt and N. Wallace. Bitcoin 1, Bitcoin 2, ⋯:An experiment in privately issued outside monies. *Economic Inquiry* 56(3):1887–1897,2018. 204

S. Howell,M. Niessner, and D. Yermack. Initial coin offerings:Financing growth with cryptocurrency token sales. European Corporate Governance Institute (ECGI)—FinanceWorking Paper No. 564,2018. 194,195,196,197

J. Kareken and N. Wallace. On the indeterminacy of equilibrium exchange rates. *Quarterly Journal of Economics* 96(2):207–222,1981. 203

R. Lagos and R. Wright. A unified framework for monetary theory and policy analysis. *Journal of*

Political Economy 113, no. 3, 463–484, 2005. DOI: 10.1086/429804. 204

J. Li and W. Mann. Initial coin offerings and platform building. SSRN Electronic Journal, 2018. https://dx.doi.org/10.2139/ssrn.3088726. 192, 199, 200, 201

K. Malinova and A. Park. Tokenomics: When tokens beat equity. SSRN Electronic Journal, 2018. https://dx.doi.org/10.2139/ssrn.3286825. 203

E. Pagnotta. Decentralizing money: Bitcoin prices and blockchain security. *Review of Financial Studies*, ISSN: 0893–9454, 2020. Available at: https://dx.doi.org/10.2139/ssrn.3264448. 204

G. Rocheteau and E. Nosal. *Money, Payments, and Liquidity*. MIT Press, 2017. 203

M. Sockin and W. Xiong. A model of cryptocurrencies. Working Paper No. 26816, National Bureau of Economic Research, 2020. http://www.nber.org/papers/w26816. 199, 200

H. Uhlig and L. Schilling. Some simple Bitcoin economics. NBER Working Paper No. 24483, 2018. http://www.nber.org/papers/w24483. 204

作者简介

安德烈·卡尼迪奥是意大利卢卡 IMT 高等研究学院经济学助理教授。他的研究方向包括经济发展、创新、政治经济学和区块链。他在区块链方向研究了区块链开发者的动机，以及基于区块链平台之间的竞争。他为基于区块链的协议（VeriOSS，第一个基于区块链的软件漏洞奖励市场）的设计做出了贡献。他在波士顿大学获得了经济学博士学位。

文森特·达诺斯是一名计算机科学家，现任法国国家科学研究中心研究员。他对应用随机模型的逻辑方法的发展，以及概率规划和推理的基础做出了大量贡献。他还对可逆分布式系统模型的设计和编程语言的语义学做出了一些贡献。他被授予 ERC 高级奖学金，并与企业合作，在翻译研究方面有工作经验。

斯特凡尼亚·马尔卡萨是法国塞吉巴黎大学经济学副教授。她是一位应用经济学家，专门研究劳动经济学和宏观经济学。她曾在《BE 宏观经济学期刊》（*BE Journal of Macroeconomics*）《经济史探索》（*Explorations in Economic History*）和《IZA 劳动政策期刊》（*IZA Journal of Labor Policy*）等国际经济学期刊上发表过自己的研究成果。她在明尼苏达大学获得了经济学博士学位。

朱利安·普拉特是一位研究区块链、机制设计、契约理论和宏观经济学的经济学家。2004 年毕业于欧洲大学研究所经济系，并获得博士学位。他目前在 CREST 担任法国国家科学研究中心的研究主任，并在巴黎综合理工学院担任副教授。此前,他曾在维也纳大学和巴塞罗那经济分析研究所担任助理教授职位。曾在《政治经济学杂志》(*Journal of Political Economy*)、《欧洲经济协会杂志》(*Journal of the European Economic Association*)、《经济理论杂志》(*Journal of Economic Theory*)、《经济杂志》(*Economic Journal*)等国际顶级科学期刊上发表论文。

主编简介

安东尼奥·费尔南德斯·安塔

安东尼奥·费尔南德斯·安塔是 IMDEA 网络研究所的研究教授。曾在胡安卡洛斯国王大学（Universidad Rey Juan Carlos，URJC）和马德里理工大学（Universidad Politécnica de Madrid，UPM）任教并因其研究成果获奖。1995—1997 年，在麻省理工学院读博士后，并在贝尔实验室默里山分校和麻省理工学院媒体实验室度过休假期。在 2019 年被授予国家信息学 Aritmel 奖，并自 2018 年以来一直担任德国 SFB MAKI 的墨卡托研究员。他有超过 25 年的研究经验，发表了 200 多篇科学论文。担任 DISC 指导委员会主席，并在许多会议和研讨会的 TPC 中任职，分别于 1992 年和 1994 年获得路易斯安那州西南部大学的硕士和博士学位。在马德里理工大学完成本科学习，并因其学术表现获得了大学和国家级奖项。他是 ACM 和 IEEE 高级会员。

克里斯·乔治

克里斯·乔治是塞浦路斯大学计算机科学系副教授。获康涅狄格大学计算机科学与工程专业的博士（2003 年）和硕士（2002 年）学位。他的研究涵盖了容错分布式计算的理论和实践，重点是算法和复杂性。最近的研究课题包括分布式账本的规范和实现，容错和强一致性分布式存储系统的设计和实现，以及自稳定分布式系统的设计和分析。他在其研究领域的期刊和会议论文集上发表了 100 多篇文章，还与人合著了两本关于稳健分布式合作计算的书。他曾在分布式和并行计算会议的多个程序委员会任职，并在 DISC 和 ACM PODC 的指导委员会任职（目前为指导委员会主席）。他曾担任 2015 年 PODC 的总主席，2017 年 SSS 的自稳定系统轨道程序委员会联合主席，2018 年 ApPLIED 和 2019 年 ApPLIED 的总联合主席，以及 2020 年 NETYS 的 PC 联合主席。自 2018 年 1 月以来，他一直是《信息处理通信》的编辑委员会成员。其研究得到了塞浦路斯大学、塞浦路斯研究和创新基金会以及欧盟委员会的资金支持。

莫里斯·赫利希

莫里斯·赫利希,获哈佛大学数学学士学位、麻省理工学院计算机科学博士学位,目前是布朗大学计算机科学的王安教授。曾在卡内基梅隆大学任教,并在 DEC 剑桥研究实验室任职。2003 年 Dijkstra 分布式计算奖、2004 年戈德尔理论计算机科学奖、2008 年 ISCA 影响力论文奖、2012 年 Edsger W. Dijkstra 奖和 2013 年 Wallace McDowell 奖的获得者。他曾获 2012 年富布赖特自然科学和工程领域的杰出讲座奖、自然科学和工程讲学奖学金。ACM 研究员,国家发明家学院、国家工程院和国家艺术与科学学院的研究员。他的研究重点是并行和分布式计算的各个方面,包括可线性化、无锁和无等待同步、事务性内存、并发数据结构和区块链。

玛丽亚·波托-布图卡鲁

玛丽亚·波托-布图卡鲁自 2012 年以来担任索邦大学的全职教授,自 2018 年开始领导 LIP6 实验室的网络和性能分析团队。1996 年在罗马尼亚雅西的 Al.I Cuza 大学获得计算机科学学士学位,1997 年获 Al.I Cuza 大学和法国奥赛的巴黎第十一大学联合培养硕士学位。2000 年在法国巴黎第十一大学获博士学位。2001—2006 年,在雷恩第一大学担任副教授,2006—2011 年在索邦大学(原皮埃尔和玛丽-居里大学)担任副教授。她的研究范围包括分布式系统对多故障和攻击(崩溃、拜占庭、瞬时等)的弹性,以及自组织、自修复和自稳定与安全静态和动态分布式系统(如区块链、点对点网络、传感器和机器人网络)。她特别专注于基本分布式计算问题的可靠分布式算法的概念和证明,如通信基元(如广播、聚合广播等)、自覆盖(各种生成树、P2P 覆盖等)、一致性和资源分配问题(存储、互斥等)、共识或领导者选举。她是《电信年鉴》和《理论计算机科学》的区块链相关专刊的编辑,曾担任分布式计算 SSS、OPODIS、DISC、PODC 等多个场所的 PC 成员、主席或总主席,曾任索邦大学计算机科学硕士学院副院长。

《颠覆性技术·区块链译丛》后记

区块链作为当下最热门、最具潜力的创新领域之一,其影响已远远超出了技术本身,触及金融、经济、社会等多个层面。因此,我们深感责任重大,希望这套丛书能帮助读者构建一个系统、全面、深入的区块链知识体系,让大家更好地理解和把握技术的发展脉络和前沿动态。

丛书编译过程中,我们遇到了许多挑战,也积累了些许经验。我们不仅仅是翻译者,更是学习者。通过翻译学习,我们更深入了解了区块链最新进展,也进一步拓展了知识面。谨此感谢所有与丛书编译有关的朋友们,包括且不限于原著作者、翻译团队、审校专家,以及编辑校对人员和艺术设计人员等。我们用"多方协同与相互信任"的区块链思维完成了这套译丛,并将其呈献给读者。多少次绵延至深夜的会议讨论,多少轮反反复复的修改订正,业已"共识",行将"上链",再次感谢大家的努力与付出!

未来,我们将继续关注区块链发展动态,不断更新和完善这套丛书,让更多人了解区块链的魅力和潜力,助力区块链技术在各个领域应用发展,共同迎接区块链的美好未来!

丛书编译委员会
2024 年 3 月于北京

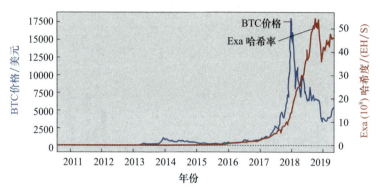

图 6.2 哈希率和比特币价格的演变

（资源来源：作者自己的计算和 www.blockchain.com）

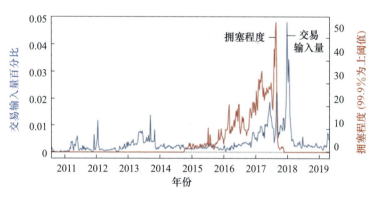

图 6.4 交易费和拥塞的演变

（资料来源：作者自己的计算）

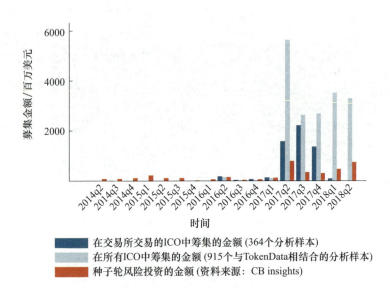

图 8.1 2014q2—2018q2 通过 ICO 筹集的金额

注:数据比较了通过 ICO 筹集的资金和区块链相关初创公司筹集的资金。该数据是 2014 年至 2018 年第二季度的季度数据。深蓝色条表示所估计样本中 364 个未遗漏已交易 ICO 的总融资。浅蓝色条结合了估计样本与所有已完成 ICO 的剩余代币以及从 TokenData 数据库筹集的可用金额数据(资料来源:Howell et al.,2018)。